普通高等教育"十三五"规划教材

电工电子基础课程规划教材

数字电路与逻辑设计

（第 2 版）

李晓辉　主编

杨　萍　李民权　副主编

徐小红　程　鸿　罗　洵　参编

电子工业出版社

Publishing House of Electronics Industry

北京·BEIJING

内 容 简 介

本书系统地介绍数字电路与逻辑设计的基本知识、基本理论、基本器件和基本方法,详细介绍各种逻辑电路的分析、设计与实现的全过程。全书共 10 章,内容包括:数制与码制、逻辑函数及其化简、集成逻辑门电路、组合逻辑电路、触发器、时序逻辑电路、半导体存储器、可编程逻辑器件、脉冲波形的产生和整形、数模和模数转换器等。提供配套电子课件和习题参考答案等。

本书可作为高等学校电子信息、电气、计算机、仪器仪表类各专业和部分非电类专业本科生的教材,也可作为相关学科工程技术人员的参考用书。

未经许可,不得以任何方式复制或抄袭本书之部分或全部内容。
版权所有,侵权必究。

图书在版编目(CIP)数据

数字电路与逻辑设计/李晓辉主编. —2 版. —北京:电子工业出版社,2017.9
ISBN 978 – 7 – 121 – 32782 – 7

Ⅰ. ①数… Ⅱ. ①李… Ⅲ. ①数字电路 – 逻辑设计 – 高等学校 – 教材 Ⅳ. ①TN79

中国版本图书馆 CIP 数据核字(2017)第 238287 号

策划编辑:王羽佳
责任编辑:裴 杰
印　　刷:涿州市京南印刷厂
装　　订:涿州市京南印刷厂
出版发行:电子工业出版社
　　　　　北京市海淀区万寿路 173 信箱　邮编 100036
开　　本:787×1092　1/16　印张:16.75　字数:494 千字
版　　次:2012 年 1 月第 1 版
　　　　　2017 年 9 月第 2 版
印　　次:2024 年 6 月第 13 次印刷
定　　价:39.90 元

前　言

  21 世纪是信息数字化的时代,信息时代以数字化为基本特征。目前,数字电子技术已广泛应用于电子、通信、计算机、自动控制等领域。

  "数字电路与逻辑设计"课程是电子、电气、计算机、仪器仪表类各专业的主要专业基础课,其作用与任务是使学生掌握数字电路的基本分析方法和逻辑设计方法。

  本书的基本内容符合教育部电工电子基础课程教学指导分委员会制订的《数字电路与逻辑设计课程教学基本要求》,同时注重内容更新和基础内容相对稳定的关系、先进性和适用性的关系、完整性和重要性的关系。

  为了适应电子技术的迅猛发展,本书在介绍基础知识的同时,精选了代表当前数字电子技术发展水平的新技术和新方法作为教学内容,力求做到基本概念清晰,内容全面,有较强的可读性。

  本书在介绍经典方法时,以小规模集成电路为主,重点介绍数字逻辑电路的基础理论、基本电路和基本分析、设计方法。而在讨论器件功能和应用时,以中、大规模集成电路为主,并且采用突出阐明各类器件的外特性为主、介绍电路内部结构为辅的方法,以便使读者能够熟练地运用各类器件进行逻辑设计。

  组合逻辑电路和时序逻辑电路的分析方法和设计方法仍然是数字电路与逻辑设计课程的核心内容。为了学习逻辑电路的分析方法和设计方法,还必须掌握逻辑代数的基础知识和所用半导体器件的电气特性。因此,本书将门电路、触发器、半导体存储器和可编程逻辑器件的工作原理和特性,以及数制与码制、逻辑函数及其化简、组合逻辑电路和时序逻辑电路的分析方法和设计方法列为最基本的教学内容。

  作为数字电路技术的入门课程,本书仍以中、小规模集成电路为主的数字逻辑电路的基础理论、基本电路和基本分析、设计方法为重点。适当减少小规模集成电路的内容,增加中规模集成电路分析和设计的内容。

  随着大规模和超大规模集成电路的发展,CMOS 集成电路已在电子技术应用中占有主导地位。因此,本书重点讲述 CMOS 集成逻辑门电路。

  在可编程逻辑器件章节中,结合可编程逻辑器件的编程,对硬件描述语言进行了简要的介绍。

  从保持教材的系统性和完整性出发,书中保留了"脉冲波形的产生和整形"和"数模和模数转换器"章节。在"脉冲波形的产生和整形"章节,主要介绍施密特触发器、单稳态触发器以及多谐振荡器的性能和特点。

  为了便于教学,也为了便于读者今后阅读外文教材和使用外文版的 EDA 软件,书中采用了目前国际通用的图形逻辑符号。

  本书提供配套电子课件、习题参考答案等,请登录华信教育资源网(http://www.hxedu.com.cn)免费注册下载。

  本书的第 1 章、第 5 章和第 9 章由李晓辉执笔编写,第 3 章和第 4 章由杨萍执笔编写,第 6 章由李民权执笔编写,第 2 章由徐小红执笔编写,第 8 章由罗洵执笔编写,第 7 章和第 10 章由程鸿执笔编写,全书由李晓辉定稿。

  在本书的编写过程中,电子工业出版社的编辑及相关院校的老师和同学们给予了大力支持,在此谨向他们表示衷心的感谢,并恳请读者给予批评指正。

编　者

目　录

第 1 章　数制与码制

1.1　数字信号与数字电路

在自然界中,存在着各种各样的物理量,尽管它们的性质各异,但就其变化规律的特点而言,可以分为两大类。

一类是物理量的变化在时间上和数量上都是离散的,其数值的变化都是某一个最小数量单位的整数倍,这一类物理量称为数字量。将表示数字量的信号称为数字信号,并将工作在数字信号下的电子电路称为数字电路。

另一类是物理量的变化在时间上和数值上是连续的,这一类物理量称为模拟量。将表示模拟量的信号称为模拟信号,并将工作在模拟信号下的电子电路称为模拟电路。

与模拟电路相比,数字电路具有以下主要优点:

(1) 稳定性好,抗干扰能力强。在数字系统中,数字电路只需判别输入、输出信号是高电平还是低电平,而无须知道信号的精确值。只要噪声信号不超过高低电平的阈值,就不会影响逻辑状态,因而具有较好的稳定性和抗干扰能力。

(2) 容易设计,便于构成大规模集成电路。与模拟电路的设计相比,数字电路的设计所需要的基础知识和电路设计技能要少得多。数字电路中晶体管工作在开关状态。大多数数字电路都可以采用集成电路来系列化生产,且成本低廉,使用方便。

(3) 信息处理能力强。数字系统可以方便地与计算机连接,利用计算机对信息进行处理。

(4) 精度高且容易保持。通过增加二进制的位数,可以使数字电路处理数字信号的结果达到所要求的精度。因此,由数字电路组成的数字系统工作准确,精度高。信号一旦数字化后,在传输和处理过程中信息的精度是不会降低的,即结果再现性好。

(5) 便于存储。利用数字存储器可以方便地对数字信号进行保存、传输和再现。

(6) 功耗小。由于数字电路中的元件均处于开关状态,大大降低了静态功耗。

鉴于数字电路存在以上优点,因此应用日趋广泛,在电子系统中所占的比重也越来越大。随着新技术的出现和集成电路技术的不断发展,数字系统正在向低功耗、低电压、高速度和高集成度方向迅猛发展。因此,在电子信息、通信、自动化以及计算机工程领域,数字电路与逻辑设计是一门发展迅速、应用广泛的理论和技术。

1.2　数　　制

数字信号通常以数码形式给出,不同的数码可以用来表示数量的大小。在用数码表示数量大小时,有时仅仅用一位数是不够的,经常需要采用多位数。多位数码中每一位的构成和低位向高位的进位规则称为数制或进位计数制。在日常生活中,最常用的进位计数制是十进制。而在数字电路中通常采用二进制数,有时也采用八进制数和十六进制数。

1. 十进制数

在十进制数中,共有 0、1、2、…、9 十个不同的数码。进位规则是"逢十进一"。各个数码处于十进

制数的不同位置时,所代表的数值是不同的。例如十进制数 1961 可写成展开式为

$$(1961)_{10} = 1 \times 10^3 + 9 \times 10^2 + 6 \times 10^1 + 1 \times 10^0$$

其中,10 称为基数,10^0、10^1、10^2、10^3 称为各位数的"权"。十进制数个位的权为 1,十位的权为 10,百位的权为 100。任意一个十进制数可表示为

$$(N)_{10} = d_{n-1} \times 10^{n-1} + d_{n-2} \times 10^{n-2} + \cdots + d_1 \times 10^1 + d_0 \times 10^0 + d_{-1} \times 10^{-1}$$
$$+ \cdots + d_{-m} \times 10^{-m}$$
$$= \sum_{i=-m}^{n-1} d_i \times 10^i$$

式中:m、n 为正整数;n 表示整数部分数位;m 表示小数部分数位;d_i 为各位数的数码;10^i 为各位数的权;所对应的数值为 $d_i \times 10^i$。

2. 二进制数

在二进制数中,共有 0、1 两个不同的数码。进位规则是"逢二进一"。任意一个二进制数的展开式为

$$(N)_2 = b_{n-1} \times 2^{n-1} + b_{n-2} \times 2^{n-2} + \cdots + b_1 \times 2^1 + b_0 \times 2^0 + b_{-1} \times 2^{-1}$$
$$+ \cdots + b_{-m} \times 2^{-m}$$
$$= \sum_{i=-m}^{n-1} b_i \times 2^i$$

式中:2 称为基数;m、n 为正整数;n 表示整数部分数位;m 表示小数部分数位;b_i 为各位数的数码;2^i 为各位数的权;所对应的数值为 $b_i \times 2^i$。

例如二进制数 1011.01 可展开为

$$(1011.01)_2 = 1 \times 2^3 + 0 \times 2^2 + 1 \times 2^1 + 1 \times 2^0 + 0 \times 2^{-1} + 1 \times 2^{-2}$$

3. 十六进制

在十六进制数中,有 0 ~ 9,A ~ F 共 16 个不同的数码。进位规则是"逢十六进一"。任意一个十六进制数的展开式为

$$(N)_{16} = h_{n-1} \times 16^{n-1} + h_{n-2} \times 16^{n-2} + \cdots + h_1 \times 16^1 + h_0 \times 16^0 + h_{-1} \times 16^{-1}$$
$$+ \cdots + h_{-m} \times 16^{-m}$$
$$= \sum_{i=-m}^{n-1} h_i \times 16^i$$

式中:16 称为基数;m、n 为正整数;n 表示整数部分数位;m 表示小数部分数位;h_i 为各位数的数码;16^i 为各位数的权;所对应的数值为 $h_i \times 16^i$。

例如十六进制数 C3.8F 可展开为

$$(C3.8F)_{16} = 12 \times 16^1 + 3 \times 16^0 + 8 \times 16^{-1} + 15 \times 16^{-2}$$

上述表示方法可以推广到任意进制的计数制。在 R 进制中共有 R 个数码,基数为 R,其各位数码的权是 R 的幂。因而一个 R 进制数可表示为

$$(N)_R = a_{n-1} \times R^{n-1} + a_{n-2} \times R^{n-2} + \cdots + a_1 \times R^1 + a_0 \times R^0 + a_{-1} \times R^{-1} + \cdots + a_{-m} \times R^{-m}$$
$$= \sum_{i=-m}^{n-1} a_i \times R^i$$

表 1 - 1 所列为不同的选定数在二进制、十进制以及十六进制中的对照关系。

表 1 - 1   不同进位计数制对照表

十进制	二进制	十六进制
0	0000	0
1	0001	1
2	0010	2
3	0011	3
4	0100	4
5	0101	5
6	0110	6
7	0111	7
8	1000	8
9	1001	9
10	1010	A
11	1011	B
12	1100	C
13	1101	D
14	1110	E
15	1111	F

1.3   数 制 转 换

1. 二、十六进制数转换成十进制数

若将二进制数或十六进制数转换成等值的十进制数,只要将二进制数或十六进制数的每位数码乘以权,再按十进制运算规则求和,即可得到相应的十进制数。例如:

$$(1011.101)_2 = 1 \times 2^3 + 0 \times 2^2 + 1 \times 2^1 + 1 \times 2^0 + 1 \times 2^{-1} + 0 \times 2^{-2} + 1 \times 2^{-3}$$
$$= (11.625)_{10}$$
$$(AC3.8)_{16} = 10 \times 16^2 + 12 \times 16^1 + 3 \times 16^0 + 8 \times 16^{-1}$$
$$= (2755.5)_{10}$$

2. 二进制与十六进制数之间的转换

由于 4 位二进制数正好能表示 1 位十六进制数,因而可将 4 位二进制数看作一个整体。当二进制数转换为十六进制数时,以小数点为界,整数部分自右向左每 4 位一组,不足则前面补 0,小数部分从左向右每 4 位一组,不足则后面补 0,并代之以等值的十六进制数,即可得到相应的十六进制数。例如:

$$(1111110.11)_2 = \underset{7}{\underbrace{0111}}\underset{E}{\underbrace{1110}}.\ \underset{C}{\underbrace{1100}} = (7E.C)_{16}$$

当十六进制数转换为二进制数时,只需将十六进制数的每一位用等值的二进制数代替就可以了。例如:

$$(3A.2)_{16} = \underset{3}{\underbrace{0011}}\underset{A}{\underbrace{1010}}.\ \underset{2}{\underbrace{0010}} = (00111010.0010)_2$$

3. 十进制数转换成二进制数和十六进制数

将十进制数转换成二进制数和十六进制数,需将十进制数的整数部分和小数部分分别进行转换,然后将它们合并起来。

1) 整数的转换

整数转换采用"除基取余"法。先将十进制数不断除以将要转换进制的基数,再对每次得到的商除以要转换进制的基数,直至商为0。然后将各次余数按倒序列出,即第一次的余数为要转换进制整数的最低有效位,最后一次的余数为要转换进制整数的最高有效位,所得的数值即为等值要转换进制整数。

例 1-1　将十进制数 26 转换成二进制数。

解　由于二进制数基数为2,所以逐次除以2取其余数。转换过程如下:

$$
\begin{array}{r|r}
2 & 2\,6 \\
\hline
2 & 1\,3 \\
\hline
2 & 6 \\
\hline
2 & 3 \\
\hline
2 & 1 \\
\hline
& 0
\end{array}
\quad
\begin{array}{l}
\text{余0} \\
\text{余1} \\
\text{余0} \\
\text{余1} \\
\text{余1}
\end{array}
\quad
\begin{array}{l}
\text{低位} \\[3ex]
\\[2ex]
\text{高位}
\end{array}
$$

所以　$(26)_{10} = (11010)_2$

例 1-2　将十进制数 208 转换成十六进制数。

解　由于十六进制数基数为16,所以逐次除以16取其余数。转换过程如下:

$$
\begin{array}{r|r}
16 & 2\,0\,8 \\
\hline
16 & 1\,3 \\
\hline
& 0
\end{array}
\quad
\begin{array}{l}
\text{余0} \\
\text{余13}
\end{array}
$$

所以　$(208)_{10} = (D0)_{16}$

2) 小数部分的转换

小数部分的转换采用"乘基取整"法。先将十进制小数不断乘以将要转换进制的基数,积的整数作为相应的要转换进制小数,再对积的小数部分乘以要转换进制的基数,直至小数部分为0,或达到一定精度为止。第一次积的整数为要转换进制小数的最高有效位,最后一次积的整数为要转换进制小数的最低有效位,所得的数值即为等值要转换进制小数。

例 1-3　将十进制数 0.625 转换成二进制数。

解　由于二进制数基数为2,所以逐次用2乘以小数部分。转换过程如下:

$$0.625 \times 2 = 1.250 \quad b_{-1} = 1$$
$$0.250 \times 2 = 0.500 \quad b_{-2} = 0$$
$$0.500 \times 2 = 1.000 \quad b_{-3} = 1$$

所以　$(0.625)_{10} = (0.101)_2$

例 1-4　将十进制数 0.39 转换成二进制数,要求精度达到 0.1% 。

解　由于要求精度达到 0.1% ,所以需要精确到二进制小数 10 位,即 $1/2^{10} = 1/1024$。转换过程如下:

$$0.39 \times 2 = 0.78 \quad b_{-1} = 0 \qquad 0.24 \times 2 = 0.48 \quad b_{-5} = 0 \qquad 0.84 \times 2 = 1.68 \quad b_{-9} = 1$$
$$0.78 \times 2 = 1.56 \quad b_{-2} = 1 \qquad 0.48 \times 2 = 0.96 \quad b_{-6} = 0 \qquad 0.68 \times 2 = 1.36 \quad b_{-10} = 1$$
$$0.56 \times 2 = 1.12 \quad b_{-3} = 1 \qquad 0.96 \times 2 = 1.92 \quad b_{-7} = 1$$
$$0.12 \times 2 = 0.24 \quad b_{-4} = 0 \qquad 0.92 \times 2 = 1.84 \quad b_{-8} = 1$$

所以　$(0.39)_{10} = (0.0110001111)_2$

例 1-5　将十进制数 26.625 转换成二进制数。

解　按例 1-1 和例 1-3 分别转换,并将结果合并,得

$$(26.625)_{10} = (11010.101)_2$$

例 1-6　将十进制小数 0.625 转换成十六进制数。

解　由于十六进制数基数为 16,所以逐次用 16 乘以小数部分。转换过程如下:

$$0.625 \times 16 = 10.0 \quad a_{-1} = A$$

所以　$(0.625)_{10} = (0.A)_{16}$

1.4　编　　码

在数字系统中,常用数码表示不同的事物或状态,这一过程称为编码。此时数码已没有表示数量大小的含义,只是表示不同事物的代号,这些数码称为代码。编码所遵循的规则称为码制。

1.4.1　二-十进制代码

二-十进制代码(Binary Coded Decimal,BCD)是用 4 位二进制数表示 1 位十进制数码。由于 1 位十进制数共有 0~9 十个数码,因此至少需要 4 位二进制数码才能表示 1 位十进制数。4 位二进制数码共有 16 种组合(0000~1111),究竟取哪 10 个以及如何与十进制数的 0~9 对应则有多种方案。表 1-2 所列为常见的 BCD 代码,它们的编码规则各不相同。

8421BCD 码是 BCD 代码中最常用的一种。在这种编码方式中,代码从左到右每一位的 1 分别表示 8、4、2、1,所以将这种代码称为 8421 码。8421 码中每一位的权是固定不变的,分别为 8、4、2、1,它属于恒权代码。由于 8421 码的各位数的权是按基数 2 的幂增加的,这和二进制数的权一致,所以有时也称 8421BCD 码为自然权码。

余 3 码的编码规则是在 8421 码加 3 后得到的,是一种无权码。由表 1-2 可以看出,0 和 9、1 和 8、2 和 7、3 和 6、4 和 5 的余 3 码互为反码。

2421 码是一种恒权代码,其中 0 和 9、1 和 8、2 和 7、3 和 6、4 和 5 也互为反码。

表 1-2　常见的 BCD 代码

十进制数码	8421	2421	余 3 码	5211
0	0000	0000	0011	0000
1	0001	0001	0100	0001
2	0010	0010	0101	0100
3	0011	0011	0110	0101
4	0100	0100	0111	0111
5	0101	1011	1000	1000
6	0110	1100	1001	1001
7	0111	1101	1010	1100
8	1000	1110	1011	1101
9	1001	1111	1100	1111

没有用到的码			
1010	0101	0000	0010
1011	0110	0001	0011
1100	0111	0010	0110
1101	1000	1101	1010
1110	1001	1110	1011
1111	1010	1111	1110

5211 码是另一种恒权代码,代码从左到右每一位的 1 分别表示 5、2、1、1,所以将这种代码称为 5211 码。

1.4.2 格雷码

格雷码又称为循环码,其构成方法为每一位的状态变化都按一定的顺序循环,如表 1-3 所列。4 位格雷码如果从 0000 开始,最右边一位的状态按 0110 顺序循环变化,右边第二位的状态按 00111100 顺序循环变化,右边第三位按 0000111111110000 顺序循环变化。由此可见,自右向左每一位状态循环中连续的 0 和 1 的数目增加一倍。

表 1-3 4 位格雷码与二进制代码的比较

十进制	二进制代码	格雷码
0	0000	0000
1	0001	0001
2	0010	0011
3	0011	0010
4	0100	0110
5	0101	0111
6	0110	0101
7	0111	0100
8	1000	1100
9	1001	1101
10	1010	1111
11	1011	1110
12	1100	1010
13	1101	1011
14	1110	1001
15	1111	1000

与普通的二进制代码相比,格雷码的最大优点是当它按照表 1-3 的编码顺序依次变化时,相邻两个代码之间只有一位发生了变化,这一点非常有用。例如与十进制数 7 和 8 等值的自然二进制码分别为 0111 和 1000。在数字系统中,当由 0111 变为 1000 时,4 个码位都有变化。实际应用中每个码位的变化有先有后,假设是由高位到低位依次变化,则会出现 0111→1111→1011→1001 →1000 的变化过程。这种瞬变过程有时会影响系统的正常工作。而对应的格雷码由 0100→1100 时,只有一位发生了变化,不会出现上述瞬变过程,从而提高了系统的抗干扰性能和可靠性,也有助于提高系统的工作速度。

1.4.3 美国信息交换标准代码

美国信息交换标准代码(American Standard Code for Information Interchange,ASCII)是由美国国家标准化协会制定的一种代码,目前已被国际标准化组织(International Organization for Standards,

ISO）选定作为一种国际通用的代码,广泛地用于通信和计算机中。

ASCII 码是 7 位二进制代码,一共有 128 个。分别用于表示数字 0 ~ 9,大、小写英文字母,若干常用的符号和控制命令代码,如表 1 - 4 所列。各种控制命令码的含义如表 1 - 5 所列。

此外,还可以根据不同的要求编制出具有不同特点的代码。

表 1 - 4　美国信息交换标准代码(ASCII 码)

$b_4 b_3 b_2 b_1$	$b_7 b_6 b_5$							
	000	001	010	011	100	101	110	111
0000	NUL	DLE	SP	0	@	P	`	P
0001	SOH	DC1	!	1	A	Q	a	q
0010	STX	DC2	"	2	B	R	b	r
0011	ETX	DC3	#	3	C	S	c	s
0100	EOT	DC4	$	4	D	T	d	t
0101	ENQ	NAK	%	5	E	U	e	u
0110	ACK	SYN	&	6	F	V	f	v
0111	BEL	ETB	'	7	G	W	g	w
1000	BS	CAN	(	8	H	X	h	x
1001	HT	EM	)	9	I	Y	i	y
1010	LF	SUB	*	:	J	Z	j	z
1011	VT	ESC	+	;	K	[	k	{
1100	FF	FS	,	<	L	\	l	|
1101	CR	GS	−	=	M	]	m	}
1110	SO	RS	·	>	N	^	n	~
1111	SI	US	/	?	O	−	o	DEL

表 1 - 5　ASCII 码中控制码的含义

代码	含　　义	
NUL	Null	空白,无效
SOH	Start of heading	标题开始
STX	Strart of text	正文开始
ETX	End of text	文本结束
EOT	End of transmission	传输结束
ENQ	Enquiry	询问
ACK	Acknowledge	承认
BEL	Bell	报警
BS	Backspace	退格
HT	Horizontal tab	横向制表
LF	Line feed	换行
VT	Vertical tab	垂直制表

代码	含　义	
FF	Form feed	换页
CR	Carriage return	回车
SO	Shift out	移出
SI	Shift in	移入
DLE	Date link escape	数据通信换码
DC1	Device control 1	设备控制1
DC2	Device control 2	设备控制2
DC3	Device control 3	设备控制3
DC4	Device control 4	设备控制4
NAK	Negative acknowledge	否定
SYN	Synchronous idle	空转同步
ETB	End of transmission block	信息块传输结束
CAN	Cancel	作废
EM	End of medium	媒体用毕
SUB	Substitute	代替,置换
ESC	Escape	扩展
FS	File separator	文件分隔
GS	Group separator	组分隔
RS	Record separator	记录分隔
US	Unit separator	单元分隔
SP	Space	空格
DEL	Delete	删除

1.4.4　二进制原码、反码和补码

在通常的算术运算中,用"+"号表示正数,用"-"号表示负数。但在数字系统中,正、负数的表示方法为:将一个数的最高位作为符号位,用"0"表示"+";用"1"表示"-";常用的二进制数表示方法有原码、反码和补码。

1. 原码表示法

用附加的符号位表示数的正负,符号位加在绝对值最高位之前(最左侧)。通常用"0"表示正数,用"1"表示负数。该表示方法称为二进制的原码表示法。

例如十进制数+25和-25的原码分别表示为

十进制数　　　　　　+25　　　　　　-25

二进制原码　　　011001　　　　111001

　　　　　　　　　　↑　　　　　　↑

　　　　　　　　　符号位　　　符号位

十进制小数+53.625和-53.625的原码分别表示为

十进制数	+ 53.625	– 53.625
二进制原码	0110101.101	1110101.101
	↑	↑
	符号位	符号位

原码表示法虽然简单易懂,但在数字系统中运算并不方便。如果以原码方式进行两个不同符号数的减法运算,则必须先判别两个数的大小,然后从大数中减去小数。最后,还要判别结果的符号位,因此增加了运算时间。实际上,在数字系统中更为适合的方法是采用补码表示法,而补码可以由反码获得。

2. 反码表示法

反码的符号位表示法与原码相同,即用"0"表示正数,用"1"表示负数。与原码表示法不同的是数值部分,即正数的反码数值与原码数值相同,负数的反码数值是原码数值按位求反。

例 1 – 7　用 4 位二进制数表示十进制数 + 6 和 – 6 的反码。

解　先求十进制数所对应的原码,然后再将原码转换成反码。

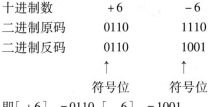

十进制数	+ 6	– 6
二进制原码	0110	1110
二进制反码	0110	1001
	↑	↑
	符号位	符号位

即 $[+6]_反 = 0110$,$[-6]_反 = 1001$。

3. 补码表示法

在补码表示法中,正数的补码和原码以及反码的表示相同。但对于负数,由原码转换到补码的规则为:符号位保持不变,数值部分则是按位求反,然后加 1,即"求反加 1"。

例 1 – 8　用 4 位二进制数表示十进制数 + 6 和 – 6 的补码。

解　先求十进制数所对应的原码,然后再将原码转换成反码,最后将反码加 1 转换为补码。

十进制数	+ 6	– 6
二进制原码	0110	1110
二进制反码	0110	1001
二进制补码	0110	1001 + 1 = 1010
	↑	↑
	符号位	符号位

即 $[+6]_补 = 0110$,$[-6]_补 = 1010$。

本 章 小 结

本章介绍了数制和码制的基本概念、常用的计数进位制及其相互转换、几种常见的标准代码。其中 8421BCD 码是需要重点掌握的。在数字系统中,常用的二进制数表示方法有原码、反码和补码。

习　题

1-1　将下列二进制数转换成十进制数。

(1) 101101　　　(2) 11011101　　　(3) 0.11　　　(4) 1010101.0011

1-2　将下列十进制数转换成二进制数(小数部分取4位有效数字)。

(1) 37　　　(2) 0.75　　　(3) 12.34　　　(4) 19.65

1-3　将下列二进制数转换成十六进制数。

(1) 0011　　　(2) 10101111　　　(3) 1001.0101　　(4) 101010.001101

1-4　将下列十六进制数转换成二进制数。

(1)2A　　　(2)123　　　(3)7F.FF　　　(4)432.B7

1-5　将下列十进制数转换成十六进制数(小数部分取一位有效数字)。

(1) 43　　　(2)36.8　　　(3)6.73　　　(4)174.5

1-6　将下列十六进制数转换成十进制数。

(1) 56　　　(2)4F.12　　　(3)2B.C1　　　(4)AB.CD

1-7　完成下列各数的转换。

(1) $(24.36)_{10}$ = (　　　　　　)$_{8421\ BCD}$

(2) $(64.27)_{10}$ = (　　　　　　)$_{余3\ BCD}$

(3) $(01011000)_{8421\ BCD}$ = (　　　　　　)$_{10}$

(4) $(10110011.1011)_{2421\ BCD}$ = (　　　　　)$_{10}$

1-8　写出下列带符号位二进制数所表示的十进制数。

(1) 0101　　　(2)1011　　　(3)10101　　　(4)11100

1-9　试写出下列十进制数的二进制原码、反码和补码(码长为8)。

(1) +37　　　(2) -102　　　(3) +10.5　　　(4) -38

第 2 章　逻辑函数及其化简

2.1　概　述

1849 年英国数学家乔治·布尔（George Boole）首先提出了描述客观事物逻辑关系的数学方法——布尔代数。后来，贝尔实验室和麻省理工学院的克劳德·香农（C. E. Shannon）将布尔代数的"真"与"假"和电路系统的"开"和"关"对应起来，用布尔代数分析并优化开关电路，进而奠定了数字电路的理论基础。在工程界，布尔代数常称为开关代数或逻辑代数。随着半导体器件制造工艺的发展，各种具有良好开关性能的微电子器件不断涌现，因而逻辑代数已成为现代数字逻辑电路不可缺少的数学工具。

2.2　基本逻辑运算

逻辑代数是用来处理逻辑运算的代数，逻辑运算就是按照人们事先设计好的规则，进行逻辑推理和逻辑判断。参与逻辑运算的变量称为逻辑变量，用相应的字母表示。逻辑变量只有 0、1 两种取值，而且在逻辑运算中 0 和 1 不再表示具体数量的大小，而只是表示两种不同的状态，即命题的假和真，信号的无和有等。因而逻辑运算是按位进行，没有进位，也没有减法和除法。

2.2.1　三种基本逻辑运算

在二值逻辑中，最基本的逻辑有**与逻辑**、**或逻辑**、**非逻辑**三种。任何复杂的逻辑都可以通过这三种基本逻辑运算来实现。

1. 与逻辑运算

与逻辑又称逻辑乘和与运算，简称与。

如图 2-1 所示，两个开关 S_1、S_2。只有当开关 S_1、S_2 全合上时，灯才亮。其工作状态如表 2-1 所列。对于此例，可以得出这样一种因果关系：只有当决定某一事件（如灯亮）的条件（如开关合上）全部具备时，这一事件（如灯亮）才会发生。这种因果关系称为**与逻辑关系**。

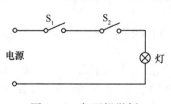

图 2-1　与逻辑举例

表 2-1　**与逻辑举例状态表**

开关 S_1	开关 S_2	灯
断	断	灭
断	合	灭
合	断	灭
合	合	亮

用 A、B 作为开关 S_1、S_2 的状态变量，以取值 1 表示开关合上，以取值 0 表示开关断开；用 F 作为灯的状态，以取值 1 表示灯亮，以取值 0 表示灯灭。用状态变量和取值可以列出表示**与逻辑关系**的图表，如表 2-2 所列。由输入逻辑变量所有取值的组合与其所对应的输出逻辑函数值构成的表格，称为逻辑真值表或简称真值表。

由真值表可见,只有当A、B同时为1时,F才为1。因此F与A、B之间的关系属于**与逻辑**,其逻辑表达式(或称逻辑函数式)如下:

$$F = A \cdot B = AB \qquad (2-1)$$

本书中用"$\cdot$"表示**与逻辑**,在不会发生混淆时,常省略符号"$\cdot$"(有时也可用符号$\wedge$、$\cap$及 & 来表示逻辑**与**符号)。

由表2-2可知,**与逻辑**运算的基本规则为

$$0 \cdot 0 = 0 \qquad 0 \cdot 1 = 0 \qquad 1 \cdot 0 = 0 \qquad 1 \cdot 1 = 1$$
$$0 \cdot A = 0 \qquad 1 \cdot A = A \qquad A \cdot 1 = A \qquad A \cdot A = A$$

表 2-2　与逻辑真值表

A	B	F
0	0	0
0	1	0
1	0	0
1	1	1

2. 或逻辑运算

或逻辑又称逻辑加和**或**运算,简称**或**。

将图2-1的开关S_1、S_2改接为图2-2所示的形式,其工作状态如表2-3所列。在图2-2电路中,只要开关S_1或S_2有一个合上,或者两个都合上,灯就会亮。这样可以得出另一个因果关系:只要在决定某一事件(如灯亮)的各种条件(如开关合上)中,有一个或几个条件具备时,这一事件(如灯亮)就会发生。这种因果关系称为**或逻辑**关系。

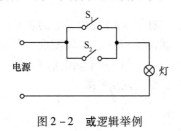

图 2-2　或逻辑举例

表 2-3　或逻辑举例状态表

开关 S_1	开关 S_2	灯
断	断	灭
断	合	亮
合	断	亮
合	合	亮

A、B、F的取值约定同**与逻辑**,表2-4为**或逻辑**真值表。

表 2-4　或逻辑真值表

A	B	F
0	0	0
0	1	1
1	0	1
1	1	1

由真值表可见,当A、B有一个为1时,F就为1。因此F与A、B之间的关系属于**或逻辑**,其逻辑表达式(或称逻辑函数式)如下:

$$F = A + B \qquad (2-2)$$

由表2-4可知,**或逻辑**运算的基本规则为

$$0 + 0 = 0 \qquad 0 + 1 = 1 \qquad 1 + 0 = 1 \qquad 1 + 1 = 1$$
$$A + 0 = A \qquad 1 + A = 1 \qquad A + 1 = 1 \qquad A + A = A$$

3. 非逻辑(逻辑反、非运算)运算

图2-3所示电路的工作状态如表2-5所列。当开关S合上时,灯灭;反之,当开关S断开时,灯亮。开关合上是灯亮的条件。在该电路中,事件(如灯亮)发生的条件(如开关合上)具备时,事件(如灯亮)不会发生。反之,事件发生的条件不具备时,事件发生。这种因果关系称为**非逻辑**。

规定A、F的取值约定同**与逻辑**,表2-6所列为**非逻辑**真值表。

由真值表可见,当A为1时,F就为0;当A为0时,F就为1。因此F与A之间的关系属于**非逻辑**,其逻辑表达式(或称逻辑函数式)如下

$$F = \overline{A} \qquad (2-3)$$

读作"A非"或"非A"。

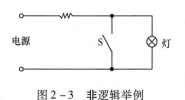

图 2 - 3　非逻辑举例

表 2 - 5　非逻辑举例状态表

开关 S	灯
断	亮
合	灭

表 2 - 6　非逻辑真值表

A	F
0	1
1	0

非逻辑运算的基本规则是：

$$\overline{0} = 1 \qquad\qquad \overline{1} = 0$$

在数字逻辑电路中,采用了一些逻辑符号图形来表示上述三种基本逻辑关系,如图 2 - 4 所示。图中:(1)为国家标准《电器图用图形符号》中"二进制逻辑单元"的图形符号;(2)为过去沿用的图形符号;(3)为部分国外资料中常用的图形符号。本书采用(3)的图形符号表示。

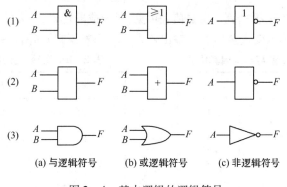

(a) 与逻辑符号　　　　(b) 或逻辑符号　　　　(c) 非逻辑符号

图 2 - 4　基本逻辑的逻辑符号

在数字逻辑电路中,将能实现基本逻辑关系的基本单元电路称为逻辑门电路。将能实现**与**逻辑的基本单元电路称为**与门**;将能实现**或**逻辑的基本单元电路称为**或门**,将能实现**非**逻辑的基本单元电路称为**非门**(或称反相器)。图 2 - 4 所示的逻辑符号也用于表示相应的逻辑门。

2. 2. 2　复合逻辑运算

基本逻辑的简单组合可形成复合逻辑,实现复合逻辑的电路称为复合门。常见的复合逻辑运算有**与非**逻辑、**或非**逻辑、**与或非**逻辑、**异或**逻辑和**同或**逻辑等。

1. 与非逻辑

与非逻辑是**与**逻辑运算和**非**逻辑运算的复合,它是将输入变量先进行**与**运算,然后再进行**非**运算。其表达式为

$$F = \overline{A \cdot B} \tag{2-4}$$

与非逻辑真值表如表 2 - 7 所列。由真值表可见,对于**与非**逻辑,只要输入变量中有一个为 0,输出就为 1。或者说,只有输入变量全部为 1,输出才为 0。其逻辑符号如图 2 - 5(a)所示。

2. 或非逻辑

或非逻辑是**或**逻辑运算和**非**逻辑运算的复合,它是将输入变量先进行**或**运算,然后再进行**非**运算。其表达式为

$$F = \overline{A + B} \tag{2-5}$$

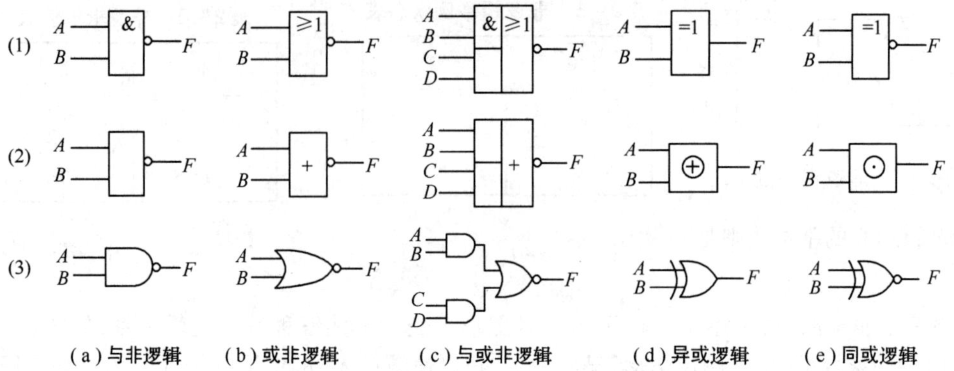

図 2 - 5　复合逻辑符号

或非逻辑真值表如表 2 - 8 所列。由真值表可见,对于**或非**逻辑,只要输入变量中有一个为 1,输出就为 0。或者说,只有输入变量全部为 0,输出才为 1。其逻辑符号如图 2 - 5(b)所示。

表 2 - 7　两输入变量与非逻辑真值表

A	B	F
0	0	1
0	1	1
1	0	1
1	1	0

表 2 - 8　两输入变量或非逻辑真值表

A	B	F
0	0	1
0	1	0
1	0	0
1	1	0

3. 与或非逻辑

与或非逻辑是**与**逻辑运算和**或非**逻辑运算的复合,它是先将输入变量 A、B 及 C、D 进行**与**运算,然后再进行**或非**运算。其表达式为

$$F = \overline{A \cdot B + C \cdot D} \qquad (2-6)$$

与或非逻辑真值表如表 2 - 9 所列。其逻辑符号如图 2 - 5(c)所示。

表 2 - 9　两输入变量与或非逻辑真值表

A	B	C	D	F
0	0	0	0	1
0	0	0	1	1
0	0	1	0	1
0	0	1	1	0
0	1	0	0	1
0	1	0	1	1
0	1	1	0	1
0	1	1	1	0
1	0	0	0	1
1	0	0	1	1
1	0	1	0	1

续表

A	B	C	D	F
1	0	1	1	0
1	1	0	0	0
1	1	0	1	0
1	1	1	0	0
1	1	1	1	0

4. 异或逻辑

当两个输入变量 A、B 的取值相异时,输出变量 F 为 1;当两个输入变量 A、B 的取值相同时,输出变量 F 为 0,这种逻辑关系称为**异或逻辑**。其逻辑表达式为

$$F = A \oplus B = A \cdot \overline{B} + \overline{A} \cdot B \tag{2-7}$$

$\oplus$ 是**异或**运算符号。其真值表如表 2-10 所列。其逻辑符号如图 2-5(d)所示。

异或运算的运算规则为

$$0 \oplus 0 = 0 \qquad 0 \oplus 1 = 1 \qquad 1 \oplus 0 = 1 \qquad 1 \oplus 1 = 0$$

由此可以推出一般形式为

$$A \oplus 1 = \overline{A} \tag{2-8}$$

$$A \oplus 0 = A \tag{2-9}$$

$$A \oplus \overline{A} = 1 \tag{2-10}$$

$$A \oplus A = 0 \tag{2-11}$$

5. 同或逻辑

当两个输入变量 A、B 的取值相同时,输出变量 F 为 1;当两个输入变量 A、B 的取值相异时,输出变量 F 为 0,这种逻辑关系称为**同或逻辑**。其逻辑表达式为

$$F = A \odot B = \overline{A} \cdot \overline{B} + A \cdot B$$

$\odot$ 是**同或**运算符号。其真值表如表 2-11 所列。其逻辑符号如图 2-5(e)所示。

表 2-10　**异或逻辑真值表**

A	B	F
0	0	0
0	1	1
1	0	1
1	1	0

表 2-11　**同或逻辑真值表**

A	B	F
0	0	1
0	1	0
1	0	0
1	1	1

同或运算的运算规则为

$$0 \odot 0 = 1 \qquad 0 \odot 1 = 0 \qquad 1 \odot 0 = 0 \qquad 1 \odot 1 = 1$$

由此可以推出一般形式为

$$A \odot 0 = \overline{A} \tag{2-12}$$

$$A \odot 1 = A \tag{2-13}$$

$$A \odot \overline{A} = 0 \tag{2-14}$$

$$A \odot A = 1 \tag{2-15}$$

由**异或**逻辑和**同或**逻辑的真值表可知,**异或**与**同或**逻辑正好相反,因此

$$A \odot B = \overline{A \oplus B} \tag{2-16}$$

$$A \oplus B = \overline{A \odot B} \tag{2-17}$$

有时又将**同或**逻辑称为**异或非**逻辑。

对于两变量来说,若两变量的原变量相同,则取非后两变量的反变量也相同;若两变量的原变量相异,则取非后两变量的反变量也必相异。因此,由**同或**逻辑和**异或**逻辑的定义可以得到

$$A \odot B = \overline{A} \odot \overline{B} \tag{2-18}$$

$$A \oplus B = \overline{A} \oplus \overline{B} \tag{2-19}$$

2.3　逻　辑　函　数

2.3.1　逻辑问题的描述

在实际问题中,上述的基本逻辑运算很少单独出现,经常是由基本逻辑运算构成复杂程度不同的逻辑函数。对于任何一个具体的二元逻辑问题,常常可以设定此问题产生的条件为输入变量,设定此问题产生的结果为输出逻辑变量,从而用逻辑函数来描述它。逻辑函数是由若干逻辑变量 A、B、C、D、$\cdots$经过有限的逻辑运算所决定的输出 F。若输入逻辑变量 A、B、C、D、$\cdots$确定以后,F 的值也就被唯一地确定了,则称 F 是 A、B、C、D、$\cdots$的逻辑函数,记作 $F=f(A、B、C、D、\cdots)$,即用一个逻辑函数式来表示。

下面以举重比赛的裁判规则为例来说明逻辑函数的建立过程及它的描述方法。假设比赛规则为:一名主裁判和两名副裁判中,必须有两人以上(而且必须包括主裁判)认定运动员的动作合格,试举才算成功,否则不成功。我们用输入变量 A、B、C 来分别代表一个主裁判和两个副裁判的认定结果,认为运动员的动作合格用 1 表示,不合格用 0 表示。用 F 表示运动员试举的结果,试举成功用 1 表示,不成功用 0 表示。那么就可以用表 2-12 描述这种函数关系。

表 2-12　举重裁判规则的真值表

输　　入			输出
A	B	C	F
0	0	0	0
0	0	1	0
0	1	0	0
0	1	1	0
1	0	0	0
1	0	1	1
1	1	0	1
1	1	1	1

在真值表的左边部分列出所有输入信号的全部组合。如果有 n 个输入变量,由于每个输入变量只有两种可能的取值,因此一共有 2^n 个组合。右边部分列出每种输入组合下的相应输出。

由真值表可以很方便地写出输出变量的函数表达式。通常有两种方法。

1. 与或表达式

将每个输出变量 $F=1$ 的相对应一组输入变量(A、B、C、$\cdots$)的组合状态以逻辑乘形式表示(用原

变量形式表示变量取值 1，用反变量形式表示变量取值 0），再将所有 $F = 1$ 的逻辑乘进行逻辑加，即得出 F 的逻辑函数表达式，这种表达式称为**与或表达式**，或称为"积之和"式。

例如，表 2 – 12 中，对应于 $F = 1$ 的输入变量组合，有 $A = 1$、$B = 0$、$C = 1$，用逻辑乘 $A\,\overline{B}C$ 来表示；有 $A = 1$、$B = 1$、$C = 0$，用逻辑乘 $AB\,\overline{C}$ 来表示；有 $A = 1$、$B = 1$、$C = 1$，用逻辑乘 ABC 来表示。对所有 $F = 1$ 的逻辑乘进行逻辑加，得到逻辑函数表达式为 $F = A\,\overline{B}C + AB\,\overline{C} + ABC$。这个表达式描述了举重比赛裁判的结果，即逻辑功能。

2. 或与表达式

将真值表中 $F = 0$ 的一组输入变量（A、B、C、$\cdots$）的组合状态以逻辑加形式表示（用原变量表示变量取值 0，用反变量形式表示变量取值 1），再将所有 $F = 0$ 的逻辑加进行逻辑乘，可得出 F 的逻辑函数表达式，这种表达式称为**或与表达式**，又称为"和之积"式。

例如，表 2 – 12 中，对应于 $F = 0$ 的输入变量组合有 $A = 0$、$B = 0$、$C = 0$，用逻辑加 $(A + B + C)$ 来表示；有 $A = 0$、$B = 0$、$C = 1$，用逻辑加 $(A + B + \overline{C})$ 来表示；有 $A = 0$、$B = 1$、$C = 0$，用逻辑加 $(A + \overline{B} + C)$ 来表示；有 $A = 0$、$B = 1$、$C = 1$，用逻辑加 $(A + \overline{B} + \overline{C})$ 来表示；有 $A = 1$、$B = 0$、$C = 0$，用逻辑加 $(\overline{A} + B + C)$ 来表示。对所有 $F = 0$ 的逻辑加进行逻辑乘，得到逻辑函数表达式为 $F = (A + B + C)(A + B + \overline{C})(A + \overline{B} + C)(A + \overline{B} + \overline{C})(\overline{A} + B + C)$。这个**或与**表达式也同样描述了举重比赛裁判的结果（逻辑功能）。

2.3.2　逻辑函数相等

假设 $F(A_1, A_2, \cdots, A_n)$ 为变量 A_1、A_2、$\cdots$、A_n 的逻辑函数，$G(A_1, A_2, \cdots, A_n)$ 为变量 A_1、A_2、$\cdots$、A_n 的另一逻辑函数，如果对应于 A_1、A_2、$\cdots$、A_n 的任一组状态组合，F 和 G 的值都相同，则称 F 和 G 是等值的，或者说 F 和 G 相等，记作 $F = G$。

也就是说，如果 $F = G$，那么它们就应该有相同的真值表。反之，如果 F 和 G 的真值表相同，则 $F = G$。因此，要证明两个逻辑函数相等，只要把它们的真值表列出，如果完全一样，则两个函数相等。

例 2 – 1　设

$$F(A, B, C) = A(B + C)$$

$$G(A, B, C) = AB + AC$$

试证：$F = G$。

证明

为了证明 $F = G$，先根据 F 和 G 的函数表达式，列出它们的真值表，如表 2 – 13 所列，它是根据逻辑函数表达式，对输入变量的各种取值组合进行逻辑运算，从而求出相应的函数值而得到的。

表 2 – 13　例 2 – 1 的真值表

A	B	C	$F = A(B + C)$	$G = AB + AC$
0	0	0	0	0
0	0	1	0	0
0	1	0	0	0
0	1	1	0	0
1	0	0	0	0
1	0	1	1	1
1	1	0	1	1
1	1	1	1	1

由表 2 - 13 可见,对应于 A、B、C 的任意一组取值组合,F 和 G 的值均完全相同,所以 $F = G$。

在"相等"的意义下,函数表达式 $A(B + C)$ 和表达式 $AB + AC$ 是表示同一逻辑功能的两种不同的表达式。实现 F 和 G 的相应逻辑电路如图 2 - 6 所示。由图可知,它们的结构形式和组成不同,但它们所具有的逻辑功能是完全相同的。

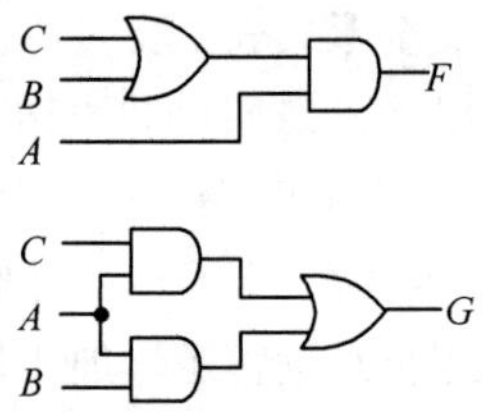

图 2 - 6　实现 F 和 G
的逻辑电路

2.3.3　逻辑代数的常见公式

(1) 关于变量和常量关系的公式。

$A + 0 = A$	$(2 - 20)$	$A \cdot 1 = A$	$(2 - 20^*)$
$A + 1 = 1$	$(2 - 21)$	$A \cdot 0 = 0$	$(2 - 21^*)$
$A + \overline{A} = 1$	$(2 - 22)$	$A \cdot \overline{A} = 0$	$(2 - 22^*)$
$A \odot 0 = \overline{A}$	$(2 - 23)$	$A \oplus 1 = \overline{A}$	$(2 - 23^*)$
$A \odot 1 = A$	$(2 - 24)$	$A \oplus 0 = A$	$(2 - 24^*)$
$A \odot \overline{A} = 0$	$(2 - 25)$	$A \oplus \overline{A} = 1$	$(2 - 25^*)$

(2) 交换律、结合律、分配律。

交换律

$$A + B = B + A \qquad (2 - 26)$$
$$A \cdot B = B \cdot A \qquad (2 - 27)$$
$$A \odot B = B \odot A \qquad (2 - 28)$$
$$A \oplus B = B \oplus A \qquad (2 - 29)$$

结合律

$$A + B + C = (A + B) + C \qquad (2 - 30)$$
$$ABC = (AB)C \qquad (2 - 31)$$
$$A \odot B \odot C = (A \odot B) \odot C \qquad (2 - 32)$$
$$A \oplus B \oplus C = (A \oplus B) \oplus C \qquad (2 - 33)$$

分配律

$$A(B + C) = AB + AC \qquad (2 - 34)$$
$$A + BC = (A + B)(A + C) \qquad (2 - 35)$$
$$A(B \oplus C) = AB \oplus AC \qquad (2 - 36)$$
$$A + (B \odot C) = (A + B) \odot (A + C) \qquad (2 - 37)$$

(3) 逻辑代数的一些特殊规律。

重叠律

$$A + A = A \qquad (2 - 38)$$
$$A \cdot A = A \qquad (2 - 39)$$
$$A \odot A = 1 \qquad (2 - 40)$$
$$A \oplus A = 0 \qquad (2 - 41)$$

根据式(2 - 40)及式(2 - 41)可以推广为:奇数个 A 重叠同或运算得 A,偶数个 A 重叠同或运算得 1,奇数个 A 重叠异或运算得 A,偶数个 A 重叠异或运算得 0。

反演律

$$\overline{A + B} = \overline{A} \cdot \overline{B} \tag{2-42}$$

$$\overline{AB} = \overline{A} + \overline{B} \tag{2-43}$$

$$\overline{A \odot B} = A \oplus B \tag{2-44}$$

$$\overline{A \oplus B} = A \odot B \tag{2-45}$$

调换律:**同或、异或逻辑**的特点还表现在变量的调换律。

同或调换律:若 $A \odot B = C$,则必有

$$A \odot C = B, B \odot C = A \tag{2-46}$$

异或调换律:若 $A \oplus B = C$,则必有

$$A \oplus C = B, B \oplus C = A \tag{2-47}$$

2.3.4 逻辑代数的基本规则

1. 代入规则

任何一个含有变量 A 的逻辑函数式中,如果将函数式中所有出现 A 的位置,都代之以一个逻辑函数 F,则等式仍然成立。这个规则称为代入规则。

由于任何一个逻辑函数,它和一个逻辑变量一样,只有 0 和 1 两种取值,显然,代入规则是成立的。

例 2-2 已知 $\overline{A + B} = \overline{A} \cdot \overline{B}$,函数 $F = B + C + D$,若用 F 代替等式中的 B,则有

$$\overline{A + (B + C + D)} = \overline{A} \cdot \overline{(B + C + D)}$$
$$= \overline{A} \cdot \overline{B} \cdot \overline{C} \cdot \overline{D}$$

必须注意的是,在使用代入规则时,一定要把所有出现被代替变量的地方都代之以同一函数,否则不正确。

2. 反演规则

设 F 是一个逻辑函数表达式,如果将 F 中所有的"·"(注意:在逻辑表达式中,不致混淆的地方,"·"常被省略)变为"+","+"变为"·","1"变为"0","0"变为"1",原变量变为反变量,反变量变为原变量,运算顺序保持不变,即可得到函数 F 的反函数 $\overline{F}$(或称为补函数)。这就是反演规则。

利用反演规则可以很方便地求得一个逻辑函数的反函数。

例 2-3 已知 $F = A\overline{B} + (\overline{A} + B)(C + \overline{D} + E)$,求它的反函数 $\overline{F}$。

解 由反演规则,可得

$$\overline{F} = (\overline{A} + B) \cdot (A\overline{B} + \overline{C}D\overline{E})$$

例 2-4 已知 $F = A + B + \overline{CD + \overline{E}}$,求它的反函数 $\overline{F}$。

解 由反演规则,得

$$\overline{F} = \overline{A} \cdot \overline{B} \cdot \overline{(C + \overline{D} \cdot E)}$$

需要注意的是,在利用反演规则求反函数时,要注意原来运算符号的顺序不能弄错,必须按照先**与**后**或**的顺序。因此,上例中的**或**项,要加括号。当**与**项变为**或**项时,也应加括号。如 $A + BD$ 求反后,应写为 $\overline{A}(\overline{B} + \overline{D})$。

如果函数 $\overline{F}$ 是某一函数 F 的反函数,那么 F 也就是 $\overline{F}$ 的反函数,即 F 与 $\overline{F}$ 互为反函数。

3. 对偶规则

设 F 是一个逻辑函数表达式,如果将 F 中所有的"·"变为"+","+"变为"·","1"变为"0",

"0"变为"1",则可得到一个新的函数表达式 F^*,F^* 称为 F 的对偶式。

例 2－5　已知 $F = AB + ABC$,求 F^* 的表达式。

解　$F^* = (A + B) \cdot (A + B + C)$

例 2－6　已知 $F = A + B(C + D)(E + F)$,求 F^* 的表达式。

解　$F^* = A \cdot (B + CD + EF)$

如果 F^* 是 F 的对偶式,那么 F 也是 F^* 的对偶式,即函数是互为对偶的。

若有两个函数相等,即 $F_1 = F_2$,则它们的对偶式也相等,$F_1^* = F_2^*$。即等式的对偶式也相等,这就是对偶规则。

在使用对偶规则写函数的对偶式时,同样要注意运算符号顺序。

本节式(2－20)～式(2－25)与式(2－20*)～(2－25*)互为对偶式。因此,这些公式只需记忆一半。

2.4　逻辑函数的标准表达式

逻辑函数的表达式可以有多种形式,但是每个逻辑函数的标准表达式是唯一的。标准表达式有两种形式,即标准**与或**式和标准**或与**式。

2.4.1　标准**与或**式

1. 最小项

在逻辑函数的**与或**表达式中,函数的展开式中的每一项都是由函数的全部变量组成的**与**项。逻辑函数的全部变量以原变量或反变量的形式出现,且仅出现一次,所组成的**与**项,称为逻辑函数的最小项。

为了便于识别和书写,通常用 m_i 来表示最小项。其下标 i 是这样确定的:把最小项中的原变量记为1,反变量记为0,变量取值按顺序列成二进制数。那么这个二进制数的等值十进制数就是下标 i。表 2－14 所列为三变量函数的所有最小项,表 2－15 所列为四变量函数的所有最小项。由表可知,m_i 不仅和变量的顺序有关,也和变量的数目有关。

表 2－14　三变量最小项和最大项

A	B	C	对应最小项(m_i)	对应最大项(M_i)
0	0	0	$\bar{A}\,\bar{B}\,\bar{C} = m_0$	$A + B + C = M_0$
0	0	1	$\bar{A}\,\bar{B}C = m_1$	$A + B + \bar{C} = M_1$
0	1	0	$\bar{A}B\,\bar{C} = m_2$	$A + \bar{B} + C = M_2$
0	1	1	$\bar{A}BC = m_3$	$A + \bar{B} + \bar{C} = M_3$
1	0	0	$A\,\bar{B}\,\bar{C} = m_4$	$\bar{A} + B + C = M_4$
1	0	1	$A\,\bar{B}C = m_5$	$\bar{A} + B + \bar{C} = M_5$
1	1	0	$AB\,\bar{C} = m_6$	$\bar{A} + \bar{B} + C = M_6$
1	1	1	$ABC = m_7$	$\bar{A} + \bar{B} + \bar{C} = M_7$

表 2 - 15　四变量最小项和最大项

A B C D	对应最小项(m_i)	对应最大项(M_i)	A B C D	对应最小项(m_i)	对应最大项(M_i)
0 0 0 0	$\overline{A}\,\overline{B}\,\overline{C}\,\overline{D} = m_0$	$A + B + C + D = M_0$	1 0 0 0	$A\,\overline{B}\,\overline{C}\,\overline{D} = m_8$	$\overline{A} + B + C + D = M_8$
0 0 0 1	$\overline{A}\,\overline{B}\,\overline{C} D = m_1$	$A + B + C + \overline{D} = M_1$	1 0 0 1	$A\,\overline{B}\,\overline{C} D = m_9$	$\overline{A} + B + C + \overline{D} = M_9$
0 0 1 0	$\overline{A}\,\overline{B} C\overline{D} = m_2$	$A + B + \overline{C} + D = M_2$	1 0 1 0	$A\,\overline{B} C\overline{D} = m_{10}$	$\overline{A} + B + \overline{C} + D = M_{10}$
0 0 1 1	$\overline{A}\,\overline{B} CD = m_3$	$A + B + \overline{C} + \overline{D} = M_3$	1 0 1 1	$A\,\overline{B} CD = m_{11}$	$\overline{A} + B + \overline{C} + \overline{D} = M_{11}$
0 1 0 0	$\overline{A} B\overline{C}\,\overline{D} = m_4$	$A + \overline{B} + C + D = M_4$	1 1 0 0	$A B\overline{C}\,\overline{D} = m_{12}$	$\overline{A} + \overline{B} + C + D = M_{12}$
0 1 0 1	$\overline{A} B\overline{C} D = m_5$	$A + \overline{B} + C + \overline{D} = M_5$	1 1 0 1	$A B\overline{C} D = m_{13}$	$\overline{A} + \overline{B} + C + \overline{D} = M_{13}$
0 1 1 0	$\overline{A} BC\overline{D} = m_6$	$A + \overline{B} + \overline{C} + D = M_6$	1 1 1 0	$A BC\overline{D} = m_{14}$	$\overline{A} + \overline{B} + \overline{C} + D = M_{14}$
0 1 1 1	$\overline{A} BCD = m_7$	$A + \overline{B} + \overline{C} + \overline{D} = M_7$	1 1 1 1	$A BCD = m_{15}$	$\overline{A} + \overline{B} + \overline{C} + \overline{D} = M_{15}$

最小项具有如下 3 个主要性质：

（1）对于任何一个最小项，只有一组变量取值使最小项的值为 1。

（2）任意两个不同的最小项之积必为 0，即

$$m_i m_j = 0 \quad (i \neq j)$$

（3）n 个变量的所有 2^n 个最小项之和必为 1，即

$$\sum_{i=0}^{2^n - 1} m_i = 1$$

式中：符号"$\sum$"表示 2^n 个最小项求和。

2. 标准与或式

全部由最小项之和组成的**与或**式，称为标准**与或**式，又称为标准积之和式，或最小项表达式。下面介绍获得逻辑函数标准**与或**式的两种方法。

（1）利用基本公式 $A + \overline{A} = 1$，可以把缺少变量 A 的乘积项，拆项为两个包含 A 和 $\overline{A}$ 的乘积项之和。

例 2 - 7　写出三变量 A、B、C 的逻辑函数 $F = AB + AC + BC$ 的最小项标准**与或**表达式。

解

$$F = AB + AC + BC$$
$$= AB(C + \overline{C}) + AC(B + \overline{B}) + BC(A + \overline{A})$$
$$= ABC + AB\overline{C} + ABC + A\overline{B} C + ABC + \overline{A} BC$$
$$= \overline{A} BC + A\overline{B} C + AB\overline{C} + ABC$$

所以 $F(A,B,C) = m_3 + m_5 + m_6 + m_7 = \sum m(3,5,6,7)$

（2）由真值表求标准**与或**表达式。任何一个逻辑函数都可以用真值表来描述，真值表中的每一行就是一个最小项，所以只要将真值表中输出函数为 1 的最小项相加，就可以得到此函数的标准**与或**式。

由于任何一个逻辑函数的真值表是唯一的，因此它的标准**与或**式也是唯一的。

2.4.2　标准**或与**式

1. 最大项

由逻辑函数的全部变量以原变量或反变量的形式出现，且仅出现一次所组成的**或**项称为函数的最大项，用 M_i 表示。M 的下标 i 是这样确定的：把最大项中的原变量记为 0，反变量记为 1，变量取值

按顺序排列成二进制数,那么这个二进制数的等值十进制数就是下标 i。在由真值表写最大项时,变量取值为 0 写原变量,变量取值为 1 写反变量。

例如一个三变量 $F(A,B,C)$ 的最大项 $A+B+\overline{C}$ 表示为 M_1,$\overline{A}+\overline{B}+C$ 表示为 M_6。

最大项具有下列三个主要性质:

(1) 对于任意一个最大项,只有一组变量取值可使其取值为 0。

(2) 任意两个最大项之和必为 1,即 $M_i + M_j = 1$　$(i \neq j)$。

(3) n 个变量的所有 2^n 个最大项之积必为 0,即 $\prod\limits_{i=0}^{2^n-1} M_i = 0$。

式中:符号"$\prod$"表示 2^n 个最大项求积。

2. 标准或与式

全部由最大项之积组成的函数式称为标准**或与**式,又称标准和之积式,或称最大项表达式。

例 2 – 8　写出三变量 A、B、C 的逻辑函数 $F = AB + AC + BC$ 的最大项标准**或与**表达式。

解

$$
\begin{aligned}
F &= AB + AC + BC \\
&= (AB + AC + B)(AB + AC + C) \\
&= (B + AC)(C + AB) \\
&= (B + A)(B + C)(A + C)(B + C) \\
&= (A + B)(A + C)(B + C) \\
&= (A + B + C\overline{C})(A + B\overline{B} + C)(A\overline{A} + B + C) \\
&= (A + B + C)(A + B + \overline{C})(A + B + C)(A + \overline{B} + C)(A + B + C)(\overline{A} + B + C) \\
&= (A + B + C)(A + B + \overline{C})(A + \overline{B} + C)(\overline{A} + B + C)
\end{aligned}
$$

所以 $F(A,B,C) = M_0 M_1 M_2 M_4 = \prod M(0,1,2,4)$

任何一个逻辑函数都可以用真值表来描述,由真值表写出的**或与**式,也是 F 的最大项表达式。

3. 最小项与最大项的关系

由最小项和最大项的定义可知,对于三变量 A、B、C,有

$$\overline{m_0} = \overline{\overline{A}\,\overline{B}\,\overline{C}} = A + B + C = M_0$$

$$\overline{m_7} = \overline{ABC} = \overline{A} + \overline{B} + \overline{C} = M_7$$

同样,有 $\overline{M_0} = \overline{A + B + C} = \overline{A}\,\overline{B}\,\overline{C} = m_0$,$\overline{M_7} = \overline{\overline{A} + \overline{B} + \overline{C}} = ABC = m_7$

推广到任意变量的函数,$\overline{m_i} = M_i$,$\overline{M_i} = m_i$,即下标相同的最小项和最大项互为反函数。

2.5　逻辑函数的化简方法

在进行逻辑设计时,根据逻辑问题归纳出来的逻辑函数式往往不是最简的逻辑函数式,并且可以有多种不同的形式。一种形式的逻辑表达式对应于一种逻辑电路,尽管它们的形式不同,但其逻辑功能是相同的。逻辑表达式有繁有简,相应的逻辑电路也有繁有简。

为使实现给定逻辑功能的电路简单、经济、快速、可靠,就要寻找最佳函数式。因此,逻辑函数的化简就成为逻辑设计的一个关键问题。因为函数式越简单,所设计的电路不仅简单、经济,而且出现故障的可能性就越小,可靠性就越高,电路的级数更少,工作速度也可以更快。

在函数的各种表达式中,**与或**表达式和**或与**表达式是最基本的,其他形式的表达式都可由它们变换得到。这里将主要从**与或**表达式出发来讨论函数的化简方法,逻辑函数的化简没有一个严格的标准可以遵循,一般从以下几方面考虑:

(1)逻辑函数中包含的项数(**与项**或者**或项**)最少,逻辑电路所用门数就最少。

(2)逻辑函数中的每一项包含的变量数最少,各个门的输入端数就最少。

(3)逻辑电路从输入到输出的级数最少,以减少电路的延迟。

(4)逻辑电路能可靠地工作。

前两条是从降低成本考虑,第(3)条是为了提高工作速度,第(4)条是考虑电路的可靠性问题。而这几条有时是矛盾的。在实际应用中,应兼顾各方面指标,还要看设计要求。在这里以"函数的项数和每项的变量数最少"作为函数化简的目标,其他指标根据设计要求再具体考虑。

2.5.1　逻辑函数的公式化简法

公式化简法的原理就是利用逻辑代数中的基本公式和常用公式消去函数中多余的乘积项和多余的因子,得到最简形式。常用的方法如下:

1. 并项法

运用基本公式 $A + \bar{A} = 1$,将两项合为一项,消去 A 和 $\bar{A}$ 这一对因子。

例 2 - 9　试用并项法化简 $F = ABC + A\bar{B} + A\bar{C}$。

解

$$F = ABC + A\bar{B} + A\bar{C} = ABC + A(\bar{B} + \bar{C})$$
$$= ABC + A\overline{BC} = A(BC + \overline{BC}) = A$$

2. 吸收法

运用公式 $A + AB = A$ 可将 AB 消去,吸收了多余项。

例 2 - 10　试用吸收法化简 $F = \bar{A} + A\overline{\overline{BC}}(B + \overline{AC} + \bar{\bar{D}}) + BC$。

解

$$F = \bar{A} + A\overline{\overline{BC}}(B + \overline{AC} + \bar{\bar{D}}) + BC$$
$$= \bar{A} + (\bar{A} + BC)(B + \overline{AC} + \bar{\bar{D}}) + BC$$
$$= (\bar{A} + BC) + (\bar{A} + BC)(B + \overline{AC} + \bar{\bar{D}})$$
$$= \bar{A} + BC$$

3. 消因子法

运用公式 $A + \bar{A}B = A + B$ 可将 $\bar{A}B$ 中的因子 $\bar{A}$ 消去。

例 2 - 11　试利用消因子法化简 $F = AB + \bar{A}C + \bar{B}C$。

解

$$F = AB + \bar{A}C + \bar{B}C$$
$$= AB + (\bar{A} + \bar{B})C$$
$$= AB + \overline{AB}C$$
$$= AB + C$$

4. 消项法

运用公式 $AB + \bar{A}C + BC = AB + \bar{A}C$ 或 $AB + \bar{A}C + BCD = AB + \bar{A}C$ 将冗余项 BC 或者 BCD 消去。

例 2 – 12　试利用消项法化简 $F = A\overline{B} + A\overline{C} + CD + AD$。

解

$$F = A\overline{B} + A\overline{C} + CD + AD$$
$$= A\overline{B} + (A\overline{C} + CD + AD)$$
$$= A\overline{B} + A\overline{C} + CD$$

5. 配项法

（1）利用公式 $A + \overline{A} = 1$ 将函数式中某一项乘以所缺变量 A 的 $(A + \overline{A})$，然后拆成两项分别与其他项合并，达到化简的目的。

例 2 – 13　试化简逻辑函数 $F = A\overline{B} + B\overline{C} + \overline{B}C + \overline{A}B$。

解

方法一：

$$F = A\overline{B} + B\overline{C} + \overline{B}C + \overline{A}B$$
$$= A\overline{B}(C + \overline{C}) + B\overline{C}(A + \overline{A}) + \overline{B}C + \overline{A}B$$
$$= A\overline{B}C + A\overline{B}\overline{C} + AB\overline{C} + \overline{A}B\overline{C} + \overline{B}C + \overline{A}B$$
$$= (A\overline{B}C + \overline{B}C) + (A\overline{B}\overline{C} + AB\overline{C}) + (\overline{A}B\overline{C} + \overline{A}B)$$
$$= \overline{B}C + A\overline{C} + \overline{A}B$$

方法二：

$$F = A\overline{B} + B\overline{C} + \overline{B}C + \overline{A}B$$
$$= A\overline{B} + B\overline{C} + \overline{B}C(A + \overline{A}) + \overline{A}B(C + \overline{C})$$
$$= A\overline{B} + B\overline{C} + A\overline{B}C + \overline{A}\overline{B}C + \overline{A}BC + \overline{A}B\overline{C}$$
$$= (A\overline{B} + A\overline{B}C) + (B\overline{C} + \overline{A}B\overline{C}) + (\overline{A}\overline{B}C + \overline{A}BC)$$
$$= A\overline{B} + B\overline{C} + \overline{A}C$$

由上述两种方法化简，可以得到两个不同的结果，这说明最简式不是唯一的。

（2）利用公式 $A + A = A$，在逻辑函数式中重复写入某一项，达到更加简化的目的。

例 2 – 14　试化简逻辑函数 $F = A\overline{B}\overline{C} + \overline{A}\overline{B}C + A\overline{B}C + ABC$。

解

$$F = A\overline{B}\overline{C} + \overline{A}\overline{B}C + A\overline{B}C + ABC$$
$$= (A\overline{B}\overline{C} + A\overline{B}C) + (\overline{A}\overline{B}C + A\overline{B}C) + (A\overline{B}C + ABC)$$
$$= A\overline{B} + \overline{B}C + AC$$

（3）利用公式 $AB + \overline{A}C = AB + \overline{A}C + BC$，在逻辑函数式中增加 BC 项，再与其他乘积项进行合并，以达到更加简化的化简目的。

例 2 – 15　试化简逻辑函数 $F = AC + \overline{A}D + \overline{B}D + B\overline{C}$。

解

$$F = AC + \overline{A}D + \overline{B}D + B\overline{C}$$
$$= AC + B\overline{C} + (\overline{A} + \overline{B})D$$
$$= AC + B\overline{C} + AB + \overline{AB}D$$
$$= AC + B\overline{C} + AB + D$$
$$= AC + B\overline{C} + D$$

在实际化简逻辑函数时，往往将上述多种方法综合运用才能达到简化的目的。

公式化简法化简逻辑函数的优点是简单方便、没有局限性,对任何类型、任何变量数的表达式都适用。但是它的缺点也较为明显,需要熟练掌握和运用公式,并且要有一定的技巧。更重要的一点是,公式法化简往往不易判断化简后的结果是否是最简。只有通过多做练习,积累经验,才能做到熟能生巧,较好地掌握公式化简法。

2.5.2　卡诺图化简法

1. 卡诺图

前面已经提到,用真值表可以描述一个逻辑函数。但是,直接把真值表作为运算工具十分不方便。如果将真值表变换成方格图的形式,按循环码的规则来排列变量的取值组合,所得的真值图称为卡诺图。利用卡诺图,可以十分方便地对逻辑函数进行简化,通常称为图解法或者卡诺图法。

逻辑函数的卡诺图是真值表的图形表示法。它是将逻辑函数的逻辑变量分为行、列两组纵横排列,两组变量数最多差一个。每组变量的取值组合按循环码规律排列。这种反映变量取值组合与函数值关系的方格图,称为逻辑函数的卡诺图。所谓循环码,是相邻两组之间只有一个变量值不同的编码,例如,2 个变量 4 种取值组合按 $00 \to 01 \to 11 \to 10$ 排列。必须注意,这里的相邻,包括头、尾两组,即 10 与 00 间也是相邻的。当变量增多时,每组变量可能含有 3 个或 4 个以上的变量。表 2 - 16 所列为 $2 \sim 4$ 个变量循环码的排列,从这个表可以看出循环码排列的规律。如果是 n 个变量,则一共有 2^n 个取值组合。其最低位变量取值按 0110 重复排列;次低 1 位按 00111100 重复排列;再前 1 位按 0000111111110000 重复排列;以此类推,最高 1 位变量的取值是 2^{n-1} 个连 0 和 2^{n-1} 个连 1 排列。这样可以得到 2^n 个取值组合的循环码排列。

表 2 - 16　2 ~ 4 个变量的循环码

A	B	A	B	C	A	B	C	D
0	0	0	0	0	0	0	0	0
0	1	0	0	1	0	0	0	1
1	1	0	1	1	0	0	1	1
1	0	0	1	0	0	0	1	0
		1	1	0	0	1	1	0
		1	1	1	0	1	1	1
		1	0	1	0	1	0	1
		1	0	0	0	1	0	0
					1	1	0	0
					1	1	0	1
					1	1	1	1
					1	1	1	0
					1	0	1	0
					1	0	1	1
					1	0	0	1
					1	0	0	0

图 2 - 7(a)和图 2 - 7(b)分别是三变量和四变量的卡诺图的一般形式。三变量卡诺图共有 $2^3 = 8$ 个小方格,每个小方格对应三变量真值表中一组取值组合。因此,每个小方格也就相当于真值表中的一个最小项。在图 2 - 7(a)和图 2 - 7(b)中每个小方格中填入了对应最小项的代号。比较三变量真值表 2 - 14 和图 2 - 7(a)及四变量真值表 2 - 15 和图 2 - 7(b),可以看出,卡诺图与真值表只是形

式不同而已。图2-8所示为五变量函数卡诺图的分开画法和整体画法。

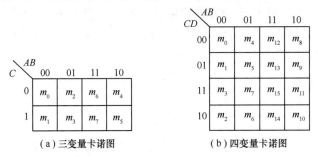

C \ AB	00	01	11	10
0	m_0	m_2	m_6	m_4
1	m_1	m_3	m_7	m_5

(a)三变量卡诺图

CD \ AB	00	01	11	10
00	m_0	m_4	m_{12}	m_8
01	m_1	m_5	m_{13}	m_9
11	m_3	m_7	m_{15}	m_{11}
10	m_2	m_6	m_{14}	m_{10}

(b)四变量卡诺图

图2-7　三变量和四变量函数的卡诺图

DE \ BC	00	01	11	10
00	m_0	m_4	m_{12}	m_8
01	m_1	m_5	m_{13}	m_9
11	m_3	m_7	m_{15}	m_{11}
10	m_2	m_6	m_{14}	m_{10}

(A=0)

DE \ BC	00	01	11	10
00	m_{16}	m_{20}	m_{28}	m_{24}
01	m_{17}	m_{21}	m_{29}	m_{25}
11	m_{19}	m_{23}	m_{31}	m_{27}
10	m_{18}	m_{22}	m_{30}	m_{26}

(A=1)

(a)分开画法

DE \ ABC	000	001	011	010	110	111	101	100
00	m_0	m_4	m_{12}	m_8	m_{24}	m_{28}	m_{20}	m_{16}
01	m_1	m_5	m_{13}	m_9	m_{25}	m_{29}	m_{21}	m_{17}
11	m_3	m_7	m_{15}	m_{11}	m_{27}	m_{31}	m_{23}	m_{19}
10	m_2	m_6	m_{14}	m_{10}	m_{26}	m_{30}	m_{22}	m_{18}

(b)整体画法

图2-8　五变量函数的卡诺图

2. 用卡诺图表示逻辑函数的方法

由于任意一个n变量的逻辑函数都可以变换成最小项表达式。而n变量的卡诺图包含了n变量的所有最小项,所以n变量的卡诺图可以表示n变量的任意一个逻辑函数。例如,表示一个三变量的逻辑变量函数$F(A,B,C)=\sum m(3,5,6,7)$,可以在三变量卡诺图的m_3、m_5、m_6、m_7的小方格中加以标记,一般是在三变量卡诺图对应的m_3、m_5、m_6、m_7的小方格中填1,其余各小方格填0。填1的小方格称为1格,填0的小方格称为0格,如图2-9所示。1格的含义是,当函数的变量取值与该小方格的最小项相同时,函数值为1。

对于一个非标准的逻辑函数表达式(即不是最小项表达式),通常是将逻辑函数变换成最小项表达式再填图。例如

$$\begin{aligned} F &= AB\bar{C} + \bar{A}BD + AC \\ &= AB\bar{C}\bar{D} + AB\bar{C}D + \bar{A}B\bar{C}D + \bar{A}BCD + A\bar{B}C\bar{D} + A\bar{B}CD + ABC\bar{D} + ABCD \end{aligned}$$

即 $F(A,B,C,D)=\sum m(12,13,5,7,10,11,14,15)$

在四变量卡诺图相对应的小方格中填 1,如图 2 – 10 所示。

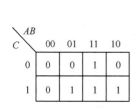

图 2 – 9 卡诺图标记法

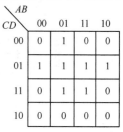

图 2 – 10 函数 $F(A,B,C,D) = \sum m(12,13,5,7,10,11,14,15)$ 的卡诺图

有些函数变换成最小项表达式时十分烦琐,可以采用直接观察法。观察法的基本原理是:在逻辑函数**与或**式中,乘积项中只要有一个变量因子的值为 0,该乘积项则为 0;只有所有变量因子值全部为 1,该乘积项才为 1。如果乘积项没有包含全部变量(非最小项),只要乘积项现有变量因子能满足使该乘积项为 1 的条件,该乘积项值即为 1。例如,$F = \overline{A}B\overline{C} + \overline{C}D + BD$,该逻辑函数为四变量函数,第 1 个乘积项 $\overline{A}B\overline{C}$ 缺少变量 D,只要变量 A、B、C 取值 $A = 0$、$B = 1$、$C = 0$,不论 D 取值为 1 或 0,均满足 $\overline{A}B\overline{C} = 1$。因此,在卡诺图中,对应 $A = 0$、$B = 1$、$C = 0$ 的两个小方格,即 $\overline{A}B\overline{C}\,\overline{D}$、$\overline{A}B\overline{C}D$ 均可填 1,如图 2 – 11 中的 m_4 和 m_5 中的 1;第 2 个乘积项 $\overline{C}D$,在卡诺图上对应 $C = 0$、$D = 1$ 有 4 个小方格,即 $\overline{A}\,\overline{B}\,\overline{C}D$、$\overline{A}B\,\overline{C}D$、

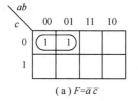

图 2 – 11 函数 $F = \overline{A}B\overline{C} + \overline{C}D + BD$ 的卡诺图

$A\,\overline{B}\,\overline{C}D$、$AB\overline{C}D$ 均可填 1,如图 2 – 11 中的 m_1、m_5、m_9、m_{13} 中的 1;第 3 个乘积项 BD,对应 $B = 1$、$D = 1$ 有 4 个小方格,均可填 1,如图 2 – 11 中的 m_5、m_7、m_{13}、m_{15} 中的 1。这样就得到表示函数 $F = \overline{A}B\overline{C} + \overline{C}D + BD$ 的卡诺图,如图 2 – 11 所示。

3. 利用卡诺图合并最小项的规律

在用公式法化简逻辑函数时,常利用公式 $AB + A\overline{B} = A$ 将两个乘积项进行合并。该公式表明,如果一个变量分别以原变量和反变量的形式在两个乘积项中,而这两个乘积项的其余部分完全相同,那么,这两个乘积项可以合并为一项,它由相同部分的变量组成。

由于卡诺图变量取值组合按循环码的规律排列,使处在相邻位置的最小项都只有一个变量表现出取值 0 和 1 的差别。因此,凡是在卡诺图中处于相邻位置的最小项均可以合并。

图 2 – 12 所示为两个相邻项进行合并的例子。在图 2 – 12(a)中,两个相邻项 $\overline{a}\,\overline{b}\,\overline{c}$ 和 $ab\overline{c}$,在变量 b 上出现了差别,因此这两项可以合并为一项 $\overline{a}\,\overline{c}$,消去变量 b。在卡诺图上,把能合并的两项圈在一起,合并项由圈内没有 0、1 变化的那些变量组成。两个相邻 1 格圈在一起,只有一个变量表现出 0、1 变化,因此合并项由 $(n-1)$ 个变量组成,如图 2 – 12(b)和图 2 – 12(c)中的 $\overline{b}\,\overline{c}$、$ab$ 等合并项。

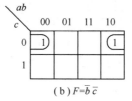

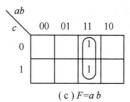

(a) $F = \overline{a}\,\overline{c}$　　(b) $F = \overline{b}\,\overline{c}$　　(c) $F = ab$

图 2 – 12 两个相邻项的合并举例

图 2-13 所示为三变量卡诺图 4 个相邻 1 格合并的例子。图 2-14 所示为四变量卡诺图 4 个相邻 1 格合并的例子。

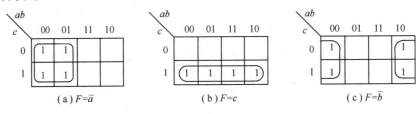

图 2-13　三变量卡诺图 4 个相邻项的合并举例

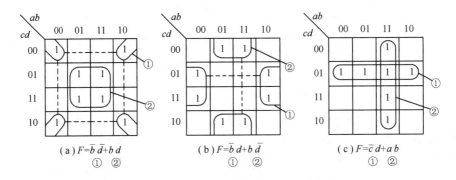

图 2-14　四变量卡诺图 4 个相邻项的合并举例

4 个相邻 1 格圈在一起,可以合并为一项,圈中有两个变量表现出有 0、1 的变化,因此合并项由 $(n-2)$ 个变量组成。在 4 个 1 格合并时,尤其要注意首、尾相邻格和四角的相邻 1 格,如图 2-13 中的(c)、图 2-14 中的(a)①和(b)。

图 2-15 所示为 8 个相邻 1 格合并的例子。合并乘积项由 $(n-3)$ 个变量构成。

由上述可以看出,在卡诺图中合并最小项,将图中相邻 1 格加圈标志,每个圈内必须包含 2^i 个相邻 1 格(注意卡诺图的首、尾及四角的最小项方格也相邻)。在 n 变量的卡诺图中,2^i 个相邻 1 格圈在一起,圈内有 i 个变量有 0、1 变化,合并后乘积项由 $(n-i)$ 个没有 0、1 变化的变量组成。

最后必须指出,对于五变量以上的卡诺图,某些相邻项有时不是十分直观地可以辨认。例如,图 2-16 所示的五变量卡诺图中,最小项 $\overline{a}\,bc\,\overline{d}e$ 和 $a\,bc\,\overline{d}e$,只有一个变量 a 取值不同,它们是可以合并为一项的。只要以卡诺图的中线为对称轴,则两边镜像的位置均为相邻,可以合并。但在图中这两项相邻的特性不易直观看出。因此也可以看出,对于五变量以上的函数,利用卡诺图合并并不直观。

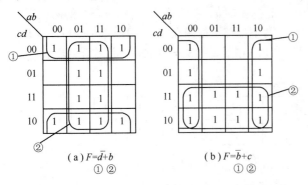

(a) $F=\overline{d}+b$
①②

(b) $F=\overline{b}+c$
①②

图 2-15　四变量卡诺图 8 个相邻项的合并举例

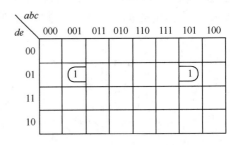

图 2-16　五变量卡诺图

4. 利用卡诺图化简逻辑函数

在了解卡诺图合并最小项的规律以后,就不难对逻辑函数用卡诺图进行化简了。在卡诺图上化简逻辑函数时,采用圈圈合并最小项的方法,函数化简后乘积项的数目等于合并圈的数目,每个乘积项所含变量因子的数目,取决于合并圈的大小,每个合并圈应尽可能地扩大。

为了说明在卡诺图上化简逻辑函数的方法,首先说明几个概念。

(1) 主要项:在卡诺图中,把 2^i 个相邻 1 格进行合并,如果合并圈不能再扩大(所谓不能再扩大,指的是再扩大将包括卡诺图中的 0 格)。这样的圈得到的合并乘积项称为主要项,有的书中称为素项或本原蕴含项。如图 2-17(a) 中的 $\overline{a}\,\overline{c}$ 和 abc 都是主要项,图 2-17(b) 中的 $\overline{a}\,\overline{c}$ 不是主要项,因为 $\overline{a}\,\overline{c}$ 圈还可以扩大, $\overline{a}$ 才是主要项。因而也可以说,主要项的圈不被更大的圈所覆盖。

(2) 必要项:凡是主要项圈中至少有一个"特定"的 1 格没有被其他主要项所覆盖,这个主要项称为必要项或实质主要项。例如,图 2-17(a) 中的 $\overline{a}\,\overline{c}$ 和 abc,(b) 中的 $\overline{a}$;图 2-18(a) 中的 $\overline{a}\,\overline{c}$、$\overline{a}b$,(b) 中的 $\overline{a}\,\overline{c}$、$bc$ 都是必要项。逻辑函数最简式中的乘积项都是必要项。必要项在有些书中称为实质素项或实质本原蕴含项。

(3) 多余项:一个主要项圈如果不包含有"特定"1 格,也就是说,它所包含的 1 格均被其他的主要项圈所覆盖,这个主要项就是多余项,有的书中称为冗余项。如图 2-18(b) 中的 $\overline{a}b$,它所包含的两个 1 格分别被 $\overline{a}\,\overline{c}$、$bc$ 圈所覆盖,因此它是一个多余项。

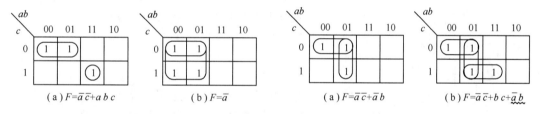

图 2-17　主要项举例　　　　　　　　　　图 2-18　多余项举例

用卡诺图化简逻辑函数的步骤如下:

(1) 将逻辑函数化为最小项之和的形式。

(2) 作出所要化简函数的卡诺图。

(3) 圈出所有没有相邻项的孤立 1 格主要项。

(4) 找出只有一种圈法,即只有一种合并可能的 1 格,从它出发把相邻 1 格圈起来(包括 2^i 个 1格),构成主要项。

(5) 余下没有被覆盖的 1 格均有两种或两种以上合并的可能,可以选择其中一种合并方式加圈合并,直至使所有 1 格无遗漏地都至少被圈一次,而且总圈数最少。

(6) 将全部必要项包围圈的公因子相加,得最简**与或**表达式。

例 2-16　用卡诺图化简法将下式化简为最简**与或**表达式:

$$F = A\,\overline{C} + \overline{A}C + B\,\overline{C} + \overline{B}C$$

解

首先画出表示函数 F 的卡诺图,如图 2-19 所示。

在填写 F 的卡诺图时,并不一定要将 F 化为最小项之和的形式。例如,式中的 $A\,\overline{C}$ 一项包含了所有的 $A\,\overline{C}$ 因子的最小项,而不管另一个因子是 B 还是 $\overline{B}$。从另一个角度讲,也可以理解为 $A\,\overline{C}$ 是 $AB\,\overline{C}$ 和 $A\,\overline{B}\,\overline{C}$ 两个最小项相加合并的结果。因此,在填写 F 的卡诺图时,可以直接在卡诺图上将所有对应 $A=1,C=0$ 的空格里填入 1。按照这种方法,就可以省去将 F 化为最小项之和这一步骤。

其次,需要找出可以合并的最小项。将可能合并的最小项用圆圈圈出。如图 2 – 19(a) 和(b) 所示,有两种可以合并最小项的方案。按照图 2 – 19(a) 的方案合并最小项,则得到

$$F = A\overline{B} + \overline{A}C + B\overline{C}$$

而按照图 2 – 19(b),得

$$F = A\overline{C} + \overline{B}C + \overline{A}B$$

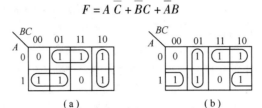

图 2 – 19　例 2 – 16 的卡诺图

这两个化简结果都符合最简**与或**式的标准。

上例表明,有时逻辑函数的化简结果不是唯一的。

例 2 – 17　用卡诺图化简法将下式化简为最简**与或**表达式:

$$F = ABC + ABD + \overline{A}\,\overline{C}D + \overline{C}\,\overline{D} + A\overline{B}C + \overline{A}C\overline{D}$$

解

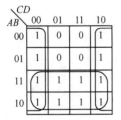

图 2 – 20　例 2 – 17 的卡诺图

首先画出 F 的卡诺图,如图 2 – 20 所示。然后将可能合并的最小项画出,并按照卡诺图化简原则选择**与或**式中的乘积项。由图可见,应将图中下边两行的 8 个最小项合并,同时将左、右两边最小项合并,于是得到

$$F = A + \overline{D}$$

在上面的两个例子中,都是通过合并卡诺图中的 1 来求得化简结果。但有时也可以通过合并卡诺图中的 0,先求得 $\overline{F}$ 的化简结果,然后再将 $\overline{F}$ 求反得到 F。这种方法所依据的原理为:由于全部最小项之和为 1,所以若将全部最小项之和分成两部分,一部分是卡诺图中填入 1 的那些最小项之和记入 F,则根据 $F + \overline{F} = 1$ 可知,其余部分是卡诺图中填入 0 的那些最小项之和必为 $\overline{F}$。

在多变量逻辑函数的卡诺图中,当 0 的数目远小于 1 的数目时,采用合并 0 的方法有时会比合并 1 更简单。在上例中,如果将 0 合并,则可得到

$$\overline{F} = \overline{A}D, \qquad F = \overline{\overline{F}} = \overline{\overline{A}D} = A + \overline{D}$$

与合并 1 得到的化简结果一致。

5. 任意项的使用

所谓任意项,是指在一个逻辑函数中,变量的某些取值组合不会出现,或者函数在变量的某些取值组合时输出不确定,可能为 0,也可能为 1,这样的变量的取值组合(最小项)称为任意项,有的书中称为约束项、随意项。具有任意项的逻辑函数称为非完全描述的逻辑函数。对非完全描述的逻辑函数,合理地利用任意项,常能使逻辑函数的表达式进一步简化。

在卡诺图中用 × 表示任意项。在化简逻辑函数时,既可以认定它是 1,也可以认定它是 0。

例 2 – 18　化简具有任意项的逻辑函数:

$$F = \overline{A}\,\overline{B}\,\overline{C}D + \overline{A}BCD + A\overline{B}\,\overline{C}\,\overline{D}$$

给定的约束条件为

$$\overline{A}\,\overline{B}CD + \overline{A}B\,\overline{C}D + AB\overline{C}\,\overline{D} + A\overline{B}\,\overline{C}D + ABCD + ABC\overline{D} + A\overline{B}C\overline{D} = 0$$

解　如图 2 – 21 所示,如果不利用任意项,则 F 已无法化简。利用任意项后,可以得到

$$F = \overline{A}D + A\overline{D}$$

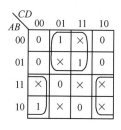

图 2 – 21　例 2 – 18 的
卡诺图

在上例中,可以将带任意项的逻辑函数表达式写为

$$F(A,B,C,D) = \sum m(1,7,8) + \sum d(3,5,9,10,12,14,15)$$

上式中,$\sum d$ 后面表示任意项。

对于非完全描述逻辑函数的化简,凡是 1 格都必须加圈覆盖,而任意项 × 则可以作为 1 格加圈合并,也可作为 0 格不加圈。最后必须指出,化简过程中,已对任意项赋予了确定的输出值。为不改变输出函数的性质,化简后的逻辑函数应联立约束条件。例如例 2 – 18 的化简结果应写为

$$\begin{cases} F = \overline{A}D + A\overline{D} \\ \overline{A}\,\overline{B}CD + \overline{A}B\,\overline{C}D + AB\,\overline{C}\,\overline{D} + A\,\overline{B}\,\overline{C}D + ABCD + ABC\,\overline{D} + A\,\overline{B}C\,\overline{D} = 0 \end{cases}$$

本 章 小 结

本章主要讲述了逻辑代数的定律和公式、逻辑函数的表示方法和化简方法。为了进行逻辑运算,逻辑代数的基本定律和常用公式需熟练掌握,并注意它们的对偶性,以便提高运算速度。在运用对偶和反演规则时,注意运算的顺序,即先括号后**与**再**或**。逻辑函数最小项和最大项表达式是两种标准形式,这两种标准式可以相互转换。最小项表达式是最常用的表达式,也是分析逻辑问题的基础。逻辑函数的化简是本章的重点。公式法化简的特点是变量数不受限制,但是化简方法缺乏规律性,化简过程中不仅需要熟练地运用基本定律和公式,而且需要有一定的运算技巧和经验。卡诺图化简的特点是简单直观,是化简五变量以内逻辑函数的有用工具。

习 题

2 – 1　什么叫**与、或、非**逻辑?试列举几种相关的实例,并列写出 3 种逻辑运算的表达式。

2 – 2　根据真值表判断**异或**和**同或**的逻辑关系是什么?

2 – 3　逻辑函数有哪些表示方法?

2 – 4　列出下述问题的真值表,并写出逻辑表达式:

(1) 题 2 – 4 图所示为楼道里"单刀双掷"开关控制楼道灯的示意图。A 点表示楼上开关,B 表示楼下开关,两个开关的上接点分别为 a 和 b;下接点分别为 c 和 d。在楼下时,可以按动开关 B 开灯,照亮楼梯;到楼上后,可以按动开关 A 关掉灯。试写出灯的亮灭与开关 A、B 的真值表和逻辑表达式。

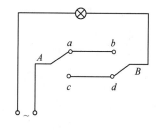

题 2 – 4 图

(2) 有 3 个温度探测器,当探测的温度超过 60℃时,输出控制信号 1;如果探测的温度低于 60℃时,输出控制信号为 0,当有两个或者两个以上的温度探测器输出 1 信号时,总控制器输出 1 信号,自动控制调控设备,使温度降低到 60℃以下。假设有 3 个温度探测器,试写出总控制器的真值表和逻辑表达式。

2 – 5　用公式法和真值表两种方法证明下列各等式:

(1) $(A + B)(\overline{A} + B + \overline{C}) = A\overline{C} + B$;

(2) $\overline{A}\,\overline{C} + \overline{A}\,\overline{B} + \overline{A}\,\overline{C}D + BC = \overline{A} + BC$。

2 - 6　写出下列各式 F 和它们的对偶式、反演式的最小项表达式：

（1）$F = ABCD + ACD + B\overline{D}$；

（2）$F = \overline{A}\ \overline{B} + CD$；

（3）$F = A + B\overline{C} + \overline{D}$　。

2 - 7　用公式法化简下列各式：

（1）$F = A(A + \overline{B}) + BC(\overline{A} + B) + \overline{B}(A \oplus C)$；

（2）$F = \overline{(A + B)(A + C)} + \overline{A + B + C}$；

（3）$F = AB + \overline{A}\ \overline{C} + B\overline{C}$。

2 - 8　用卡诺图法化简下列各函数：

（1）$F = (\overline{A} + \overline{B})(AB + C)$；

（2）$F(A, B, C) = \sum m(0, 1, 4, 5, 7)$；

（3）$F = A\overline{B}C + \overline{A}\ \overline{C}D + A\overline{C}$；

（4）$F = BC + D + \overline{D}(\overline{B} + \overline{C})(AD + B)$；

（5）$F(A, B, C, D) = \sum m(4, 5, 6, 8, 9, 10, 13, 14, 15)$；

（6）$F(A, B, C, D) = \sum m(0, 2, 7, 13, 15) + \sum d(1, 3, 4, 5, 6, 8, 10)$。

第 3 章　集成逻辑门电路

3.1　概　　述

用以实现基本逻辑关系的电子电路通称为逻辑门电路,简称门电路。随着半导体器件制造工艺的进展,把若干个逻辑门电路集成在一块半导体材料基片上,就构成了集成逻辑门电路。

在数字集成电路的发展过程中,同时存在着两种类型的器件。一种是由三极管组成的双极型集成电路,例如晶体管—晶体管逻辑电路(Transistor-Transistor Logic,TTL)。另一种是由绝缘栅场效应管组成的单极型集成电路,例如互补金属—氧化物—半导体场效应管逻辑电路(Complementary Metal-Oxide- Semiconductor,CMOS)。

TTL 系列逻辑电路出现在 20 世纪 60 年代,它在 20 世纪 90 年代以前占据了数字集成电路的主导地位。随着计算技术和半导体技术的发展,20 世纪 80 年代中期出现了 CMOS 电路。虽然它出现晚一些,但因为它有效地克服了 TTL 集成电路中存在的单元电路结构复杂、功耗大、影响电路集成密度提高的严重缺点,因而在向大规模和超大规模集成电路的发展中,CMOS 集成电路已占有统治地位。本章将重点讲述 CMOS 集成电路。

3.2　MOS 晶体管

MOS 晶体管是金属—氧化物—半导体场效应晶体管(Metal-Oxide-Semiconductor Field- Effect Transistor)的简称,俗称 MOS 管,它是 CMOS 集成电路的基本元件。

MOS 管有 3 个电极,即源极 S(Source)、漏极 D(Drain)和栅极 G(Gate),以及一个衬底(一般与源极相连)。它是电压控制器件,用栅极电压来控制漏极电流。

3.2.1　MOS 管的分类

MOS 管根据导电沟道的不同,分为 P 型沟道 MOS 管(简称 PMOS)和 N 型沟道 MOS 管(简称 NMOS)两种。按其形成沟道的工作方式不同,又分为增强型和耗尽型两类,因而有 4 种构型以及 4 种逻辑符号。

1. 增强型 NMOS 管

N 沟道增强型 MOS 管的结构和逻辑符号如图 3 - 1 所示。在 P 型硅半导体衬底上,制作两个高掺杂浓度的 N 型区,形成 MOS 管的源极 S 和漏极 D。栅极 G 和衬底之间被二氧化硅绝缘层隔开,绝缘层的厚度极薄,一般在 0.1 μm 以内,故要防止栅极的击穿。

如果在漏极 D 和源极 S 之间加上电压 V_{DS},而令栅极 G 和衬底之间的电压 $V_{GS}=0$,则由于漏极 D 和源极 S 之间相当于两个 PN 结背向地串联,所以 D - S 间不导通,$I_{DS}=0$。

当栅极 G 和衬底之间加有正向电压,且 V_{GS} 大于开启

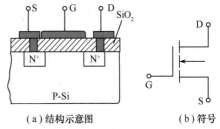

（a）结构示意图　　　（b）符号

图 3 - 1　N 沟道增强型 MOS 管

电压 $V_{GS(th)N}$ 时,由于栅极和衬底间电场的吸引,使衬底中的少数载流子——电子聚集到栅极下面的衬底表面,形成一个 N 型的反型层。这个反型层就构成了 D-S 间的导电沟道,于是有 I_{DS} 流通。

随着 V_{GS} 的升高,导电沟道的截面积也将加大,使 I_{DS} 增加。因此,可以通过改变 V_{GS} 控制 I_{DS} 的大小。

因为导电沟道为 N 型,而且在 $V_{GS}=0$ 时不存在导电沟道,必须加以足够高的栅极电压才有导电沟道形成,所以将这种类型的 MOS 管称为 N 沟道增强型 MOS 管。在图 3-1(b)给出的符号中,用 D-S 间断开的线段表示 $V_{GS}=0$ 时没有导电沟道,即 MOS 管为增强型。衬底上的箭头指向 MOS 管内部,表示导电沟道为 N 型。栅极引出端画在靠近源极一侧。

为防止有电流从衬底流向源极和导电沟道,通常将衬底与源极相连,或将衬底接到系统的最低电位上。

2. 增强型 PMOS 管

图 3-2 所示为 P 沟道增强型 MOS 管的结构示意图和符号。它采用 N 型衬底,导电沟道为 P 型。$V_{GS}=0$ 时不存在导电沟道,只有在栅极上加以足够大的负电压时,才能把 N 型衬底中的少数载流子——空穴吸引到栅极下面的衬底表面,形成 P 型的导电沟道。因此,P 沟道增强型 MOS 管的开启电压 $V_{GS(th)P}$ 为负值。

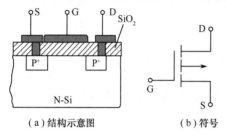

（a）结构示意图　　　（b）符号

图 3-2　P 沟道增强型 MOS 管

这种 MOS 管工作时使用负电源,同时需将衬底接源极或接至系统的最高电位上。

P 沟道增强型 MOS 管的符号如图 3-2(b)所示,其中衬底上指向外部的箭头表示导电沟道为 P 型。

3. 耗尽型 NMOS 管

图 3-3 所示为 N 沟道耗尽型 MOS 管的符号,图中 D-S 间是连通的,表示 $V_{GS}=0$ 时已有导电沟道存在。

图 3-3　N 沟道耗尽型 MOS 管

N 沟道耗尽型 MOS 管的结构形式与 N 沟道增强型 MOS 管的相同,都采用 P 型衬底,导电沟道为 N 型。所不同的是,在耗尽型 MOS 管中,栅极下面的二氧化硅绝缘层中掺进了一定浓度的正离子,这些正离子所形成的电场足以将衬底中的少数载流子——电子吸引到栅极下面的衬底表面,在 D-S 间形成导电沟道。因此,在 $V_{GS}=0$ 时,就已经有导电沟道存在了。

V_{GS} 为正时,导电沟道变宽,I_{DS} 增大;V_{GS} 为负时,导电沟道变窄,I_{DS} 减小。直到 V_{GS} 小于管子的夹断电压 $V_{GS(off)N}$ 时,导电沟道才消失,MOS 管截止。

在正常工作时,N 沟道耗尽型 MOS 管的衬底同样应接至源极或系统的最低电位上。

4. 耗尽型 PMOS 管

P 沟道耗尽型 MOS 管与 P 沟道增强型 MOS 管的结构形式相同,也是 N 型衬底,导电沟道为 P 型。所不同的是,在 P 沟道耗尽型 MOS 管中,$V_{GS}=0$ 时已经有导电沟道存在了。当 V_{GS} 为负时导电沟道进一步加宽,I_{DS} 的绝对值增加;而 V_{GS} 为正时导电沟道变窄,I_{DS} 的绝对值减小。当 V_{GS} 的正电压大于管子的夹断电压 $V_{GS(off)}$ 时,导电沟道消失,管子截止。

图 3-4 所示为 P 沟道耗尽型 MOS 管的符号。工作时应将它的衬底和源极相连,或将衬底接至系统的最高电位上。

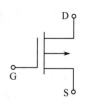

图 3-4　P 沟道耗尽型 MOS 管

3. 2. 2 MOS 管的开关特性

在数字集成电路中,由于 MOS 管是作为开关运用,因而多采用增强型 MOS 管。同三极管一样,MOS 管也分为 3 个工作区,即截止区、恒流区(又称饱和区)和可变电阻区(又称非饱和区),N 沟道增强型 MOS 管的输出特性曲线如图 3 - 5 所示。

1. 截止区

当 $|V_{GS}| < |V_{GS(th)}|$ 时,漏极 D 和源极 S 之间没有导电沟道,MOS 管处于截止区,$I_{DS} \approx 0$。这时 D - S 间的电阻非常大,可达 $10^9 \ \Omega$ 以上。MOS 管处于截止区时,它可以等效为一个断开的开关,其等效电路如图 3 - 6(a)所示。图中 C_1 为栅极的等效寄生电容。

2. 恒流区

恒流区又称饱和区,类似于三极管的放大区。当 $|V_{GS}| > |V_{GS(th)}|$,且 $|V_{DS}| > |V_{GS}| - |V_{GS(th)}|$ 时,MOS 管工作在恒流区。此时 I_{DS} 基本上不随 V_{DS} 变化。当 MOS 管作为放大器使用时,则工作在恒流区。而在数字集成电路中,MOS 管只在过渡状态下才工作在恒流区。

3. 可变电阻区

可变电阻区又称非饱和区,类似于三极管的饱和区。当 $|V_{GS}| > |V_{GS(th)}|$,而 $|V_{DS}| < |V_{GS}| - |V_{GS(th)}|$ 时,MOS 管工作在可调电阻区。此时 I_{DS} 随 V_{DS} 的变化而变化,MOS 管漏源之间相当于一个可变电阻 R_{on},其等效电路如图 3 - 6(b)所示。R_{on} 约在 $1k\Omega$ 以内,而且与 V_{GS} 的大小有关。

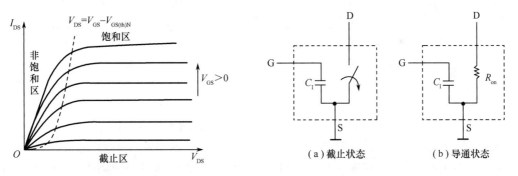

图 3 - 5　N 沟道增强型 MOS 管的
　　　　　输出特性曲线

图 3 - 6　MOS 管的开关等效电路

4. MOS 管的开关时间

由于 MOS 管只有多数载流子参与导电,它没有存储效应,因而不存在存储时间。但是 MOS 管存在寄生电容,寄生电容经过漏源之间的导通电阻 R_{on} 进行充放电过程则需要时间。因此,MOS 管的开关时间主要取决于负载电容的充放电时间。

由于 MOS 管的载流子的迁移率随温度上升而变小,从而使 MOS 管的开关时间发生变化。高温时开关速度减慢,低温时开关速度加快。

3.3　CMOS 反相器

CMOS 反相器的电路结构是 CMOS 电路的基本结构形式。CMOS 反相器和后面将要介绍的 CMOS 传输门是构成复杂 CMOS 逻辑电路的两种基本模块。

3.3.1　CMOS 反相器的结构及工作原理

1. 电路结构

标准的 CMOS 反相器是由增强型 PMOS 负载管(T_P)和增强型 NMOS 驱动管(T_N)串联组成,其电路结构如图 3-7 所示。

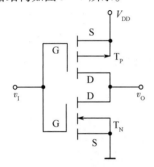

图 3-7　CMOS 反相器

图中 PMOS 负载管 T_P 的开启电压 $V_{GS(th)P} < 0$,NMOS 驱动管 T_N 的开启电压 $V_{GS(th)N} > 0$。通常为了保证电路正常工作,要求 $V_{DD} > |V_{GS(th)P}| + V_{GS(th)N}$,且 $V_{GS(th)N} = |V_{GS(th)P}|$,$VT_N$ 和 VT_P 具有相同的导通电阻 R_{on} 和截止电阻 R_{off}。

2. 工作原理

在图 3-7 反相器电路中,当输入 v_I 为低电平,如 $v_I = V_{IL} = 0V$ 时,NMOS 驱动管 T_N 的 $V_{GSN} = v_I = 0\,V < V_{GS(th)N}$。所以管子截止,等效一个很大的截止电阻 R_{off},通常可达 $10^9 \sim 10^{12}\,\Omega$。同时,PMOS 负载管 T_P 的 $|V_{GSP}| = V_{DD}$,所以管子导通,等效一个很小的导通电阻 R_{on},大约为 1kΩ。因此,输出为高电平 V_{OH},且 $v_O = V_{OH} \approx V_{DD}$。

当输入 v_I 为高电平,如 $v_I = V_{IH} = V_{DD}$ 时,NMOS 驱动管 T_N 的 $V_{GSN} = v_I = V_{DD} > V_{GS(th)N}$,因而管子导通。而 PMOS 负载管 T_P 的 $V_{GSP} = v_I - V_{DD} = 0V > V_{GS(th)P}$,因而负载管截止。此时,输出为低电平 V_{OL},且 $v_O = V_{OL} \approx 0V$。

可见输出和输入之间为逻辑非的关系。正因为如此,通常也将反相器称为非门。

无论输入是高电平还是低电平,T_N 和 T_P 总是工作在一个导通而另一个截止的状态,即互补状态,这种电路结构形式称为互补对称式金属—氧化物—半导体电路(Complementary-Symmetry Metal-Oxide-Semiconductor Circuit),简称 CMOS 电路。

3.3.2　CMOS 反相器的电气特性和参数

1. CMOS 反相器的电压传输特性

CMOS 反相器的直流输入电压和输出电压间的变化关系称为反相器的电压传输特性,即 $v_O = f(v_I)$。其电压传输特性曲线如图 3-8 所示。

当反相器工作在电压传输特性的 ab 段时,由于 $v_I < V_{GS(th)N}$,而 $|V_{GSP}| > |V_{GS(th)P}|$,故 T_N 截止,T_P 导通,输出高电平 $V_{OH} \approx V_{DD}$。

当反相器工作在电压传输特性的 cd 段时,由于 $v_I > V_{DD} - |V_{GS(th)P}|$,而 $V_{GSN} > V_{GS(th)N}$,故 T_P 截止,T_N 导通,输出低电平 $V_{OL} \approx 0V$。

在特性曲线的 bc 段,$V_{GS(th)N} < v_I < V_{DD} - |V_{GS(th)P}|$,$T_P$ 和 T_N 同时导通。如果 T_P 和 T_N 的参数完全对

称,则 $v_1 = V_{DD}/2$ 时两管的导通电阻相等,$v_O = V_{DD}/2$,即管子工作在电压传输特性转折区的中点。因此,CMOS 反相器的阈值电压 $V_{th} = V_{DD}/2$。

由图 3－8 的特性曲线还可以看到,不仅 $V_{th} = V_{DD}/2$,而且转折区的变化率很大,因此它更接近于理想的开关特性。这种形式的电压传输特性,使 CMOS 反相器获得了更大的抗干扰能力。

从特性曲线上不但可以直接看出 CMOS 反相器的工作关系,而且还可以从曲线上找出主要的直流参数。

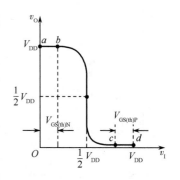

图 3－8　CMOS 反相器的电压传输特性

1）输入电平和输出电平

类似于阈值电压 V_{th} 与电源电压 V_{DD} 成正比,CMOS 反相器的很多直流参数都和电源电压相关。

CMOS 反相器的输入逻辑电平变化范围:

- 输入低电平 V_{IL} 为 $0 \sim V_{IL(max)}$,典型值为 $0 \sim 0.3V_{DD}$;
- 输入高电平 V_{IH} 为 $V_{IH(min)} \sim V_{DD}$,典型值为 $0.7V_{DD} \sim V_{DD}$。

CMOS 反相器输出电压的逻辑电平变化范围:

- 输出低电平 V_{OL} 为 $0 \sim V_{OL(max)}$,典型值为 $0 \sim 0.1V$;
- 输出高电平 V_{OH} 为 $V_{OH(min)} \sim V_{DD}$,典型值为 $(V_{DD} - 0.1V) \sim V_{DD}$。

可见,CMOS 反相器输出电平的振幅近似等于电源电压 V_{DD}。这说明 CMOS 集成电路电源的利用率高。

2）静态电压噪声容限

噪声是在逻辑电路输入端出现的任何有害的直流或交流电压,如果噪声足够大,即使信号电压不变,它也会使电路输出改变状态,产生错误动作。电压噪声容限又称抗干扰容限,即表明电路对噪声的抑制能力。

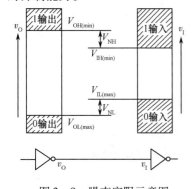

图 3－9　噪声容限示意图

静态电压噪声容限是电路能够经受且不改变状态的静态噪声电压最大值,用 V_N 表示。

图 3－9 所示为静态电压噪声容限的计算方法。在将多个门电路互相连接组成逻辑电路时,前一级门电路的输出就是后一级门电路的输入,所以根据输出低电平的最大值 $V_{OL(max)}$ 和输入低电平的最大值 $V_{IL(max)}$,便可求得低电平时的噪声容限,即

$$V_{NL} = V_{IL(max)} - V_{OL(max)} \qquad (3-1)$$

典型值约为 $0.3V_{DD}$。

同理,根据输出高电平的最小值 $V_{OH(min)}$ 和输入高电平的最小值 $V_{IH(min)}$,便可求得高电平时的噪声容限,即

$$V_{NH} = V_{OH(min)} - V_{IH(min)} \qquad (3-2)$$

典型值也为 $0.3V_{DD}$ 左右。

除直流噪声电压以外,噪声也可能以瞬态电压脉冲出现在电路的输入端,通常把电路抵抗这种瞬态电压脉冲的能力称为动态抗干扰能力,又称动态噪声容限。动态噪声容限不仅和瞬态电压脉冲幅度 V_p 有关,而且和瞬态电压的脉冲宽度 t_w 有关。当 t_w 较小时,V_p 要比较大才能使电路输出改变状态,产生错误动作。当 t_w 较大时,只要很小的脉冲幅度 V_p 就会使电路产生错误动作。

2. CMOS 反相器的电源电流传输特性

当 CMOS 反相器输入电压信号改变状态时,无论从逻辑 0 变到逻辑 1,还是从逻辑 1 变到逻辑 0,

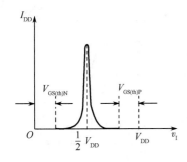

图 3 - 10　电源电流特性

都有一段短暂的过渡时间使 T_P 管和 T_N 管同时导通。此时,在电源 V_{DD} 和地之间将建立起低阻通道,形成较大的脉冲电流,如图 3 - 10 所示。

在 $V_{GS(th)N} < v_I < V_{DD} - | V_{GS(th)P} |$ 电压传输特性曲线过渡区的范围内,流过的电源电流 I_{DD} 和输入电压 v_I 之间的关系曲线称为电源电流特性曲线,如图 3 - 10 所示,它形成一个电流尖峰。

可以看到,瞬态电源电流 I_{DD} 在 $v_I = V_{DD}/2$ 处达到最大值,其值约为 10mA 以下。此尖峰电流不仅增加了 CMOS 电路的功耗,而且也成为 CMOS 电路的内部干扰源。

3. CMOS 反相器的输入特性

由于 CMOS 反相器是从栅极输入,它的输入电阻很大,又有一个小的寄生电容。如果输入端没有保护电路,输入端则有可能被静电感应充电至高压,造成绝缘栅击穿,使器件永久损坏。为避免造成栅极击穿,实际 CMOS 集成电路的每一个输入端都设有输入保护电路。

图 3 - 11 所示为内部设置了输入保护电路的 CMOS 反相器。保护电路内的元件均为寄生元件,其中 $D_1 \sim D_1'$ 代表多个分布式二极管,这种分布式二极管结构可以通过较大的电流。C_1 和 C_2 分别表示 T_P 和 T_N 的栅极等效电容。

根据输入保护电路可以画出 CMOS 反相器的输入特性曲线,如图 3 - 12 所示。在 $-0.7V < v_I < V_{DD} + 0.7V$ 范围内,输入保护电路不起作用,输入电流 $i_I = 0$;当 $v_I > V_{DD} + 0.7V$ 和 $v_I < -0.7V$ 以后,i_I 的绝对值随 v_I 绝对值的增加而迅速加大。

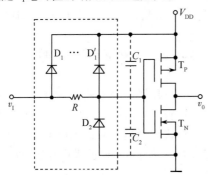

图 3 - 11　设有保护电路的 CMOS 反相器

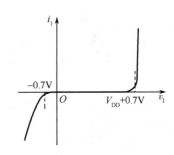

图 3 - 12　CMOS 反相器的输入特性

4. CMOS 反相器的输出特性

CMOS 反相器的输出特性分为低电平输出特性和高电平输出特性两部分。

1) 低电平输出特性

图 3 - 13(a)所示为低电平输出等效电路。当输入高电平,输出为低电平时,CMOS 反相器的 T_N 管导通,T_P 管截止,相当于开路。此时,负载电流经反相器的输出端流入 T_N 管。这种由输出端流入门电路的负载电流称为灌电流。门电路所能承受的最大灌电流,用 I_{OLmax} 表示,它是门电路重要的直流电流参数。

由图 3 - 13(a)可见,灌入的电流 $I_{OL} = i_{DSN}$,低电平输出 $V_{OL} = v_{DSN}$。所以,V_{OL} 与 I_{OL} 的关系曲线就是 T_N 管的漏极特性曲线,如图 3 - 13(b)所示。输出电阻的大小与 v_I 有关。v_I 越大,输出电阻越小,反相器带负载能力越强。

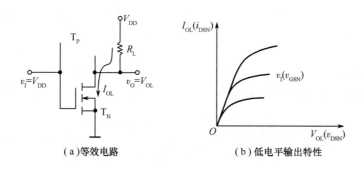

（a）等效电路　　　　　　　　　（b）低电平输出特性

图 3 – 13　CMOS 反相器的低电平输出特性

2）高电平输出特性

图 3 – 14（a）所示为高电平输出等效电路。当输入低电平，输出为高电平时，CMOS 反相器的 T_P 管导通，T_N 管截止，相当于开路。此时，负载电流经反相器的输出端流出 T_P 管。这种由输出端流出门电路的负载电流称为拉电流。

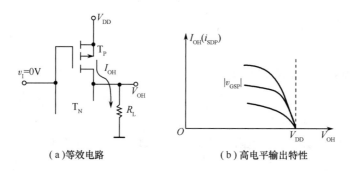

（a）等效电路　　　　　　　　　（b）高电平输出特性

图 3 – 14　CMOS 反相器的高电平输出特性

由图 3 – 14（a）可见，拉出的电流 $I_{OH} = i_{SDP}$，高电平输出 $V_{OH} = V_{DD} - v_{SDP}$。根据 T_P 管的漏极特性曲线，可得到反相器的高电平输出特性曲线，如图 3 – 14（b）所示。$|V_{GSP}|$ 越大，负载电流的增加使 V_{OH} 下降得越小，带拉电流负载能力就越大。

5. CMOS 反相器的功耗

CMOS 集成电路的最大优点之一就是低功耗，但这只是一个粗略的说法，严格地说应该是很低的静态功耗。实际上，由于电容的充放电和开关瞬态电流的存在，它还存在动态功耗，且动态功耗随着工作频率的提高而成正比增加。在工作频率较高的情况下，CMOS 反相器的动态功耗要比静态功耗大得多，这时的静态功耗可以忽略不计。

1）静态功耗

当 CMOS 反相器输入端加固定的高电平 V_{DD} 或加低电平 0V 时，由于 PMOS 管 T_P 或 NMOS 管 T_N 两者之中总有一个是完全截止的。从理论上讲，在电源 V_{DD} 到地之间没有直流通路，因而电源电流 $I_{DD} = 0$。

实际上，由于 CMOS 集成电路每一个输入端都设有输入保护电路，所以内部都有数目不同的 PN 结。在这些反向偏置的 PN 上，有很小的反向电流，这就形成了在电源和地之间流动的微小电源电流 I_{DD}，此电源电流和电源电压的乘积就是静态功耗 P_S，即

$$P_S = I_{DD} \cdot V_{DD} \tag{3 – 3}$$

I_{DD} 的典型值只有几纳安（nA），最大值也不超过几十纳安，静态功耗也只有几微瓦（μW）。

由于 PN 结的反向电流受温度影响比较大,所以 CMOS 反相器的静态功耗 P_S 也随温度的改变而变化。

2)动态功耗

CMOS 集成电路的内、外寄生电容的充放电电流以及开关瞬态电流所形成的功耗称为 CMOS 电路的动态功耗。输入信号的频率(f)越高,电路在两个逻辑电平 0 和 1 之间变化的次数越多,动态功耗也就随之增大。

CMOS 集成电路动态功耗的表达式为

$$P_D = C_{PD} \cdot V_{DD}^2 \cdot f \tag{3-4}$$

式中,C_{PD} 为功耗电容,它的具体数值由器件制造商给出。

需要说明的是,C_{PD} 并不是一个实际的电容,而仅仅是用来计算空载(没有外接负载)时,瞬时导通功耗的等效参数。而且,只有在输入信号的上升时间和下降时间小于器件手册中规定的最大值时,C_{PD} 的参数才有效。一般 C_{PD} 的数值为 20pF 左右。

若外接负载电容为 C_L,则动态功耗 P_D 为

$$P_D = (C_L + C_{PD}) \cdot V_{DD}^2 \cdot f \tag{3-5}$$

CMOS 反相器的总功耗 P 为

$$P = P_S + P_D \tag{3-6}$$

6. CMOS 反相器的传输延迟时间

尽管 MOS 管的开关过程中不发生载流子的聚集和消散,但由于集成电路内部电阻、电容的存在以及负载电容的影响,输出电压的变化仍然滞后于输入电压的变化,产生传输延迟。尤其由于 CMOS 电路的输出电阻比 TTL 电路的输出电阻大得多,所以负载电容对传输延迟时间和输出电压的上升时间、下降时间的影响更为显著。

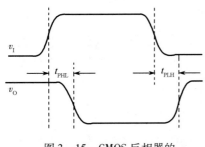

图 3-15　CMOS 反相器的
传输延迟时间

此外,由于 CMOS 反相器的导通管工作在可变电阻区,输出电阻受 V_{GS} 大小的影响。而通常情况下 $V_{GS} \approx V_{DD}$,因而传输延迟时间也与 V_{DD} 有关。

CMOS 反相器的导通延迟时间 t_{PHL} 和截止延迟时间 t_{PLH},是以输入、输出波形对应边上等于最大幅度 50% 两点间的时间间隔来定义的,如图 3-15 所示。平均传输延迟时间 t_{pd} 为它们的平均值,即

$$t_{pd} = (t_{PHL} + t_{PLH})/2 \tag{3-7}$$

平均传输延迟时间的大小,反映了 CMOS 电路的开关特性,主要说明 CMOS 反相器的工作速度。

3.4　CMOS 逻辑门电路

CMOS 逻辑门电路是在 CMOS 反相器的基础上组合而成的。它用 NMOS 管组成的逻辑块和 PMOS 管组成的逻辑块,分别代替反相器中的 NMOS 管和 PMOS 管的互补特性,使 NMOS 逻辑块和 PMOS 逻辑块轮流导通,从而实现逻辑功能。

3.4.1　CMOS 与非门和或非门

1. CMOS 与非门

图 3-16 所示为具有 2 输入端的 CMOS 与非门的基本结构形式(省略了每个输入端的保护电路),它由两个并联的 P 沟道增强型 MOS 管 T_3、T_4(PMOS 逻辑块)和两个串联的 N 沟道增强 MOS 管 T_1、T_2(NMOS 逻辑块)组成。

当输入 A、B 中至少有一个为 0 时,驱动管 T_1 和 T_2 中至少有一个管子的 $V_{GS} < V_{GS(th)N}$,该管处于截止状态;而负载管 T_3 和 T_4 中至少有一个管子的 $|V_{GS}| > |V_{GS(th)P}|$,该管处于导通状态。此时输出 $Y=1$。

当输入 A、B 全为 1 时,驱动管 T_1 和 T_2 均处于导通状态,而负载管 T_3 和 T_4 均处于截止状态,此时输出 $Y=0$。

图 3-16 所示电路的真值表如表 3-1 所示。可见此电路完成了与非逻辑功能,即

$$Y = \overline{AB} \qquad\qquad (3-8)$$

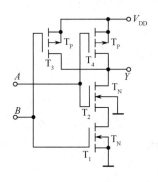

图 3-16　CMOS 与非门

表 3-1　CMOS 与非门真值表

A	B	Y
0	0	1
0	1	1
1	0	1
1	1	0

2. CMOS 或非门

图 3-17 所示为具有 2 输入端的 CMOS 或非门的基本结构形式,它由两个并联的 NMOS 管 T_1、T_2 和两个串联的 PMOS 管 T_3、T_4 组成。

电路中,只要 A、B 有一个是高电平,输出就是低电平。只有当 A、B 同时为低电平时,才使 T_1 和 T_2 同时截止、T_3 和 T_4 同时导通,输出为高电平。因此,Y 和 A、B 间是或非关系,即

$$Y = \overline{A+B} \qquad\qquad (3-9)$$

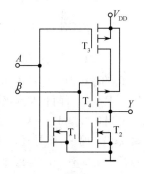

图 3-17　CMOS 或非门

3. 带缓冲器的 CMOS 逻辑门电路

上述与非门和或非门电路虽然结构简单,但也存在着严重的缺点。现以图 3-16 所示与非门电路为例说明。

首先,它的输出电阻 R_o 受输入端状态的影响。假定每个 MOS 管的导通电阻均为 R_{on},截止电阻为 R_{off},则

当 $A=B=0$ 时,两个 T_P 管导通,$R_o = R_{on3}//R_{on4} = 0.5R_{on}$;

当 $A=0$,$B=1$ 时,T_4 管导通,$R_o = R_{on4} = R_{on}$;

当 $A=1$,$B=0$ 时,T_3 管导通,$R_o = R_{on3} = R_{on}$;

当 $A=B=1$ 时,两个 T_N 管导通,$R_o = R_{on1} + R_{on2} = 2R_{on}$。

可见,输入状态的不同可以使输出电阻相差 4 倍之多。

其次,输出的高、低电平受输入端数目的影响。当输入全部为高电平时,输入端数目越多,串联的驱动管数目也越多,输出的低电平 $V_{\rm OL}$ 也越高。而当输入全部为低电平时,输入端越多,负载管并联的数目越多,输出高电平 $V_{\rm OH}$ 也更高一些。

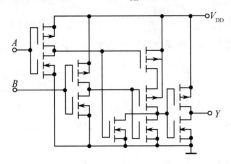

图 3 – 18　带缓冲器的 CMOS 与非门

输出低电平 $V_{\rm OL}$ 随输入端数目的升高,使低电平噪声容限 $V_{\rm NL}$ 降低,因而限制了输入端的扩展。在图 3 – 17 所示的或非门电路中,也存在类似的问题。

为了克服这些缺点,在上述基本门电路基础上,每个输入端、输出端各增设一级反相器,构成带缓冲器的 CMOS 逻辑门电路。加入的这些具有标准参数的反相器称为缓冲器。

带缓冲器的 CMOS 与非门是在图 3 – 17 或非门电路的基础上增加了输入和输出端的缓冲器以后得到的,如图 3 – 18 所示。用类似方法,可以构成其他带缓冲器的 CMOS 逻辑门电路。

3.4.2　CMOS 传输门

1. CMOS 传输门的电路结构

CMOS 传输门是由一个 P 沟道增强型 MOS 管和一个 N 沟道增强型 MOS 管并联互补组成,其电路结构和逻辑符号如图 3 – 19(a)、(b)所示。两管的栅极由一对互补的控制信号 C 和 $\bar{C}$ 控制。由于 MOS 器件的源极和漏极是对称的,所以信号可以双向传输。

CMOS 传输门和 CMOS 反相器一样,也是构成各种逻辑电路的基本单元电路。

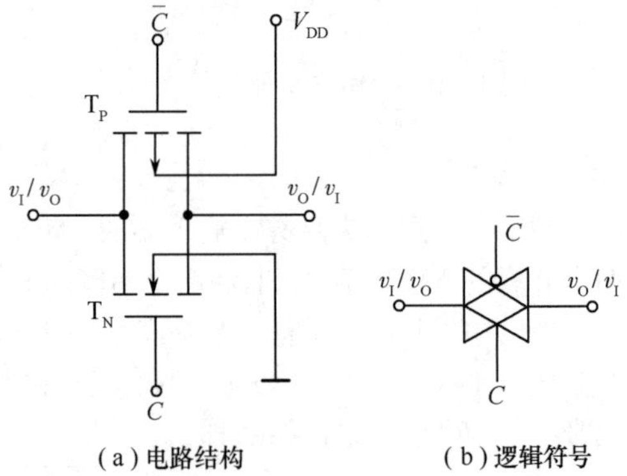

2. CMOS 传输门的工作原理

在 CMOS 传输门的电路中,当 $C = V_{\rm DD}$,$\bar{C} = 0$ 时,$T_{\rm p}$ 和 $T_{\rm N}$ 的栅极对衬底的电压差为 $V_{\rm DD}$,大于两管的开启电压 $|V_{\rm GS(th)}|$,两管在漏极和源极之间均形成了沟道。

当 $0 \leqslant v_{\rm I} \leqslant V_{\rm DD} - V_{\rm GS(th)N}$ 时,$T_{\rm N}$ 管导通;当 $|V_{\rm GS(th)p}| \leqslant v_{\rm I} \leqslant V_{\rm DD}$ 时,$T_{\rm p}$ 管导通。因此,在 $0 \sim V_{\rm DD}$ 范围内,$T_{\rm N}$ 和 $T_{\rm p}$ 管中至少有一个是处于可变电阻区。CMOS 传输门的输入和输出之间呈现低阻抗,一般小于 $10^3 \Omega$,所以传输门导通。

当 $C = 0$,$\bar{C} = V_{\rm DD}$ 时,$T_{\rm p}$ 和 $T_{\rm N}$ 的栅极对衬底的电压差均为 0,两管都截止。输入和输出之间呈现高阻抗,一般大于 $10^9 \Omega$,所以传输门截止。

（a）电路结构　　　　（b）逻辑符号

图 3 – 19　CMOS 传输门

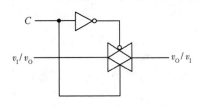

图 3 – 20　CMOS 双向模拟开关

3. CMOS 传输门的应用

传输门的重要用途之一是作为模拟开关,用来传输连续变化的模拟电压信号。这一点是无法用一般的逻辑门实现的。模拟开关的基本电路由 CMOS 传输门和一个 CMOS 反相器组成,如图 3 – 20 所示。同 CMOS 传输门一样,它也是双向器件。

利用 CMOS 传输门和 CMOS 反相器可以组成各种复杂的

逻辑电路,如复合逻辑门、常用组合模块、时序模块等。

图 3 – 21 所示为用 CMOS 传输门和 CMOS 反相器构成的**同或门**电路,其功能如表 3 – 2 所列。

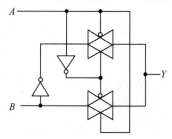

图 3 – 21 用传输门和反相器
构成的同或门电路

表 3 – 2 **同或门功能表**

A	B	TG_1	TG_2	Y
0	0	导通	截止	1
0	1	导通	截止	0
1	0	截止	导通	0
1	1	截止	导通	1

由功能表可见,电路输出 Y 和输入 A、B 之间是**同或**逻辑关系,即 $Y = A \odot B$。

3.4.3 三态输出和漏极开路输出的 CMOS 门电路

CMOS 集成电路有 3 种输出结构,即推挽输出、三态输出和漏极开路输出。

1. 推挽输出

典型的推挽输出结构如图 3 – 18 所示,它实际上是以输出端作为缓冲器的 CMOS 反相器。由于当 CMOS 反相器输出高、低电平时,两管 T_N、T_P 轮流工作,故称推挽输出。

推挽输出的逻辑门不能像图 3 – 21 中两个传输门那样,将其输出端直接并联。否则,会出现问题,如图 3 – 22 所示。当 Y_1 输出为逻辑 1,Y_2 输出为逻辑 0 时,会形成"$V_{DD} \rightarrow Y_1 \rightarrow Y_2 \rightarrow$ 地"的低阻通道,产生一个很大的负载电流流过两个输出级。这个相当大的电流远远超过了正常工作电流,甚至会损坏门电路。

所以,普通推挽输出的 CMOS 门电路输出端不能并联使用。

2. 三态输出

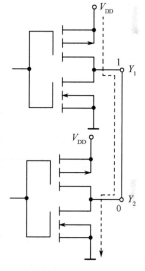

图 3 – 22 输出直接并联

为了克服推挽输出的逻辑电路输出端不能直接并联的缺点,实现公共线(总线)上的信号传输,设计产生了三态输出的 CMOS 门电路,简称三态输出门或三态门。

三态输出门是在普通门电路的基础上,增加控制端和控制电路构成的。其输出不但有高、低电平这两个状态,还有第三个状态——高阻态。

三态输出的 CMOS 电路结构有多种形式,下面介绍两种控制方式的内部结构。

第一种电路结构及其逻辑符号如图 3 – 23(a)、(b)所示。它是在 CMOS 反相器基础上增加一级 CMOS 传输门,作为反相器的控制开关。当 $\overline{EN} = 1$ 时,传输门截止,输出呈高阻态;当 $\overline{EN} = 0$ 时,传输门导通,输出 $Y = \overline{A}$。该三态门为低电平控制,也称控制端为低电平有效。

第二种电路结构及其逻辑符号如图 3 – 24 所示。它是在 CMOS 反相器基础上增加一个控制管 T_N' 和一个**与非门**。当 $EN = 0$ 时,T_N' 截止,同时与非门输出为 1,使 T_P 也截止,故输出呈高阻态;当 $EN = 1$ 时,T_N' 导通,输出 $Y = A$。该三态门控制端为高电平有效。

利用三态门可以实现总线结构,如图 3 – 25(a)所示。只要控制各个门的 EN 端轮流定时地为 1,

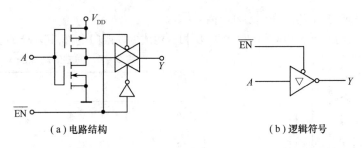

（a）电路结构　　　　　　　　　　　（b）逻辑符号

图 3 – 23　CMOS 三态门结构之一

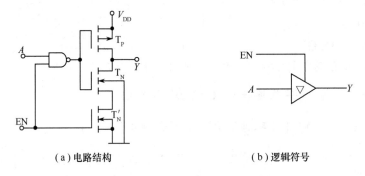

（a）电路结构　　　　　　　　　　　（b）逻辑符号

图 3 – 24　CMOS 三态门结构之二

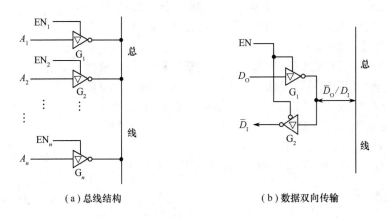

（a）总线结构　　　　　　　　　　　（b）数据双向传输

图 3 – 25　CMOS 三态门的应用

并且在任何时刻只有一个 EN 端为 1。这样就可以把各个门的输出信号轮流传输到总线上。

　　利用三态门还可以实现数据的双向传输,如图 3 – 25(b)所示。其中门 G_1 和门 G_2 为三态反相器,门 G_1 高电平有效,门 G_2 低电平有效。当三态使能端 EN = 1 时,D_O 经门 G_1 反相送到数据总线,门 G_2 呈高阻态;当三态使能端 EN = 0 时,数据总线中的 I_1 由门 G_2 反相后输出,而门 G_1 呈高阻态。

3. 漏极开路输出

　　根据电路的基本知识,两条导线相交时,低电平 0 会对高电平 1 形成短路;只有当两条导线均接到高电平上,其交点才能呈现高电平。这就是**线与**的逻辑关系。利用**线与**的关系让某些输出并联,可实现**与**的逻辑功能,节省一个多输入的**与门**器件,有时还能起到大大简化组合逻辑电路的作用。

　　普通推挽输出的 CMOS 逻辑门电路,由于输出端不能并联使用,所以不能利用**线与**的逻辑功能。

　　为了使 CMOS 门电路能够实现**线与**,须将输出级改为漏极开路的结构,这就形成了漏极开路输出门电路,简称 OD 门(Open Drain)。

图 3 – 26(a)、(b)所示为漏极开路输出**与非门**的电路结构及其逻辑符号。它的输出电路只是一个漏极开路的 NMOS 管。逻辑符号中菱形下方的横线表示输出低电平时为低输出电阻。

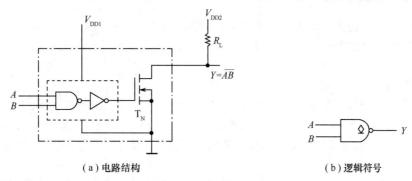

（a）电路结构　　　　　　　　　　　　　　（b）逻辑符号

图 3 – 26　漏极开路输出的**与非门**

漏极开路输出门工作时,必须外接负载电阻 R_L 才能正常工作,如图 3 – 27 所示。其外接负载电阻值的大小,应根据**线与端**(虚线**与门**所示)并联 OD 门输出端的个数、OD 门的灌电流负载能力和**线与端**的负载电容来决定。

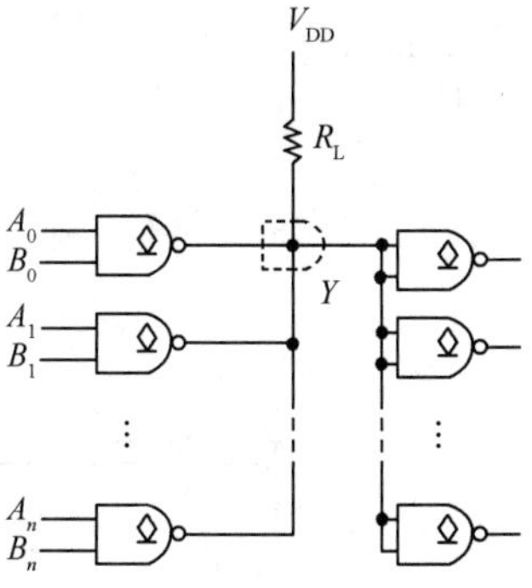

当图 3 – 27 中**线与端**只有一个 OD 门输出低电平,其余 OD 门均输出高电平时,设 OD 门输出 T_N 管的截止漏电流为 I_{DS},则 R_L 的最小值 R_{Lmin} 取决于输出低电平所允许的最大值 V_{OLmax} 和 OD 门所允许的最大灌电流负载 I_{OLmax},即

图 3 – 27　OD 门的连接

$$V_{DD} - (I_{OLmax} + nI_{DS}) R_L \leqslant V_{OLmax} \qquad (3 – 10)$$

所以

$$R_{Lmin} = \frac{V_{DD} - V_{OLmax}}{I_{OLmax} + nI_{DS}} \qquad (3 – 11)$$

式中,n 为**线与端**并联 OD 门输出端的个数 N 减 1,即 $n = (N - 1)$。

R_L 的最大值 R_{Lmax} 取决于负载输入端的电容通过 R_L 的充放电对电路工作速度的影响,为保证电路工作速度少受影响,R_L 的取值应接近 R_{Lmin}。

若负载电阻 R_L 选择合适,图 3 – 27 中**线与端**的输出为

$$Y = \overline{A_0 B_0} \cdot \overline{A_1 B_1} \cdots \overline{A_n B_n} = \overline{A_0 B_0 + A_1 B_1 + \cdots + A_n B_n} \qquad (3 – 12)$$

可见,**线与逻辑**用一级门电路实现了两级**与或非**的逻辑功能。

OD 门的另一个重要应用是实现输出电平的变换。在图 3 – 26 漏极开路输出的**与非门**电路中,设 T_N 输出管的导通电阻和截止电阻分别为 R_{on} 和 R_{off},则只要满足 $R_{off} \gg R_L \gg R_{on}$,就能使 T_N 截止时,$Y = V_{OH} \approx V_{DD2}$;而 T_N 导通时,$Y = V_{OL} \approx 0V$。因为 V_{DD2} 可以选择为不同于 V_{DD1} 的数值,所以就很容易地将输入的高、低电平 V_{DD1} 和 0V 变换为输出的高、低电平 V_{DD2} 和 0V。

3.5　双极型晶体管的开关特性及应用

逻辑输入信号通常使双极型数字集成电路中的二极管和三极管工作在开关状态,从而使电路实现一定的输入输出逻辑关系。因此,二极管和三极管的开关特性是实现逻辑门电路的基础。

3.5.1　双极型二极管的开关特性和二极管门电路

1. 双极型二极管的开关特性

晶体二极管中 PN 结的导电,有电子和空穴两种载流子参与,所以晶体二极管属于双极型器件。它的开关特性分静态和动态两部分。静态开关特性又称稳态开关特性;动态开关特性又称瞬态开关特性。

1) 二极管的静态开关特性

二极管的静态伏安特性如图 3-28 所示。图中 V_{th} 是二极管的正向开启电压,也称阈值电压,一般硅管的阈值电压为 $0.6 \sim 0.7V$,锗管的阈值电压为 $0.2 \sim 0.3V$。V_{BR} 是二极管的反向击穿电压,它是二极管的极限参数,一般远离输入电压的幅值范围。I_S 是二极管的反向饱和电流,其数值很小,常常可以忽略不计。

当 $V_{BR} < v_D < V_{th}$ 时,$i_D \approx 0$,二极管截止,二极管的正负极间等效为开关的断开,截止电阻约数十兆欧;当 $v_D \geqslant V_{th}$ 时,二极管导通,i_D 按指数规律上升。由于导通电压很小,二极管正负极间等效为开关的闭合,导通电阻为数百欧姆。因此,二极管等效为端电压控制的电子开关,通断的界限是阈值电压 V_{th}。常用如图 3-29 所示的折线简化的特性曲线表示。

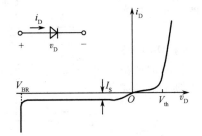

图 3-28　二极管的伏安特性

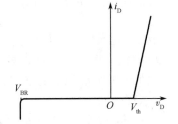

图 3-29　二极管特性的折线简化

2) 二极管的动态开关特性

二极管的动态开关特性即动态转换特性,表现为二极管随输入信号的变化,由截止到导通和由导通到截止的转换过程,如图 3-30 所示。

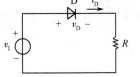

当 $t = t_1$ 时, 由于外加电压由反向突然变为正向,要等到 PN 结的空间电荷区由宽变窄,内部建立起足够的电荷梯度后才开始有扩散电流形成,因而正向导通电流的建立要稍微滞后一点。

当 $t = t_2$ 时,外加电压突然由正向变为反向,因为 PN 结两边尚有一定数量扩散电流形成的存储电荷,维持管子的导通,所以有较大的瞬态反向电流流过,如图 3-30 所示。随着存储电荷的消散,反向电流迅速衰减并趋近于稳态时的反向饱和电流。

瞬态反向电流的大小和持续时间的长短取决于反向电压的大小、正向导通时的电流和电路中电阻 R 的阻值,而且与二极管本身的特性有关。

反向电流持续的时间用反向恢复时间 t_{re} 来定量描述。t_{re} 是指反向电流从它的峰值衰减到峰值的1/10所经过的时间。反向恢复时间是影响二极管开关速度的主要原因,是二极管开关特性的重要参数。

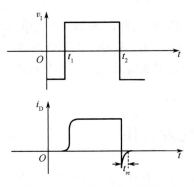

图 3-30　二极管动态转换特性

2. 二极管门电路

最简单的二极管门电路可以用二极管和电阻组成。常用的是二极管**与**门和**或**门。

1）二极管**与**门电路

两输入端的二极管**与**门电路如图 3-31 所示。设 $V_{CC} = 5V$,加到输入端 A、B 的高电平 $V_{IH} = 3V$,低电平 $V_{IL} = 0V$,二极管导通时的正向压降 $V_D = 0.7V$。

只要当 A、B 中有一个是低电平 0V,则必有一个二极管导通,使输出为 0.7V,视为输出低电平,所以 $Y = 0$。

<table>
<tr><td colspan="3" align="center">表 3-3　与门真值表</td></tr>
<tr><td align="center">A</td><td align="center">B</td><td align="center">Y</td></tr>
<tr><td align="center">0</td><td align="center">0</td><td align="center">0</td></tr>
<tr><td align="center">0</td><td align="center">1</td><td align="center">0</td></tr>
<tr><td align="center">1</td><td align="center">0</td><td align="center">0</td></tr>
<tr><td align="center">1</td><td align="center">1</td><td align="center">1</td></tr>
</table>

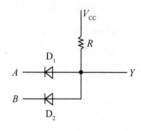

图 3-31　二极管**与**门

只有当 A、B 全为高电平 3V 时,两个二极管均导通,使输出为 3.7V,视为输出高电平,所以 $Y = 1$。

由此,列出二极管**与**门电路的真值表如表 3-3 所示。显然,Y 和 A、B 是**与**逻辑关系,即 $Y = AB$。可以通过增加二极管的个数来实现输入端的扩展。

该电路输入和输出的高、低电平数值不等,相差一个二极管的导通压降。如果把这个门的输出作为下一级二极管门的输入信号,将发生信号高、低电平的偏移现象,因而限制了电路的级联应用。

2）二极管**或**门电路

两输入端的二极管**或**门电路如图 3-32 所示。同样设 $V_{CC} = 5V$,加到输入端 A、B 的高电平 $V_{IH} = 3V$,低电平 $V_{IL} = 0V$,二极管导通时的正向压降 $V_D = 0.7V$。

当 $A = B = 0V$ 时,二极管 D_1、D_2 均截止,输出电压为 0V,所以 $Y = 0$。只要 A、B 中有一个是高电平,输出就是 2.3V,视为输出高电平,所以 $Y = 1$。

由此,列出二极管**或**门电路的真值表如表 3-4 所示。显然,Y 和 A、B 是**或**逻辑关系,即 $Y = A + B$。

<table>
<tr><td colspan="3" align="center">表 3-4　或门真值表</td></tr>
<tr><td align="center">A</td><td align="center">B</td><td align="center">Y</td></tr>
<tr><td align="center">0</td><td align="center">0</td><td align="center">0</td></tr>
<tr><td align="center">0</td><td align="center">1</td><td align="center">1</td></tr>
<tr><td align="center">1</td><td align="center">0</td><td align="center">1</td></tr>
<tr><td align="center">1</td><td align="center">1</td><td align="center">1</td></tr>
</table>

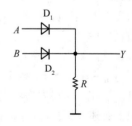

图 3-32　二极管**或**门电路

二极管**与**门和**或**门电路虽然简单,但存在着输出电平偏移的问题。所以这种电路结构只用于集成电路内部的逻辑单元,仅仅用二极管门电路无法制作具有标准化输出电平的集成电路器件。

3.5.2　双极型三极管的开关特性和反相器电路

1. 双极型三极管的开关特性

晶体三极管内部由两个 PN 结构成,发射结的导通与截止类似于二极管的开关工作状态。所以晶体三极管也属于双极型器件,它的开关特性也分静态和动态两部分。同样,三极管的静态开关特性又称稳态开关特性;三极管的动态开关特性又称瞬态开关特性。

1) 三极管的静态开关特性

基本三极管开关电路如图 3 – 33 所示,该电路为无基极静态偏置的共发射极电路,输入与输出反相,故称基本反相器电路。

在图 3 – 33 电路中,发射结的输入特性类似于二极管的伏安特性,有一个阈值电压 $V_{BE(th)}$。管子集电极 C 和发射极 E 之间的输出特性就是电路的输出特性,如图 3 – 34 所示。

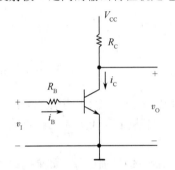
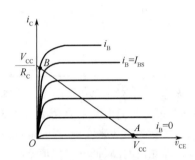

图 3 – 33　三极管开关电路　　　　　　图 3 – 34　电路的输出特性

在数字电路中,逻辑输入信号通常使三极管工作在截止和饱和状态,称为开关状态。

当输入 v_I 为低电平 V_{IL} 时,使 $V_{BE} < V_{BE(th)}$,$i_B = 0$,三极管工作在输出特性的 A 点,处于截止状态,截止电阻约数百千欧。此时,$i_C \approx 0$,$v_o \approx V_{CC}$,输出高电平。三极管集电极和发射极之间等效为开关的断开。

当输入 v_I 为高电平 V_{IH} 时,使 $i_B > I_{BS}$(电路的临界饱和基极电流),三极管工作在输出特性的 B 点,处于饱和状态,饱和电阻只有十几欧姆。此时,$v_o \approx 0$,输出低电平。三极管集电极和发射极之间等效为开关的闭合。$S = i_B / I_{BS}$ 称为饱和深度。

为实现上述三极管的开关工作状态,必须满足电路的截止和饱和条件:

截止条件　　　　$V_{IL} < V_{BE(th)}$(使 $i_B = 0$)

饱和条件　　　　$i_B \geqslant I_{BS}$

即 $(V_{IH} - V_{BES}) / R_B \geqslant (V_{CC} - V_{CES}) / \beta R_C$

式中,V_{BES} 和 V_{CES} 分别为临界饱和基极电压和集电极电压,β 为三极管的放大倍数。

综上所述,只要合理地选择电路参数,三极管集电极与发射极之间可等效为一个受基极电流控制的电子开关。通常,输入电压通过控制基极电流而转换为电压控制开关。

2) 三极管的动态开关特性

三极管的动态开关过程与二极管相似,也要经历一个电荷的建立和消散的过程,表现为管子的饱和与截止两种状态的相互转换需要一定的时间。三极管饱和与截止两种状态相互转换的时间称为三极管的开关时间。

图 3 – 35 所示为图 3 – 33 三极管开关电路的动态工作波形。下面分为开通和关断两个过程加以说明。

开通过程:即三极管由截止转向饱和的过程。

当 $t < t_1$ 时,根据电路的静态特性,$v_1 = V_{IL}$,$i_B = 0$,晶体管截止,$i_C \approx 0$。此时,发射结的势垒区较宽,输出呈高电平稳态。

当 $t = t_1$,输入电压 v_1 正跳变到 V_{IH} 时,外电场削弱内电场,发射结由宽变窄,发射区的电子逐渐注入基区,并扩散到集电结而被集电极收集,形成集电极电流 i_C。

从 v_1 正跳变开始到 i_C 从 0 上升至 $10\% \, I_C$ 所需的时间称延迟时间 t_d。它近似等于发射结由宽变窄的时间。正向基极电流越大,t_d 就越短。

此后,发射区不断地向基区注入电子,电子浓度逐渐增加,i_C 亦逐渐增加。对应于 $i_C = 90\% \, I_C$,基区内建立起一定的电子浓度梯度,即存储一定的电子电荷。这个过程所需的时间近似等于上升时间 t_r,即 i_C 从 $10\% \, I_C$ 上升至 $90\% \, I_C$ 所需的时间。

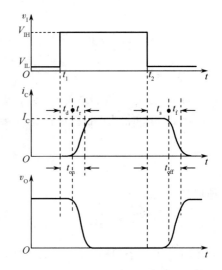

图 3 – 35　三极管的动态工作波形

当集电极电流增加到最大值 I_C,晶体管进入饱和区,集电结转入正偏,收集电子能力减弱,使基区积累大量的存储电荷,称为超量存储电荷。晶体管饱和越深,超量存储电荷越多。此后,输出呈低电平稳态。

三极管从截止转换到饱和导通所需的时间,称为开通时间 t_{on},$t_{on} = t_d + t_r$。

关断过程:即三极管由饱和转向截止的过程。

当 $t = t_2$,输入电压 v_1 负跳变到 V_{IL} 时,首先是超量存储电荷开始消散。在三极管退出饱和之前,维持集电结正偏,I_C 不变。存储电荷通过基极反向电流消散,三极管饱和越深,超量存储电荷越多,电荷消散的越慢。当超量存储电荷全部消失后,三极管开始脱离饱和状态,i_C 开始下降。

从 v_1 负跳变开始到 i_C 从最大值 I_C 下降至 $90\% \, I_C$ 所需的时间,称为存储时间 t_s。它是三极管最重要的时间参数。一般三极管手册用 t_s 表示管子的开关速度。

三极管退出饱和后,集电结由正偏转向反偏,进入放大区。随着剩余基区存储电荷的消散,i_C 开始迅速下降。i_C 从 $90\% \, I_C$ 下降到 $10\% \, I_C$ 所需的时间,称为下降时间 t_f。

下降时间结束后,i_C 已基本为 0,管子进入截止区,输出回到高电平稳态。

三极管从饱和导通转换为截止所需的时间,称为关断时间 t_{off},$t_{off} = t_s + t_f$。

三极管的开关时间一般为纳秒数量级,其中 t_s 最大,所以 $t_{off} > t_{on}$。基区存储电荷是影响三极管开关速度的主要因素。提高开关速度的基本方法是:开通时加大基极驱动电流,关断时快速泄放存储电荷。

2. 三极管反相器电路(非门)

三极管的基本开关电路就是**非门**。实际应用中,为保证 $v_1 = V_{IL}$ 时三极管可靠截止,常在三极管的基极接入负压支路,在基极串联电阻上并接小的加速电容,以提高电路的开关速度。

实际的三极管反相器电路如图 3 – 36 所示,下面按稳态工作状态和瞬态工作状态对电路进行分析。

1) 稳态工作

首先,稳态工作时,加速电容 C_j 等效为开路,对稳态分析没

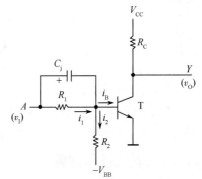

图 3 – 36　三极管反相器电路

有影响。

当 $v_I = V_{IL}$ 时,为保证三极管可靠截止,要求 $V_{BE} \leqslant 0$,即

$$V_{BE} = V_{IL} - \frac{R_1}{R_1 + R_2}(V_{IL} + V_{BB}) \leqslant 0 \tag{3-13}$$

可见,加大 V_{BB} 或者增大 R_1、减小 R_2 均对电路截止有利。此时,$v_O = V_{CC} = V_{OH}$。

当 $v_I = V_{IH}$ 时,为保证三极管饱和,要求 $i_B \geqslant I_{BS}$。由图 3-36 中的电流关系,得

$$i_B = i_1 - i_2 = \frac{V_{IH} - V_{BES}}{R_1} - \frac{V_{BES} + V_{BB}}{R_2} \qquad I_{BS} = \frac{V_{CC} - V_{CES}}{\beta R_C}$$

所以

$$\frac{V_{HI} - V_{BES}}{R_1} - \frac{V_{BES} + V_{BB}}{R_2} \geqslant \frac{V_{CC} - V_{CES}}{\beta R_C} \tag{3-14}$$

式中,V_{CES} 为管子的饱和压降,一般硅管取 0.3V,锗管取 0.1V;V_{BES} 为发射结饱和压降,一般硅管取 0.7V,锗管取 0.3V。

可见,加大 R_C 或者减小 R_1、增大 R_2 均对可靠饱和有利。此时,$v_O = V_{CES} = V_{OL} \approx 0V$。

2) 瞬态工作

电路瞬态工作时,电容 C_j 的作用是加速管子开通和关断的过程,改善三极管反相器电路的瞬态开关特性。

当输入电压 v_I 从 V_{IL} 正向跳变到 V_{IH} 的瞬间,由于 C_j 端电压不能突变,C_j 相当于短路,跳变的 $\Delta V = V_{IH} - V_{IL}$,直接作用于三极管基极,使得瞬时基极正向驱动电流 i_B 很大,从而大大缩短了 t_d 和 t_r,也就是缩短了开通时间 t_{on}。

此后,随着 C_j 的快速充电,基极正向驱动电流迅速减少。当充电结束后,C_j 相当于开路,电路进入高电平输入时的稳态。选择电路参数满足式(3-14),保证电路工作于饱和状态,输出低电平 V_{OL}。此时,电容 C_j 上的电压 $U_{C_j} = V_{IH} - V_{BES}$ 较大。

当输入电压 v_I 从 V_{IH} 负向跳变到 V_{IL} 的瞬间,同样由于 C_j 端电压不能突变,使三极管发射结加上较大的反向偏压 $-U_{C_j}$,因此产生较大的基极反向驱动电流,加快了基区多余存储电荷的消散,从而大大缩短了关断时间 t_{off}。

此后,随着 C_j 的快速放电,基极反向驱动电流迅速减少至 0。选择电路参数满足式(3-13),保证电路工作在可靠截止状态,输出高电平 V_{OH}。

由以上分析可见,加速电容 C_j 只在瞬态过程中起作用,缩短开通时间和关断时间。而在电路处于稳定状态时,C_j 相当于开路,对电路稳态工作没有影响。由于 C_j 加速了电路的转换过程,故称加速电容。

3.6　TTL 逻辑门电路

TTL 逻辑电路出现并发展了 50 多年,已形成了多种系列,分为标准系列和肖特基系列两大类。由于标准系列属于早期产品,现在已很少使用了,故在此只介绍肖特基 TTL 系列,重点分析肖特基 TTL(Schottky Transistor-Transistor Logic,STTL)逻辑门电路。

3.6.1　肖特基晶体管

不断提高电路的工作速度一直是 TTL 逻辑电路的一个发展方向。考虑到三极管的开关时间中存

储时间 t_s 最大,若能控制三极管的饱和深度,减少超量存储电荷在基区的累积,则可有效降低三极管的开关时间,提高电路的工作速度。为此,在三极管的基极和集电极之间加肖特基势垒二极管(Schottky Barrier Diode, SBD),如图 3 – 37(a)所示,它的等效三极管符号如图 3 – 37(b)所示,称肖特基三极管或抗饱和三极管。

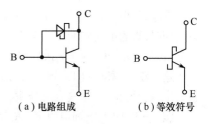

（a）电路组成　　　　（b）等效符号

图 3 – 37　抗饱和三极管

肖特基势垒二极管的特点是:具有单向导电性,但是它的正向导通电压比硅 PN 结的导通电压低,只有 0.3 ~ 0.4V,并且没有少数载流子的存储效应,开关速度快。

当输入端所加电压使三极管尚未进入饱和区时,$V_{CE} > V_{BE}$,SBD 处于截止状态,对电路的工作没有影响,开通时间保持不变。

只有当输入端所加电压使三极管进入饱和区,且 $V_{BC} = 0.3 ~ 0.4V$,处于临界饱和时,SBD 导通。SBD 的导通将 V_{BC} 钳制在 0.3 ~ 0.4V 上,以后无论 B 端的输入电流怎样增加,I_b 都保持不变,所有的过驱动电流都经 SBD 流走,从而限制了三极管的饱和深度,减小了存储时间,提高了三极管的开关速度。

若三极管因负载电流 I_L 的加大,而使 $V_{CE} > 0.4V$ 时,SBD 将截止,使 I_b 增大。因此,SBD 可根据负载电流的大小自动调节对三极管基极的分流作用,从而使电路带灌电流的负载能力得到保证。

3.6.2　TTL 与非门和 TTL 或非门

1. TTL 与非门

1）电路组成

图 3 – 38 是一个二输入肖特基 TTL(STTL)与非门电路。其中,输入端的两个二极管为保护二极管,正常工作时截止。

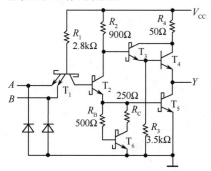

图 3 – 38　STTL 与非门电路

输入级的 T_1 称多发射极(抗饱和)晶体管,同电阻 R_1 一起完成与逻辑功能。输出级的 T_3、T_4 和 T_5 完成非门功能,其中 T_5 为驱动管,T_3 和 T_4 组成的复合管射随器为非门的有源负载。T_2 管为 T_5 管和 T_3 管提供反相基极电压,用来保证 T_5 管导通时,T_4 管截止;T_5 管截止时,T_4 管导通,实现推拉式输出(又称图腾柱:totem-pole 输出)。T_6 管和电阻 R_B、R_C 组成有源泄放电路,缩短与非门电路的传输延迟时间。

2）工作原理

当输入信号 A、B 中至少有一个为低电平(0.3V)时,多发射极晶体管 T_1 的基极和低电平发射极之间,有一个导通压降 V_{BE1} 约为 0.7V,所以 T_1 的基极电位约为 1V。这时 T_2 和 $T_5(T_6)$ 均不会导通,T_2 基极的反向电流即为 T_1 的集电极电流,其值很小,因此 T_1 处于饱和状态。

由于 T_2 截止,V_{CC} 经 R_2 驱动 T_3 和 T_4,使 T_3 饱和,T_4 处于导通状态。因此输出电压为

$$V_O = V_{CC} - I_{B3}R_2 - V_{BE3} - V_{BE4} \tag{3-15}$$

由于基流 I_{B3} 很小,可以忽略不计,则 $V_O \approx 3.6V = V_{OH}$,输出高电平,$Y = 1$。

这种输出驱动管(T_5)截止,输出高电平的状态,有时也称电路的"关态"。

当输入信号 A、B 全部为高电平(3.6V)时,T_1 的基极电位升高,足以使 T_1 集电结、T_2 和 T_5 的发射结抢先导通,将 T_1 的基极电位 V_{B1} 钳制在 2.1V 左右。此时,T_1 的集电极电位 V_{C1} 为 1.4V 左右,T_1 处于发

射结反偏、集电结正偏的工作状态,称为"倒置"工作状态。T_1 的倒置工作使 T_2、T_5 饱和,T_6 进入导通状态。同时,T_2 的饱和使 V_{C2} 为 1V 左右,不能驱动复合管工作,因而 T_3、T_4 截止。所以,输出为 T_5 的饱和压降,$V_O = V_{CES5} \approx 0.3V = V_{OL}$,输出低电平,$Y = 0$。

这种输出驱动管(T_5)饱和,输出低电平的状态,有时也称电路的"开态"。

由以上可见,电路具有**与非**逻辑功能。

图 3–38 中 T_6 管和电阻 R_B、R_C 组成的有源泄放电路,作用是在电路的转换过程,加速输出驱动管(T_5)的开关速度。

当输入端由低电平转变为全部为高电平时,在 T_2 由截止变为导通的瞬间,由于 T_6 的基极回路中串接了电阻 R_B,所以 T_5 的基极必然先于 T_6 的基极导通,使 T_2 发射极的电流全部流入 T_5 的基极,从而加速了 T_5 的导通过程。而在稳态下,由于 T_6 导通后产生的分流作用,减少了 T_5 的基极电流,也就减轻了 T_5 的饱和程度,这又有利于加快 T_5 从导通变为截止的转换过程。

当输入端全部由高电平转变为低电平时,在 T_2 从导通变为截止以后,因为 T_6 仍处于导通状态,为 T_5 管基区存储电荷提供了一个瞬间的低内阻泄放回路,使 T_5 得以迅速截止。因此,有源泄放回路的存在,缩短了门电路的传输延迟时间,提高了**与非**门电路的工作速度。

3)电压传输特性

图 3–38 STTL **与非**门电路的电压传输特性如图 3–39 所示。

当输入电压 $v_I < 1V$ 时,T_2、T_5 均截止,T_3 饱和,T_4 导通,输出 $v_O \approx 3.6V$。

当输入电压 $v_I \geq 1.4V$ 时,T_2、T_5 均饱和,T_3、T_4 均截止,输出 $v_O \approx 0.3V$。

当输入电压 $1V \leq v_I \leq 1.4V$ 时,T_2、T_5 和 T_3、T_4 均处于导通状态,v_O 随 v_I 的增大而迅速减小,形成传输特性的过渡区。

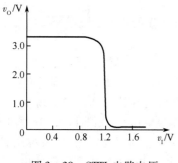

图 3–39   STTL 电路电压
传输特性

当电路处于过渡区时,从电源到地有直流通路,将产生瞬时尖峰电源电流。

STTL 电路的输入电平允许范围:

$$V_{IL(min)} \sim V_{IL(max)} = 0 \sim 0.8V$$

$$V_{IH(min)} \sim V_{IH(max)} = 2 \sim 5V$$

通常称输入低电平的最大值 $V_{IL(max)}$ 为门电路的关门电平,用 V_{off} 表示,一般 $V_{off} \geq 0.8V$;称输入高电平的最小值 $V_{OH(min)}$ 为门电路的开门电平,用 V_{on} 表示,一般 $V_{on} \leq 2V$。

STTL 电路的输出电平允许范围:

$$V_{OL(min)} \sim V_{OL(max)} = 0 \sim 0.5V$$

$$V_{OH(min)} \sim V_{OH(max)} = 2.7 \sim 5V$$

所以,电路的低电平噪声容限:

$$V_{NL} = V_{IL(max)} - V_{OL(max)} = 0.8V - 0.5V = 0.3V$$

电路的高电平噪声容限:

$$V_{NH} = V_{OH(min)} - V_{IH(min)} = 2.7V - 2V = 0.7V$$

可见,V_{NL} 与 V_{NH} 不对称,电路总的静态电压噪声容限 V_N,只能取 V_{NL} 与 V_{NH} 的最小值,只有 0.3V。所以,TTL 电路的抗干扰能力没有 CMOS 电路的抗干扰能力强。

4)输入和输出性能

在实际的应用中,需要了解电路的对外特性。因此,熟悉电路的输入和输出性能十分重要。

当不考虑输入保护二极管和有源泄放电路的特殊作用时,从 STTL **与非**门输入端看进去的等效电路如图 3–40 所示。

从输入端等效电路可知：

（1）若输入（如 A）端悬空，该端的发射结截止。所以，悬空端等效于接高电平。

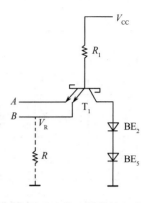

（2）若输入（如 B）端经电阻 R 接地，如图 3 – 40 虚线所示。该输入端等效电平视其余各输入端所接电平及 R 值的大小而定。

当其余各输入端中至少有一端接低电平 V_{IL} 时，T_1 基极电压就被钳制在 $V_{B1} = V_{IL} + 0.7V$，电阻 R 端的电压 $V_R = V_{IL}$。

当其余各输入端均接高电平时，电阻 R 端的电压 V_R 的大小就取决于电阻 R 的取值。若 R 的取值小于 $0.1R_1$ 时，该输入端相当于接低电平，即 $V_R \approx V_{IL}$；若 R 的取值大于 $0.5R_1$ 时，该输入端相当于接高电平，且 $V_R = V_{BE2} + V_{BE5} + V_{BC1} - V_{BE1} \approx 1.1\ V$。

图 3 – 40　输入端等效电路

由 STTL 电路的输出级，是由 T_3、T_4 构成的复合管射随器和驱动管 T_5 组成的推拉式输出电路。因此，无论输出为高电平还是低电平，从输出端看进去的输出等效电路都是一个低内阻的电压源。输出电阻约为十几欧姆到几十欧姆，小于 CMOS 电路的输出电阻。所以，STTL 电路的输出负载能力比 CMOS 电路强。

一般用电路能带同类门的个数表示 TTL 电路输出负载能力的量化指标，称为扇出系数。

由输出等效电路可知，推拉式输出 TTL 电路，同样不允许多个门的输出端直接相连（**线与**）。否则，当一个门的输出为低电平，其他门的输出为高电平时，就会形成一个低阻回路，产生一个很大的电源电流，可能会损坏门电路。

2. TTL 或非门

二输入肖特基 TTL（STTL）**或非门**电路如图 3 – 41 所示。

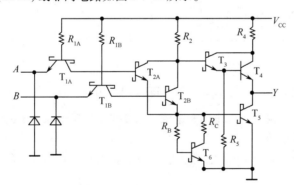

图 3 – 41　肖特基 TTL **或非门**电路

图 3 – 41 中由于两个 T_2 并联，任何一个输入端的高电平都能驱动 T_2、T_5 的饱和，输出低电平。由此得 STTL **或非门**电路的功能表如表 3 – 5 所列。

由表 3 – 5 可知，电路完成了**或非**逻辑功能，即 $Y = \overline{A + B}$。

表 3 – 5　STTL **或非门**功能表

A	0	0	1	1
B	0	1	0	1
T_{1A}	饱和	饱和	倒置	倒置
T_{1B}	饱和	倒置	饱和	倒置

续表

T_{2A}	截止	截止	饱和	饱和
T_{2B}	截止	饱和	截止	饱和
T_3	导通	截止	截止	截止
T_4	导通	截止	截止	截止
T_5	截止	饱和	饱和	饱和
T_6	截止	导通	导通	导通
Y	1	0	0	0

3.6.3　TTL 集电极开路门和三态输出门

1. TTL 集电极开路门

同 CMOS 电路中的 OD 门类似,在 TTL 电路中也有一种集电极开路门,简称 OC 门(Open Collector Gate)。

图 3-42 所示为一种 STTL 集电极开路门的电路结构和逻辑符号。它的逻辑符号与 OD 门所用的符号相同。

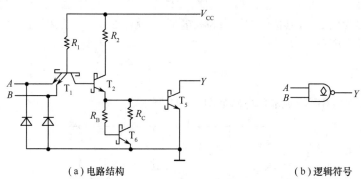

（a）电路结构　　　　　　　　　　　（b）逻辑符号

图 3-42　STTL 集电极开路门

OC 门工作时同样需要外接负载电阻和电源。只要电阻的阻值和电源的电压选择得当,就能够保证输出的高、低电平符合要求。

OC 门的使用方法和前述 OD 门的使用方法类似。同样可利用 OC 门接成**线与**电路以及实现输出与输入之间的电平转换。

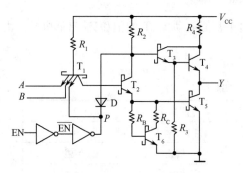

图 3-43　STTL 三态输出与非门电路

2. TTL 三态输出门

TTL 电路中的三态输出门,简称 TS 门(Three - State Output Gate)。它是在普通门电路的基础上附加控制电路而构成的。

图 3-43 所示为一种 STTL 三态输出**与非**门的电路结构。

当电路的控制端 EN 为高电平(EN = 1)时,P 点为高电平,二极管 D 截止,电路的工作状态和普通的**与非**门没有区别,这时 $Y = \overline{AB}$。而当控制端 EN 为低电平

（EN = 0）时，P 点为低电平，T_2 和 T_5 截止；同时，二极管 D 导通，T_3 的基极电位被钳在 1V 左右，使 T_3 和
T_4 也截止。由于 T_4 和 T_5 同时截止，所以输出端呈高阻状态。

图 3 - 43 所示电路在 EN = 1 时为正常的**与非**工作状态，所
以称为控制端 EN 高电平有效。其逻辑符号如图 3 - 44（a）
所示。

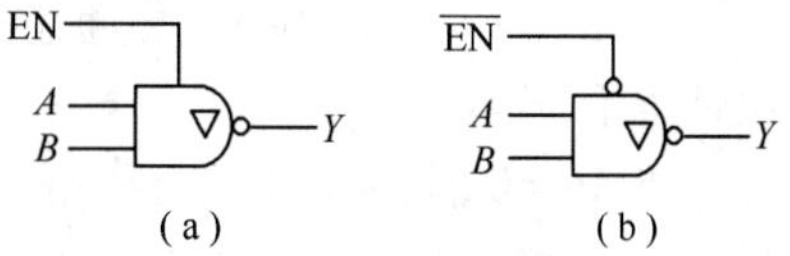

若将图 3 - 43 电路的 EN 端与其相连的第一个非门去掉，
即以 $\overline{EN}$ 作为控制端，则 $\overline{EN}$ = 0 时为电路正常的**与非**工作状态。故称修改后的电路为控制端 EN 低电平
有效，其逻辑符号如图 3 - 44（b）所示。

TTL 三态输出门的应用和 CMOS 三态输出门的应用一样，这里不再赘述。

图 3 - 44　三态与非门逻辑符号

*3.6.4　BiCMOS 门电路

BiCMOS（Bipolar CMOS）是双极型 CMOS 电路的简称。

如前所述，CMOS 逻辑电路结构简单、功耗低。但由于输出导通电阻相对较高，负载能力和工作
速度均受到限制。而双极型 TTL 电路，由于采用高电平时射极输出和低电平时饱和输出的推拉式输
出结构，因此输出电阻小，带负载能力强。将两者组合则可充分发挥各自的优势，组成性能优越的
BiCMOS 门电路。

1. BiCMOS 反相器

图 3 - 45 所示为 BiCMOS 反相器电路。

MOS 管 M_P 和 M_N 组成 CMOS 反相器。两个 NMOS 管 M_1 和 M_2 与反相器配合，驱动双极型晶体管
T_1 和 T_2 组成推拉式输出电路。

当 A = 1 时，M_1 导通输出低电平，使 T_1 和 M_2 截止；同时，M_N 导通驱动 T_2 饱和，故输出低电平，Y = 0。

当 A = 0 时，M_P 导通输出高电平，使 T_1 和 M_2 导通；同时，M_2 导通驱动 T_2 截止，故输出高电平，Y = 1。
所以 $Y = \overline{A}$。

2. BiCMOS 与非门

图 3 - 46 所示为 BiCMOS **与非**电路。

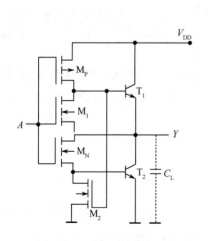

图 3 - 45　BiCMOS 反相器

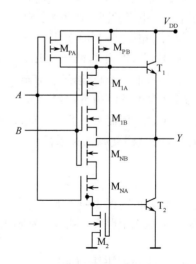

图 3 - 46　BiCMOS 与非门

MOS 管 M_{PA}、M_{PB} 和 M_{NA}、M_{NB} 组成 CMOS 与非门,M_{1A} 和 M_{1B} 代替图 3-45 中的 M_1。

当 $AB=1$ 时,M_{1A} 和 M_{1B} 导通输出低电平,使 T_1 和 M_2 截止;同时,M_{NA} 和 M_{NB} 导通驱动 T_2 饱和,故输出低电平,$Y=0$。

当 $AB=0$ 时,M_{PA} 和 M_{PB} 至少有一个导通输出高电平,使 T_1 和 M_2 导通;同时,M_2 导通驱动 T_2 截止,故输出高电平,$Y=1$。所以 $Y=\overline{AB}$。

20 世纪 90 年代生产的 74BCT/54BCT 系列是 BiCMOS 门电路,其平均传输时间的典型参数为 2.9ns,每门功耗最小只有 0.3μW。而后期生产的 ABT 逻辑(Advanced BiCMOS Technology logic)系列产品,平均传输时间的最小值可达 1ns。

* 3.7 ECL 逻辑门电路

ECL(Emitter Coupled Logic)逻辑门电路也是一种双极型三极管逻辑电路。它和 TTL 逻辑电路不同之处在于 ECL 所含的三极管只工作在截止区和放大区,是一种非饱和型门电路。因而三极管的基区没有多余的存储电荷,三极管没有存储时间,且电路的输入、输出逻辑振幅小,高、低电平的转换时间也极短。所以 ECL 逻辑门成为高速逻辑门电路中的主要类型。

基本 ECL 电路是由一个差分放大器和两个射极跟随器组成,其电路如图 3-47 所示。

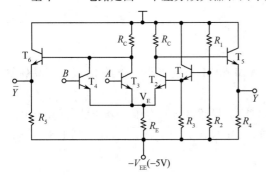

图 3-47 ECL 逻辑门电路

图中 T_2、T_3(T_4)和 R_C、R_E 组成差分放大器,其中 T_3 和 T_4 并联电路完成**线或**逻辑功能;T_5、R_4 和 T_6、R_5 是两个射极跟随器,完成电平转移功能。将 T_2、T_3 集电极电压降低 0.7V,使电路输出电平和输入电平一致,同时增强电路的驱动能力;R_1、R_2 组成电阻分压器,为定偏三极管 T_1 提供所需的基极电压,产生固定的射极参考电压(-1.2V)输出。

电路的核心部分是差分放大器。采用负电源的原因是使输出信号电平离 0V 近一些,同时离电源远一些。这样,电源的波动对输出电平的影响就会小一些,可使逻辑振幅减小,对提高电路的开关速度有利。

逻辑变量输入电平的两种取值为:高电平 -0.8V,低电平 -1.6V。

当 A 为输入低电平(-1.6V)时,由于 T_2 基极偏置电位是 -1.2V,所以 T_2 导通,射极电位 V_E 为 -1.9V,$V_{BE3}<V_{BE(th)}$,因而 T_3 截止。由于 T_2 导通,使 V_{C2} 电位降低,通过射随器 T_5 使 Y 输出低电平(-1.6V)。同时,由于 T_3 截止,通过射随器 T_6 使 $\overline{Y}$ 输出高电平(-0.8V)。

当 A 为输入高电平(-0.8V)时,它比 T_2 基极参考电压(-1.2V)高,所以 T_3 导通,射极电位 V_E 为 -1.5V,$V_{BE2}<V_{BE(th)}$,因而 T_2 截止。同理,Y 输出高电平(-0.8V),$\overline{Y}$ 输出低电平(-1.6V)。

T_3 和 T_4 并联使 A、B 为**或**的关系,所以

$$Y = A+B$$
$$\overline{Y} = \overline{A+B}$$

由上述分析可知,在图 3-47 所示电路中,Y 完成了**或**逻辑功能,$\overline{Y}$ 完成了**或非**逻辑功能,整个电路实现**或非**互补输出逻辑功能。可用图 3-48 所示逻辑符号表示。

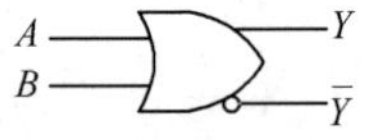

可见,除去开关速度快是 ECL 电路的最大特点外,电路还可提供互补信号输出。ECL 门又称为电流开关逻辑(Current Switching Logic,CSL)门,

图 3-48 ECL 电路的
逻辑符号表示

它的电源电流在不同逻辑状态下基本相同,而且不存在动态尖峰电流的问题。ECL 电路的主要缺点是功耗大、逻辑摆幅小、抗干扰能力差。

本 章 小 结

本章重点介绍了目前最常用的 CMOS 和 TTL 逻辑电路的基本结构、电气特性和 3 种输出方式。掌握这些基本内容,再通过查阅相应的技术手册,即可实现数字逻辑电路的基本应用。

表 3 - 6 SSI 分类系列表

S S I	MOS型	CMOS 电路
		4000 系列
		54/74HC 系列
		54/74HCT 系列
		54/74AHC 系列
		54/74AHCT 系列
		54/74LVC 系列
		54/74ALVC 系列
	NMOS 电路	
	PMOS 电路	
	双极型	TTL 电路
		54/74 系列
		54/74S 系列
		54/74LS 系列
		54/74AS 系列
		54/74ALS 系列
		54/74F 系列
	ECL 电路	
	I²L 电路	
	BiCMOS 型	54/74BCT 系列
		54/74ABT 系列

数字集成电路按每块集成电路芯片中包含门的数目,分为小规模集成电路(Small Scale Integration,SSI,包含 10 个以内的门)、中规模集成电路(Medium Scale Integration,MSI,包含 10 ~ 100 个门)、大规模集成电路(Large Scale Integration,LSI,包含 100 ~ 10000 个门);超大规模集成电路(Very Large Scale Integration,VLSI,包含 10000 个以上的门)。

本章介绍的门电路均属于小规模集成电路。SSI 按器件结构类型分为多种系列,如表 3 - 6 所列。

表中系列的 54 型号和 74 型号不仅工作温度范围不同,而且对电源电压允许的变化范围也不相同。以 5V 电源电压为例,54 型号的温度范围为 $-55℃ ~ 125℃$,电源电压为 $V_{CC} = 5 × (1 ± 10\%)V$,而 74 型号的温度范围为 $0 ~ 70℃$,电源电压为 $V_{CC} = 5 × (1 ± 5\%)V$。

CMOS 集成电路由于栅极绝缘、输入电阻很高、存在输入电容等特点,因此极易接受静电电荷。虽然生产 CMOS 器件时,在输入端都要加上标准保护电路,但其作用是有限的。为了防止产生静电击穿,造成器件损坏。因此,使用 CMOS 集成电路时,必须注意以下几点:

(1)存放 CMOS 集成电路时要屏蔽,一般放在金属容器中,也可以用金属箔将引脚短路。

(2)在组装调试电路时,电烙铁、仪器仪表、工作台等均应良好接地。

(3)不使用的多余输入端要做处理,不能悬空,以免拾取脉冲干扰。

(4)为了防止输入端保护二极管因正向偏置而引起损坏,输入电压切记不能把极性接反。

习 题

3 - 1 什么是 N 沟道增强型 MOS 管的开启电压? 如何判断 MOS 管所处的工作状态?

3 - 2 CMOS 反相器的电路结构是怎样的,它有哪些特点?

3 - 3 CMOS 传输门的电路结构是怎样的,它有何特殊应用?

3 - 4 分析题 3 - 4 图所示(a)、(b)电路的逻辑功能,写出电路输出函数 S 和 Y 的逻辑表达式。

3 - 5 判断以下叙述是否正确(正确者打√,错误者打×):

对于 CMOS 或非门电路:

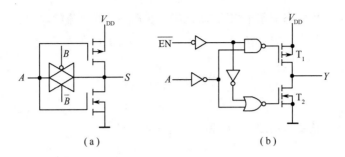

题 3 – 4 图

（1）输入端悬空会造成逻辑出错。（　）
（2）输入端接大电阻（如 510 kΩ）到地相当于接高电平 1。（　）
（3）输入端接小电阻（如 510 Ω）到地相当于接低电平 0。（　）
（4）输入端接低电平时有电流从门中流出。（　）
（5）多余输入端不可以并联使用。（　）

3 – 6　电路如题 3 – 6 图所示,试:
（1）写出 F_1、F_2、F_3、F_4 的逻辑表达式；
（2）说明 4 种电路的相同之处与不同之处。

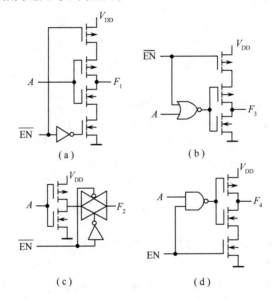

题 3 – 6 图

3 – 7　试写出题 3 – 7 图所示电路输出端 F 的最简逻辑表达式。

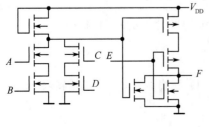

题 3 – 7 图

3 – 8　晶体二极管作为开关应用时,呈现的瞬态开关特性与理想开关有哪些区别? 什么是反向恢复时间? 产生的原因是什么?

3 – 9　什么是晶体三极管的饱和状态? 如何判断晶体三极管处于导通、饱和以及截止状态?

3 – 10　什么是三极管延迟时间、上升时间、存储时间和下降时间? 影响这些时间的因素有哪些?

3 - 11　已知 TTL 与非门带灌电流最大值 $I_{OL} = 15$ mA，带拉电流最大值为 $I_{OH} = -40$ μA，输出高电平 $V_{OH} = 3.6$ V，输出低电平 $V_{OL} = 0.3$ V；发光二极管正向导通电压 $V_D = 2$ V，正向电流 $I_D = 5 \sim 10$ mA，三极管导通时 $V_{BE} = 0.7$ V，饱和电压降 $V_{CES} \approx 0.3$ V，$\beta = 50$，题 3 - 11 图所示两电路均为发光二极管驱动电路，试问：

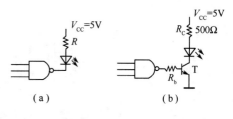

题 3 - 11 图

（1）两个电路的主要不同之处；

（2）图（a）中 R 和图（b）中 R_b 的取值范围。

3 - 12　TTL 与非门电路与输入端外接电路如题 3 - 12 图所示，当 S 合在不同位置时，用题 3 - 12 图中万用表（内阻为 20 kΩ）测量 V_1 和 V_0 的值，将结果填入表内。

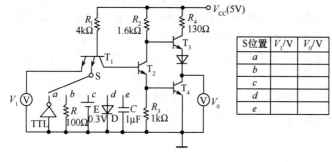

S位置	V_1/V	V_0/V
a		
b		
c		
d		
e		

题 3 - 12 图

3 - 13　OC 门、三态输出门各有什么特点？什么是**线与**？什么是总线结构？如何用三态输出门实现数据双向传输？

3 - 14　CMOS 集成门电路与 TTL 集成门电路相比各有什么特点？

3 - 15　CMOS 集成门和 TTL 集成门在使用时应注意哪些问题？多余输入端应如何正确处理？

第 4 章　组合逻辑电路

4.1　概　　述

在数字系统中,根据输出信号对输入信号响应的不同及逻辑功能的不同,将数字逻辑电路分成两大类:一类称为组合逻辑电路,另一类称为时序逻辑电路。

在任何时刻,电路的输出仅仅取决于该时刻的输入信号,而与该时刻输入信号作用前电路原来的状态无关,这种电路称为组合逻辑电路,简称组合电路。电路只有从输入到输出的通路,而无从输出反馈到输入的回路,这是组合逻辑电路的结构特点。

图 4 – 1 所示为一个多输入、多输出组合电路的框图。图中输入变量 $I_0, I_1, \cdots, I_{n-1}$ 是二值逻辑变量,输出变量 $Y_0, Y_1, \cdots, Y_{m-1}$ 是二值逻辑变量的逻辑函数。组合电路的逻辑功能可用式(4 – 1)的一组逻辑函数式来描述输出变量与输入变量的逻辑关系。

图 4 – 1　组合电路框图

$$\begin{cases} Y_0 = f_0(I_0, I_1, \cdots, I_{n-1}) \\ Y_1 = f_1(I_0, I_1, \cdots, I_{n-1}) \\ \vdots \\ Y_{m-1} = f_{m-1}(I_0, I_1, \cdots, I_{n-1}) \end{cases} \quad (4-1)$$

由于组合电路的输出与电路过去的状态无关,因此电路中不含有记忆功能的存储器件,仅由各种集成逻辑门电路组成。由式(4 – 1)可见,任何一个组合逻辑电路的输出,可以用一定的逻辑函数来描述;而任何一个逻辑函数都可以用不同的逻辑门电路来实现。所以,与一定的逻辑函数相对应的组合逻辑电路并不是唯一的。通常情况下,为使器件数和连线数减少,需对逻辑函数进行化简,使逻辑表达式中的项数及每一乘积项中的因子最少,即用最简逻辑表达式来实现电路的逻辑功能。真值表、逻辑表达式、卡诺图和逻辑图均可用来描述组合电路的逻辑功能。

在长期的数字电路的应用中,形成了一些典型的组合逻辑电路,制成了常用的中规模组合功能模块,它们是加法器、编码器、译码器、数据选择器、数值比较器等。由于这些组合逻辑模块经常使用,所以均有相应的模块符号。本章将结合组合逻辑电路的分析和设计方法,介绍这些常用中规模集成组合器件(Medium Scale Integrated Circuit, MSI)的功能和应用。

4.2　组合逻辑电路的分析和设计方法

4.2.1　组合逻辑电路的分析

组合逻辑电路的分析就是根据给定的数字逻辑硬件电路,找出输出信号与输入信号之间的逻辑关系,如真值表、逻辑表达式等,进而确定电路的逻辑功能。运用组合电路的分析手段,可以确定电路的工作特性并验证这种工作特性是否与设计指标相吻合。对组合电路的分析将有助于所用电路元件的简化,使原电路所用门电路的数量及连线减少。又由于同一电路具有不同的表达形式,因此可用不同的逻辑部件去实现同一逻辑功能。

组合逻辑电路的分析方法通常采用代数法,一般按下列步骤进行:

（1）根据给定的逻辑电路图,确定电路的输入变量和输出变量(可设一定的中间变量)。

（2）从输入端开始,根据逻辑门的基本功能,逐级推导出各输出端的逻辑函数表达式。

（3）将得到的输出函数表达式进行化简或变换,列出它的真值表。

（4）由输出函数表达式和真值表,概括出给定组合逻辑电路的逻辑功能。

上述分析步骤是分析组合电路的全部过程,实际分析中可根据具体情况灵活运用,可选择最方便、最快捷的组合电路描述形式和步骤。例如,对于较简单的组合电路,在写出逻辑函数表达式后其逻辑功能就清楚了,这时可不必列出真值表等。

另外,值得注意的是,多输出的组合电路的分析方法与单输出组合电路的分析方法基本相同,但是分析其逻辑功能时,要将几个输出综合在一起考虑。

例 4 - 1　分析图 4 - 2 所示的逻辑电路,并指出该电路设计是否合理。

解　（1）设中间变量 Y_1、Y_2、Y_3。

（2）写出各逻辑函数式

$$\begin{cases} Y_1 = \overline{A + B + C} \\ Y_2 = \overline{A + \overline{B}} \\ Y_3 = \overline{Y_1 + Y_2 + \overline{B}} \\ Y = \overline{Y_3} = \overline{Y_1 + Y_2 + \overline{B}} = \overline{\overline{A + B + C} + \overline{A + \overline{B}} + \overline{B}} \end{cases} \tag{4-2}$$

（3）变换与化简,列出真值表。

由式(4 - 2),得

$$Y = \overline{A}\,\overline{B}\,\overline{C} + \overline{A}B + \overline{B} = \overline{A}B + \overline{B} = \overline{A} + \overline{B} = \overline{AB} \tag{4-3}$$

真值表如表 4 - 1 所列。

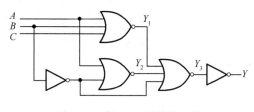

图 4 - 2　例 4 - 1 的逻辑电路

表 4 - 1　例 4 - 1 真值表

A	B	Y
0	0	1
0	1	1
1	0	1
1	1	0

（4）归纳电路的逻辑功能。

由简化的表达式和真值表可见,电路的输出 Y 只与输入 A、B 有关,而与输入 C 无关。Y 和 A、B 的逻辑关系为**与非**运算的关系。

图 4 - 2 所示的逻辑电路设计不够合理,它可用一个两输入**与非**门取代,如图 4 - 3 所示。

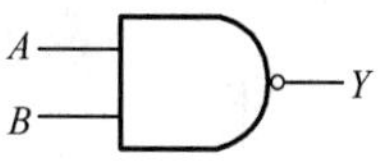

图 4 - 3　与非门

例 4 - 2　分析图 4 - 4 所示电路的逻辑功能。

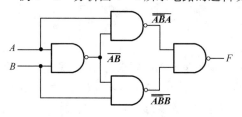

图 4 - 4　例 4 - 2 逻辑电路

解　逐级标出前级门电路的输出,如图 4 - 4 所示,则输出表达式

$$\begin{aligned} F &= \overline{\overline{ABA} \cdot \overline{ABB}} = \overline{ABA} + \overline{ABB} \\ &= (\overline{A} + \overline{B})A + (\overline{A} + \overline{B})B \\ &= A\overline{B} + \overline{A}B = A \oplus B \end{aligned} \tag{4-4}$$

所以,电路实现**异或**逻辑功能。此例说明用一片 74LS00(4 个 2 输入与非门)可实现**异或**逻辑关系。

例 4 - 3 分析图 4 - 5 所示电路的逻辑功能。

解 由图 4 - 5 所示逻辑电路直接写出输出表达式

$$\begin{cases} S = \overline{\overline{AB} \cdot \overline{A\overline{B}}} = \overline{AB} + A\overline{B} = A \oplus B \\ C = AB \end{cases} \tag{4-5}$$

真值表如表 4 - 2 所列。

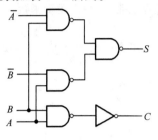

图 4 - 5 例 4 - 3 逻辑电路

表 4 - 2 例 4 - 3 真值表

A	B	S	C
0	0	0	0
0	1	1	0
1	0	1	0
1	1	0	1

由输出表达式可见,电路产生变量 A、B 的**异或**和**与**两种逻辑输出。

若分析真值表,将 A、B 分别作为一位二进制数,则输出 S、C 分别为和数与进位数。这就构成典型组合逻辑功能电路,称为半加器。

例 4 - 4 分析图 4 - 6 所示电路的逻辑功能。

解 由图 4 - 6 逻辑电路写出输出表达式

$$F = \overline{A_1}\overline{A_0}D_0\overline{\overline{EN}} + \overline{A_1}A_0D_1\overline{\overline{EN}} + A_1\overline{A_0}D_2\overline{\overline{EN}} + A_1A_0D_3\overline{\overline{EN}}$$

$$= \sum_{i=0}^{2^2-1} m_i D_i \overline{\overline{EN}} \tag{4-6}$$

其中 m_i 是 A_1A_0 的最小项。真值表如表 4 - 3 所列。

分析表 4 - 3 可见,当使能信号 $\overline{EN}$ 有效时,地址输入 A_1A_0 取不同组合,选择相应的数据 D_i 在 F 端输出。这就是典型组合逻辑功能电路,称 4 选 1 数据选择器。

表 4 - 3 例 4 - 4 真值表

$\overline{EN}$	A_1	A_0	F
1	×	×	0
0	0	0	D_0
0	0	1	D_1
0	1	0	D_2
0	1	1	D_3

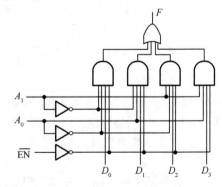

图 4 - 6 例 4 - 4 逻辑电路

4.2.2 组合逻辑电路的设计

组合逻辑电路的设计过程与分析过程相反,它是根据给定的逻辑功能要求,找出实现这一逻辑功能的最佳逻辑电路。这里所说的"最佳"是指电路所用的器件数最少、器件的种类最少,而且器件间的连线也最少。本书所介绍的设计内容仅限于逻辑设计,不包含制作实际装置的工艺设计。

组合电路的设计有时也称组合逻辑网络的综合。用数字逻辑部件(硬件)来实现一定逻辑功能的方法很多,可以采用 SSI 实现,也可以采用中规模集成模块或存储器、可编程逻辑器件来实现。本章主要讨论如何用 SSI 和 MSI 来实现给定的逻辑问题。

组合逻辑电路的设计步骤如图 4-7 所示。

图 4-7　组合逻辑电路的设计步骤

下面以采用小规模集成器件设计为例对组合逻辑电路的设计步骤加以说明。

（1）根据给定的逻辑问题,分析设计要求,列出真值表。

设计要求一般用文字来描述,分功能要求与器件要求两部分。由于用真值表表示逻辑函数的方法最为直观,因此设计的第一步是列出真值表。具体过程为:①分析问题的因果关系,确定输入变量和输出变量;②给输入、输出变量赋值。用 0 和 1 分别表示输入、输出变量的两种不同状态;③根据问题的逻辑关系,列出真值表。

（2）由真值表写出逻辑函数表达式。

（3）对逻辑函数进行化简,再按器件要求进行表达式的变换。

通常将函数化简成最简**与或**表达式,使其包含的乘积项最少,且每个乘积项所包含的因子数也最少。最后根据器件要求的类型,进行适当的函数表达式变换,如变换成**与非-与非**表达式、**或非-或非**表达式和**与或非**表达式等。

（4）根据化简与变换后的最佳输出逻辑函数表达式,画出逻辑电路图。

组合逻辑电路的设计步骤不一定要遵循上述的固定程序,可根据实际情况进行取舍。例如步骤（2）、（3）的目的若只是为了化简,那么它们也可以写成由真值表直接填卡诺图,然后再化简。

对于同一组输入变量下具有多个输出的逻辑电路设计,要考虑到多输出函数电路是一整体,从"局部"观点看,每个单独输出电路最简,但从"整体"看未必最简。因此从全局出发,应确定各输出函数的公共项,以使整个逻辑电路最简。

下面举例说明采用小规模集成器件设计组合逻辑电路的方法。

例 4-5　有 3 个温度探测器,当探测的温度超过 60℃时,输出控制信号为 1;如果探测的温度等于或低于 60℃时,输出控制信号为 0。当其中两个或两个以上的温度探测器输出 1 信号时,总控制器输出 1 信号,并自动控制调控设备,使温度降低到 60℃以下,试设计总控制器的逻辑电路。

解　指定变量并赋值。

设 A、B、C 分别表示 3 个温度探测器的探测输出信号,同时也是总控制器电路的输入信号。当探测的温度超过 60℃时,总控制器电路的输入信号为 1;当探测的温度等于和低于 60℃时,总控制器电路的输入信号为 0。

设 F 为总控制器电路的输出。当有温度控制信号时,输出为 1;当无温度控制信号时,输出为 0。

由题意可列出真值表如表 4-4 所列。

由表 4-4 写出的逻辑函数表达式为

$$F = m_3 + m_5 + m_6 + m_7 = \overline{A}BC + A\overline{B}C + AB\overline{C} + ABC \tag{4-7}$$

利用卡诺图化简,如图 4-8 所示,得到最简**与或**式,即

$$F = AB + AC + BC \tag{4-8}$$

若采用**与非**门实现,则可以对式（4-8）两次求反,变换成**与非-与非**表达式,即

$$F = \overline{\overline{AB + AC + BC}} = \overline{\overline{AB} \cdot \overline{AC} \cdot \overline{BC}} \tag{4-9}$$

根据式（4-9）可以画出采用**与非**门组成的逻辑电路,如图 4-9 所示。

表4-4　例4-5真值表

A	B	C	F
0	0	0	0
0	0	1	0
0	1	0	0
0	1	1	1
1	0	0	0
1	0	1	1
1	1	0	1
1	1	1	1

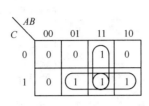

图4-8　例4-5卡诺图

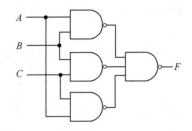

图4-9　用与非门实现的逻辑图

若采用**或非**门实现,可将 F 的最简**与或**表达式,变换为**或与**表达式,再对**或与**式两次求反,变换成**或非-或非**表达式。也可在卡诺图上圈0,如图4-10所示,直接得到最简**或与**表达式,即

$$F = (A+B)(A+C)(B+C) \tag{4-10}$$

两次求反,得

$$
\begin{aligned}
F &= \overline{\overline{(A+B)(A+C)(B+C)}} \\
&= \overline{\overline{(A+B)} + \overline{(A+C)} + \overline{(B+C)}}
\end{aligned} \tag{4-11}
$$

按式(4-11),可以画出由**或非**门组成的逻辑电路,如图4-11所示。

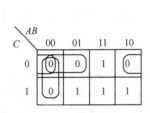

图4-10　在卡诺图上圈0

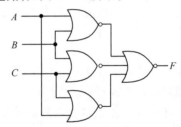

图4-11　用**或非**门实现的逻辑图

例4-6　用**与非**门实现下列多输出函数

$$F_1(A,B,C) = \sum m(1,3,4,5,7)$$

$$F_2(A,B,C) = \sum m(3,4,7)$$

解　分别填 F_1 和 F_2 的卡诺图如图4-12所示,分别简化,得

$$
\begin{cases}
F_1 = C + A\overline{B} = \overline{\overline{C} \cdot \overline{A\overline{B}}} \\
F_2 = BC + A\overline{B}\,\overline{C} = \overline{\overline{BC} \cdot \overline{A\overline{B}\,\overline{C}}}
\end{cases} \tag{4-12}
$$

分别画出逻辑电路如图4-13所示。

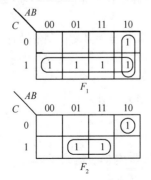

图4-12　例4-6卡诺图之一

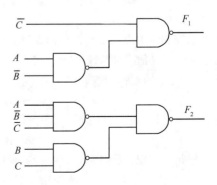

图4-13　例4-6逻辑电路之一

若考虑公共乘积项 $A\,\overline{B}\,\overline{C}$,对 F_1 重新化简如图 4 - 14 所示,则

$$F_1 = C + A\,\overline{B}\,\overline{C} = \overline{\overline{C} \cdot \overline{A\,\overline{B}\,\overline{C}}} \tag{4-13}$$

F_2 不变,画出综合电路图如图 4 - 15 所示。

可见公共乘积项的利用,能使电路设计得到优化。

组合逻辑电路的设计步骤一般只在使用小规模集成器件时使用。中、大规模集成电路出现以后,逻辑电路的设计方法出现了重大变化。用中规模集成器件设计的电路具有连线简单、方便快捷、成本低的特点。

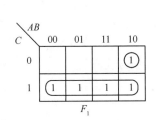

图 4 - 14　例 4 - 6 卡诺图之二

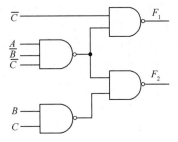

图 4 - 15　例 4 - 6 逻辑电路之二

4.3　常用中规模组合模块的功能与应用

常用组合逻辑功能器件又称组合模块,一般为中规模集成电路产品,包括加法器、编码器、译码器、数据选择器、数值比较器等。对于这些常用的中规模组合模块除了掌握其基本功能外,还必须了解其使能端、扩展端,掌握这些器件的扩展和应用。

4.3.1　加法器

加法器是构成算术运算器的基本单元。两个二进制数之间所进行的算术运算加、减、乘、除等,在计算机中都是化作若干步加法运算进行的。实现 1 位加法运算的模块有半加器和全加器,实现多位加法运算的模块有串行进位加法器和超前进位加法器。

1. 1 位加法器

1）半加器

如果不考虑有来自低位的进位,将两个 1 位二进制数相加称为半加。实现半加运算的逻辑电路称为半加器。

设 A 为被加数、B 为加数,S 为本位之和,CO 为本位向高位的进位。则按照二进制加法运算规则可以列出半加器真值表如表 4 - 5 所列。

由真值表可写出半加器的逻辑表达式为

$$\begin{cases} S = \overline{A}B + A\overline{B} = A \oplus B \\ \mathrm{CO} = AB \end{cases} \tag{4-14}$$

由逻辑表达式画出逻辑图如图 4 - 16(a)所示,图 4 - 16(b)是半加器的逻辑符号。

2）全加器

要实现两个多位二进制数相加,就必须考虑来自低位的进位。能对两个 1 位二进制数进行相加并考虑低位来的进位,即相当于 3 个 1 位二进制数相加,求得和及进位的逻辑电路称为全加器。

表 4 - 5　半加器真值表

A	B	S	CO
0	0	0	0
0	1	1	0
1	0	1	0
1	1	0	1

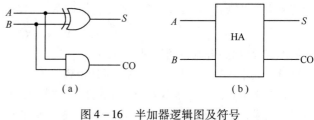

图 4 - 16　半加器逻辑图及符号

设 A、B 为两个 1 位二进制加数,CI 为低位来的进位,S 为本位的和,CO 为本位向高位的进位。则根据二进制加法运算规则可以列出全加器真值表如表 4 - 6 所列。

由真值表填卡诺图如图 4 - 17 所示,可导出 S 和 CO 的逻辑表达式为

$$
\begin{cases}
S = \overline{A}\,\overline{B}\mathrm{CI} + \overline{A}B\,\overline{\mathrm{CI}} + A\,\overline{B}\,\overline{\mathrm{CI}} + AB\mathrm{CI} \\
\quad = \overline{A}(\overline{B}\mathrm{CI} + B\,\overline{\mathrm{CI}}) + A(\overline{B}\,\overline{\mathrm{CI}} + B\mathrm{CI}) = \overline{A}(B \oplus \mathrm{CI}) + A\,\overline{(B \oplus \mathrm{CI})} \\
\quad = A \oplus B \oplus \mathrm{CI} \\
\mathrm{CO} = \overline{A}B\mathrm{CI} + A\,\overline{B}\mathrm{CI} + AB = (\overline{A}B + A\,\overline{B})\mathrm{CI} + AB \\
\quad = (A \oplus B)\mathrm{CI} + AB
\end{cases}
\qquad (4-15)
$$

表 4 - 6　全加器真值表

A	B	CI	S	CO
0	0	0	0	0
0	0	1	1	0
0	1	0	1	0
0	1	1	0	1
1	0	0	1	0
1	0	1	0	1
1	1	0	0	1
1	1	1	1	1

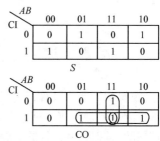

图 4 - 17　全加器的卡诺图

由逻辑表达式画出逻辑图如图 4 - 18(a)所示,图 4 - 18(b)所示为全加器的逻辑符号。

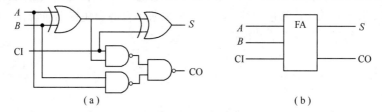

图 4 - 18　全加器的逻辑图及符号

由于逻辑表达式有多种不同的变换,全加器的电路结构也有多种其他形式,但它们的逻辑功能都必须符合表 4 - 6 给定的全加器真值表。

2. 多位加法器

1)串行进位加法器

将 N 位全加器串联起来,低位全加器的进位输出连接到相邻的高位全加器的进位输入,这种进位方式称为串行进位。图 4 - 19 所示为 4 位串行进位加法器电路,由于每一位的加法运算必须在低一位的加法运算完成之后才能进行,故串行进位加法器运算速度慢,只能用于低速数字设备中。但这种电路的结构简单,实现加法的位数扩展方便。

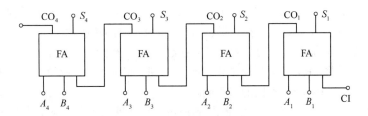

图 4-19　4 位串行进位加法器

2）超前进位加法器

由于串行进位加法器的进位信号采用逐级传输方式,其速度受到进位信号的限制而较慢。若要提高运算速度,可采用超前进位方式来解决这个问题。所谓超前进位又称并行进位,就是让各级进位信号同时产生,每位的进位只由加数和被加数决定,而不必等低位的进位,即实行了提前进位,因而提高了运算速度。

全加器的逻辑表达式为

$$\begin{cases} S = A \oplus B \oplus CI \\ CO = (A \oplus B)CI + AB = P \cdot CI + G \end{cases} \tag{4-16}$$

其中 $G = AB$ 称为进位生成函数,$P = A \oplus B$ 称为进位传递函数。根据加法进位的传递关系,可导出 4 位二进制超前进位加法器的和数输出 $S_1 \sim S_4$ 以及各位进位信号的逻辑表达式为

$$S_1 = A_1 \oplus B_1 \oplus CI$$

$$CO_1 = A_1 B_1 + (A_1 \oplus B_1)CI$$

$$S_2 = A_2 \oplus B_2 \oplus CO_1 = A_2 \oplus B_2 \oplus [A_1 B_1 + (A_1 \oplus B_1)CI]$$

$$CO_2 = A_2 B_2 + (A_2 \oplus B_2)[A_1 B_1 + (A_1 \oplus B_1)CI]$$

$$S_3 = A_3 \oplus B_3 \oplus \{A_2 B_2 + (A_2 \oplus B_2)[A_1 B_1 + (A_1 \oplus B_1)CI]\}$$

$$CO_3 = A_3 B_3 + (A_3 \oplus B_3)\{A_2 B_2 + (A_2 \oplus B_2)[A_1 B_1 + (A_1 \oplus B_1)CI]\}$$

$$S_4 = A_4 \oplus B_4 \oplus \{A_3 B_3 + (A_3 \oplus B_3)\{A_2 B_2 + (A_2 \oplus B_2)[A_1 B_1 + (A_1 \oplus B_1)CI]\}\}$$

$$CO_4 = A_4 B_4 + (A_4 \oplus B_4)\{A_3 B_3 + (A_3 \oplus B_3)\{A_2 B_2 + (A_2 \oplus B_2)[A_1 B_1 + (A_1 \oplus B_1)CI]\}\}$$

$$\tag{4-17}$$

可见,加到第 i 位的进位输入信号是两个加数第 i 位以下各位状态的函数,可以在相加前由 A、B 两数确定。所以,就可以通过逻辑电路事先得出每一位全加器的进位输入信号,而无须再从最低位开始向高位逐位传递进位信号了,从而有效地提高了运算速度。

目前,常用的加法器模块多为这种超前进位的工作方式。虽然超前进位加法器的逻辑电路复杂程度增加了,但却使加法器的运算时间大大缩短了。4 位超前进位加法器集成电路有:CT54283/CY74283、CT54S283/CY74S283、CT54LS283/CY74LS283、CC4008 等。图 4-20 所示为 4 位二进制加法器的逻辑符号。

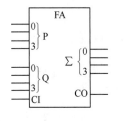

图 4-20　4 位二进制加法器

3. 加法器的应用

凡涉及数字增减的逻辑问题,都可以用加法器来实现。加法器的主要应用有以下 3 个方面:

（1）用作加法和减法运算器。用加法器作减法运算时,只需将减数变为补码,就可将两数相减变成两数相加的加法运算。

（2）用作代码转换器。常用的 8421 BCD 码、2421 BCD 码和余 3 BCD 码，它们两组代码之间的差值是一个确定的数。因此，加减这个确定的数值，即可实现代码的转换。

（3）用作二-十进制码加法器。两个 4 位二进制数相加是逢十六进一，而两个 1 位二-十进制代码相加则是逢十进一。因此，在用二进制加法器实现二-十进制代码的加法运算时，就要根据不同的二-十进制代码及和数值的不同，增加不同的修正电路。

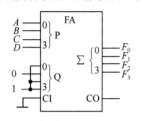

图 4 - 21　例 4 - 7 逻辑图

例 4 - 7　试用超前进位加法器设计一个代码转换电路，将余 3 BCD 码转换为 8421 BCD 码。

解　余 3 BCD 码是在 8421 BCD 码基础上加上恒定常数 3（0011）。因此，将余 3 BCD 码作为一组数据输入（DCBA），减去 0011，即加上 0011 的补码 1101，就可得到 8421 BCD 码的输出（$F_3F_2F_1F_0$），转换电路如图 4 - 21 所示。

例 4 - 8　试用 4 位二进制加法器构成 1 位 8421 BCD 码十进制加法器。

解　首先举例分析十进制数的加法和 8421 BCD 4 位二进制码加法的差异。

3+5=8	6+7=13	8+9=17
0011	0110	1000
+0101	+0111	+1001
1000	1101	10001

和数大于 9 需加 6 修正：

	6+7=13	8+9=17
	1101	10001
	+0110	+　0110
	10011	10111

所以电路应由 3 个部分组成：第一部分进行加数和被加数相加；第二部分判别是否加以修正，即产生修正控制信号；第三部分完成加 6 修正。第一部分和第三部分均由 4 位加法器实现。第二部分判别信号的产生，应在 4 位二进制数码相加有进位信号 CO 产生时，或者和数在 10～15 的情况下产生修正控制信号 F，所以 F 应为

$$F = CO + F_3F_2F_1F_0 + F_3F_2F_1\overline{F_0} + F_3F_2\overline{F_1}F_0$$
$$+ F_3F_2\overline{F_1}\,\overline{F_0} + F_3\overline{F_2}F_1F_0 + F_3\overline{F_2}F_1\overline{F_0} \tag{4-18}$$

化简变换得

$$F = CO + F_3F_2 + F_3F_1 = \overline{\overline{CO}\cdot\overline{F_3F_2}\cdot\overline{F_3F_1}} \tag{4-19}$$

根据上述分析及 F 信号产生的函数表达式，可得 1 位 8421 BCD 码十进制相加的电路，如图 4 - 22 所示。

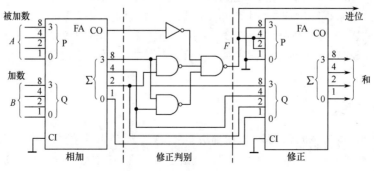

图 4 - 22　例 4 - 8 逻辑图

4.3.2 编码器

在数字系统中,常常需要将二进制代码按照一定的规律编排,如 8421 码、5421 码和格雷码等,使每组代码具有特定的含义。通常将具有特定意义的信息编成相应二进制代码的过程称为编码。实现编码功能的电路,称为编码器。编码器有普通编码器和优先编码器两种。

1. 普通编码器

编码器一般采用键控输入方式,类似于计算机的键盘输入。在普通编码器中,任何时刻只允许输入一个编码有效信号,否则输出将发生混乱。

1)二进制编码器

二进制编码器有 M 个输入信号,它是 M 个表示数字、字符等的信息,用高、低电平表征这些信息的有、无;输出则是 N 位与输入有一一对应关系的二进制代码。M 与 N 之间满足编码要求 $M = 2^N$。在任一时刻只有一个输入编码信号有效,若有效信号为 1,称输入高电平有效;若有效信号为 0,称输入低电平有效。

二进制编码器有 3 位二进制编码器、4 位二进制编码器等。3 位二进制编码器又称 8 线—3 线编码器,4 位二进制编码器又称 16 线—4 线编码器。二进制编码器的实现比较简单,下面以 3 位二进制编码器的设计为例说明二进制编码器的工作原理。

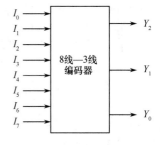

图 4 – 23 3 位二进制编码器

首先确定输入输出变量。因为 N 位二进制代码可以有 2^N 种组合,即可以表示 $M = 2^N$ 个输入信号。那么 3 位二进制编码器,就是把 8 个输入信号 $I_0 \sim I_7$ 编成对应的 3 位二进制代码输出 $Y_2 Y_1 Y_0$。图 4 – 23 所示为 3 位二进制编码器的逻辑框图。

设输入信号高电平有效。将 8 个输入信号与相对应的 3 位二进制代码填入表格,即得编码器的真值表(见表 4 – 7)。

由真值表写出逻辑表达式,再利用无关项化简,得

$$\begin{cases} Y_2 = I_4 + I_5 + I_6 + I_7 \\ Y_1 = I_2 + I_3 + I_6 + I_7 \\ Y_0 = I_1 + I_3 + I_5 + I_7 \end{cases} \qquad (4-20)$$

由此画出逻辑电路如图 4 – 24 所示。

表 4 – 7 3 位二进制编码器真值表

I_7	I_6	I_5	I_4	I_3	I_2	I_1	I_0	Y_2	Y_1	Y_0
0	0	0	0	0	0	0	1	0	0	0
0	0	0	0	0	0	1	0	0	0	1
0	0	0	0	0	1	0	0	0	1	0
0	0	0	0	1	0	0	0	0	1	1
0	0	0	1	0	0	0	0	1	0	0
0	0	1	0	0	0	0	0	1	0	1
0	1	0	0	0	0	0	0	1	1	0
1	0	0	0	0	0	0	0	1	1	1

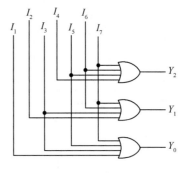

图 4 – 24 3 位二进制编码器逻辑电路

2)8421 BCD 码编码器

8421 BCD 码是最常用的一种二-十进制编码。能够将十进制数 0 ~ 9 编为二进制代码的逻辑电路

称为 BCD 码编码器,其工作原理与二进制编码器无本质上的区别。8421 BCD 码编码器也有普通编码和优先编码之分,输入编码信号也有高电平有效、低电平有效之别,输出编码信号还可有原码、反码两种方式的不同。读者可按上述二进制编码器的设计方法,自行设计一款 8421 BCD 码编码器。

2. 优先编码器

通常计算机有多个外围设备,在某一时刻,可能有多个外设同时向主机发出请求,但该时刻计算机只能接受一个请求。为此需要一个判定电路,确定哪个外围设备有优先权。而普通编码器,在任何时刻只能输入一个编码信号,输入信号之间是互相排斥的。因此需要设计这样一种编码器,允许同时输入两个以上的编码信号,此时电路只对其中优先级别最高的信号进行编码,而不会对级别低的信号编码。能够根据请求信号的优先级别进行编码的逻辑电路称为优先编码器。因此,在设计优先编码器时,应将所有的输入信号按优先级别顺序排队。至于优先权的顺序,则是由设计者根据实际的轻重缓急情况来确定的。

常用 8 线—3 线优先编码器(74HC148)的功能如表 4 - 8 所列,其逻辑电路如图 4 - 25 所示。其中,$\bar{S}$端称使能输入端(简称使能端),低电平有效,当$\bar{S} = 0$时,电路允许编码;当$\bar{S} = 1$时,无论输入端有无编码请求信号,所有的输出端均被封锁为高电平。因此$\bar{S}$端又称选通输入端(简称选通端)。8 个输入编码信号低电平有效,功能表中用$\bar{I}_7$、$\bar{I}_6$、$\bar{I}_5$、$\bar{I}_4$、$\bar{I}_3$、$\bar{I}_2$、$\bar{I}_1$、$\bar{I}_0$表示。电路图中为了强调说明以低电平作为有效输入信号,常将反相器图形符号中表示反相的小圆圈画在输入端,如图 4 - 25 中左边一列反相器的画法。

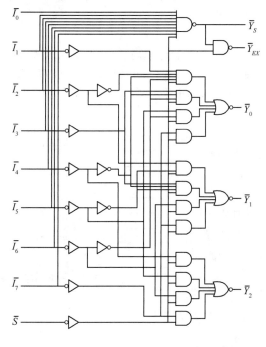

图 4 - 25　8 线—3 线优先编码器逻辑图

表 4 - 8　8 线—3 线优先编码器功能表

输入									输出				
$\bar{S}$	$\bar{I}_0$	$\bar{I}_1$	$\bar{I}_2$	$\bar{I}_3$	$\bar{I}_4$	$\bar{I}_5$	$\bar{I}_6$	$\bar{I}_7$	$\bar{Y}_2$	$\bar{Y}_1$	$\bar{Y}_0$	$\bar{Y}_{EX}$	$\bar{Y}_S$
1	×	×	×	×	×	×	×	×	1	1	1	1	1
0	1	1	1	1	1	1	1	1	1	1	1	1	0
0	×	×	×	×	×	×	×	0	0	0	0	0	1
0	×	×	×	×	×	×	0	1	0	0	1	0	1
0	×	×	×	×	×	0	1	1	0	1	0	0	1
0	×	×	×	×	0	1	1	1	0	1	1	0	1
0	×	×	×	0	1	1	1	1	1	0	0	0	1
0	×	×	0	1	1	1	1	1	1	0	1	0	1
0	×	0	1	1	1	1	1	1	1	1	0	0	1
0	0	1	1	1	1	1	1	1	1	1	1	0	1

编码输出为 8421 码的反码,即以 3 位二进制码的反码输出(又称低有效输出),用 $\overline{Y}_2$、$\overline{Y}_1$、$\overline{Y}_0$ 表示。每次可以有多个编码信号输入,但编码的优先顺序是 $\overline{I}_7 \rightarrow \overline{I}_6 \rightarrow \overline{I}_5 \rightarrow \overline{I}_4 \rightarrow \overline{I}_3 \rightarrow \overline{I}_2 \rightarrow \overline{I}_1 \rightarrow \overline{I}_0$,$\overline{I}_7$ 的优先级最高,$\overline{I}_0$ 的优先级最低。当 $\overline{I}_7 = 0$ 时,不管 $\overline{I}_0 \sim \overline{I}_6$ 处于何种状态,电路只对 $\overline{I}_7$ 进行编码,输出为 $\overline{Y}_2\overline{Y}_1\overline{Y}_0 = 000$。

$\overline{Y}_S$ 端为使能输出端或称选通输出端;$\overline{Y}_{EX}$ 端为扩展输出端,也是有编码输出的标志(低电平有效)。它们主要用于电路的级联和扩展。表 4 – 8 中出现的 3 种 $\overline{Y}_2\overline{Y}_1\overline{Y}_0 = 111$ 的情况,可以用 $\overline{Y}_S$ 和 $\overline{Y}_{EX}$ 的不同状态加以区分。下面具体说明利用 $\overline{Y}_S$ 和 $\overline{Y}_{EX}$ 信号实现电路功能扩展的方法。

图 4 – 26 所示为用两片 8 线—3 线优先编码器 74HC148 构成 16 线—4 线优先编码器的逻辑电路。由于每片 74HC148 只有 8 个编码输入端,而 16 线—4 线优先编码器需要 16 个编码输入端,因此需要两片 74HC148。按惯例 $\overline{A}_{15}$ 的优先权最高,$\overline{A}_0$ 的优先权最低。故将 $\overline{A}_{15} \sim \overline{A}_8$ 接到片(1)的输入端,$\overline{A}_7 \sim \overline{A}_0$ 接到片(2)的输入端。因此片(1)的优先权比片(2)高,即片(1)编码时,片(2)不准编码。只有当片(1)的 8 个输入端 $\overline{A}_{15} \sim \overline{A}_8$ 都是高电平,即无编码请求时($\overline{Y}_S = 0$),片(2)才能编码。因此将片(1)的 $\overline{Y}_S$ 接于片(2)的 $\overline{S}$ 端,作为片(2)的选通使能输入。

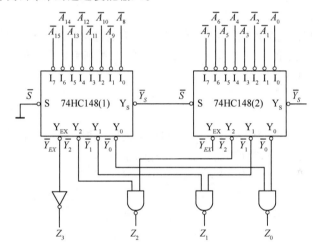

图 4 – 26　16 线—4 线优先编码器逻辑电路

另外,当片(1)有编码输出时,它的 $\overline{Y}_{EX} = 0$,无编码输出时 $\overline{Y}_{EX} = 1$,正好可以用它作为编码输出的第四位,以区别 8 个高优先权输入信号和 8 个低优先权输入信号的编码。编码输出的低 3 位应为两片输出 Y_2、Y_1、Y_0 的逻辑加,考虑 74HC148 编码器的反码输出,用**与非门**实现。4 位编码输出 $Z_3Z_2Z_1Z_0$ 为原码。

由图 4 – 26 可见,当 $\overline{A}_{15} \sim \overline{A}_8$ 中任一输入端有编码请求,即为低电平时,例如 $\overline{A}_{10} = 0$,则片(1)的 $\overline{Y}_{EX} = 0$,$Z_3 = 1$,$\overline{Y}_2\overline{Y}_1\overline{Y}_0 = 101$。同时片(1)的 $\overline{Y}_S = 1$,将片(2)封锁,使它的输出 $\overline{Y}_2\overline{Y}_1\overline{Y}_0 = 111$,于是在最后的输出端得到 $Z_3Z_2Z_1Z_0 = 1010$。如果 $\overline{A}_{15} \sim \overline{A}_8$ 中同时有几个输入端为低电平,电路只对其中优先权最高的一个有效信号编码。

当 $\overline{A}_{15} \sim \overline{A}_8$ 全部为高电平(没有编码输入请求)时,片(1)的 $\overline{Y}_S = 0$,故片(2)的 $\overline{S} = 0$,使片(2)处于编码工作状态,可对 $\overline{A}_7 \sim \overline{A}_0$ 输入的低电平信号中优先权最高的一个进行编码,例如 $\overline{A}_4 = 0$,则片(2)的 $\overline{Y}_2\overline{Y}_1\overline{Y}_0 = 011$。而此时片(1)的 $\overline{Y}_{EX} = 1$,$Z_3 = 0$,片(1)的 $\overline{Y}_2\overline{Y}_1\overline{Y}_0 = 111$。于是在输出端得到了 $Z_3Z_2Z_1Z_0 = 0100$。

在常用的优先编码器中,除了 74HC148 二进制优先编码器以外,还有二-十进制优先编码器,例如 74HC147。表 4 – 9 所列为二-十进制优先编码器 74HC147 的功能表。

表4-9　二-十进制优先编码器74HC147功能表

输入									输出			
$\bar{I_1}$	$\bar{I_2}$	$\bar{I_3}$	$\bar{I_4}$	$\bar{I_5}$	$\bar{I_6}$	$\bar{I_7}$	$\bar{I_8}$	$\bar{I_9}$	$\bar{Y_3}$	$\bar{Y_2}$	$\bar{Y_1}$	$\bar{Y_0}$
1	1	1	1	1	1	1	1	1	1	1	1	1
×	×	×	×	×	×	×	×	0	0	1	1	0
×	×	×	×	×	×	×	0	1	0	1	1	1
×	×	×	×	×	×	0	1	1	1	0	0	0
×	×	×	×	×	0	1	1	1	1	0	0	1
×	×	×	×	0	1	1	1	1	1	0	1	0
×	×	×	0	1	1	1	1	1	1	0	1	1
×	×	0	1	1	1	1	1	1	1	1	0	0
×	0	1	1	1	1	1	1	1	1	1	0	1
0	1	1	1	1	1	1	1	1	1	1	1	0

4.3.3　译码器

译码是编码的逆过程,它根据输入的编码来确定对应的输出信号。译码器是将输入的二进制代码翻译成相应输出信号电平的电路。译码器的种类很多,根据所完成的逻辑功能可分为变量译码器、码制译码器和显示译码器3种。

1. 变量译码器

变量译码器又称为二进制译码器或完全译码器,它的输入是一组二进制代码,输出是与输入相对应的高、低电平信号。N位二进制代码输入的变量译码器,共有2^N个输出端,且对应于输入代码的每一种状态,2^N个输出中只有一个为0(或为1),其余全为1(或为0)。2位的二进制代码输入共有4条输出线,称为2线—4线译码器;3位的二进制代码输入共有8条输出线,称为3线—8线译码器;N位的二进制代码输入共有2^N条输出线,称为N线—2^N线译码器。

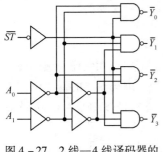

图4-27　2线—4线译码器的逻辑电路

1) 2线—4线译码器

常用2线—4线译码器(74LS139)的逻辑电路如图4-27所示,由图可得各输出端的逻辑函数表达式

$$\begin{cases} \overline{Y_3} = \overline{A_1 A_0 \cdot \overline{ST}} \\ \overline{Y_2} = \overline{A_1 \overline{A_0} \cdot \overline{ST}} \\ \overline{Y_1} = \overline{\overline{A_1} A_0 \cdot \overline{ST}} \\ \overline{Y_0} = \overline{\overline{A_1} \overline{A_0} \cdot \overline{ST}} \end{cases} \qquad (4-21)$$

由式(4-21),可列出2线—4线译码器的真值表如表4-10所示。由真值表可见,选通输入端(又称使能端)$\overline{ST}$为低电平有效,当$\overline{ST}=1$时,无论输入变量如何,所有的输出端均被封锁为高电平;当$\overline{ST}=0$时,电路允许译码,输出也为低电平有效。例如,当地址输入$A_1 A_0 = 01$时,则在其对应输出端$\overline{Y_1}=0$。其逻辑符号如图4-28所示。

合理地应用选通端$\overline{ST}$,可以扩大译码器的逻辑功能。图4-29所示为一片双2线—4线译码器74LS139扩展为3线—8线译码器的应用电路。单个74LS139中集成了两个相同但彼此独立的2线—4线译码器。当$A_2=0$时,(Ⅰ)部分的$\overline{ST}=0$,正常译码工作,(Ⅱ)部分的$\overline{ST}=1$,输出被封锁为1,$\overline{Y_3} \sim \overline{Y_0}$在输入地址$A_1 A_0$作用下有译码输出。当$A_2=1$时,(Ⅰ)部分的$\overline{ST}=1$,输出被封锁为1,(Ⅱ)

部分的 $\overline{ST}=0$，正常译码工作，$\overline{Y}_7 \sim \overline{Y}_4$ 在输入地址 A_1A_0 作用下有译码输出。从而实现了 3 线—8 线译码器的逻辑功能。

表 4 – 10　2 线—4 线译码器真值表

$\overline{ST}$	A_1	A_0	$\overline{Y}_0$	$\overline{Y}_1$	$\overline{Y}_2$	$\overline{Y}_3$
1	×	×	1	1	1	1
0	0	0	0	1	1	1
0	0	1	1	0	1	1
0	1	0	1	1	0	1
0	1	1	1	1	1	0

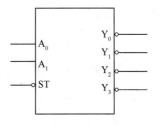

图 4 – 28　2 线—4 线译码器逻辑符号

变量译码器还可以作为数据分配器使用。例如，将图 4 – 28 所示 2 线—4 线译码器的 $\overline{ST}$ 端输入数据 D，A_1A_0 作为数据分配的地址，就构成了 4 输出的数据分配器，如图 4 – 30 所示。

当地址输入 $A_1A_0 = 01$ 时，则对应输出端 $\overline{Y}_1 = D$，实现了输入数据按地址进行分配输出。

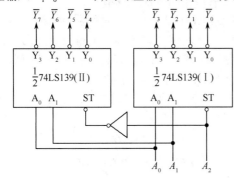

图 4 – 29　2 线—4 线扩展为 3 线—8 线译码器

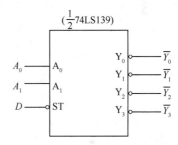

图 4 – 30　4 输出的数据分配器

2）3 线—8 线译码器

典型的 3 线—8 线译码器(74LS138)真值表如表 4 – 11 所列。其中 ST_A、$\overline{ST}_B$、$\overline{ST}_C$ 是多个使能输入端，ST_A 为高电平有效，$\overline{ST}_B + \overline{ST}_C$ 为低电平有效。当使能端为有效电平，即 $ST_A = 1$，$\overline{ST}_B + \overline{ST}_C = 0$ 时，由真值表可写出 3 线—8 线译码器各输出端的函数式为

$$\left\{ \begin{array}{l} \overline{Y}_0 = \overline{\overline{A}_2\overline{A}_1\overline{A}_0} = \overline{m}_0 \\ \overline{Y}_1 = \overline{\overline{A}_2\overline{A}_1A_0} = \overline{m}_1 \\ \overline{Y}_2 = \overline{\overline{A}_2A_1\overline{A}_0} = \overline{m}_2 \\ \overline{Y}_3 = \overline{\overline{A}_2A_1A_0} = \overline{m}_3 \\ \overline{Y}_4 = \overline{A_2\overline{A}_1\overline{A}_0} = \overline{m}_4 \\ \overline{Y}_5 = \overline{A_2\overline{A}_1A_0} = \overline{m}_5 \\ \overline{Y}_6 = \overline{A_2A_1\overline{A}_0} = \overline{m}_6 \\ \overline{Y}_7 = \overline{A_2A_1A_0} = \overline{m}_7 \end{array} \right. \tag{4 – 22}$$

表4-11 74LS138的真值表

ST_A	$\overline{ST}_B+\overline{ST}_C$	A_2	A_1	A_0	$\overline{Y}_0$	$\overline{Y}_1$	$\overline{Y}_2$	$\overline{Y}_3$	$\overline{Y}_4$	$\overline{Y}_5$	$\overline{Y}_6$	$\overline{Y}_7$
×	1	×	×	×	1	1	1	1	1	1	1	1
0	×	×	×	×	1	1	1	1	1	1	1	1
1	0	0	0	0	0	1	1	1	1	1	1	1
1	0	0	0	1	1	0	1	1	1	1	1	1
1	0	0	1	0	1	1	0	1	1	1	1	1
1	0	0	1	1	1	1	1	0	1	1	1	1
1	0	1	0	0	1	1	1	1	0	1	1	1
1	0	1	0	1	1	1	1	1	1	0	1	1
1	0	1	1	0	1	1	1	1	1	1	0	1
1	0	1	1	1	1	1	1	1	1	1	1	0

其逻辑符号如图4-31所示。

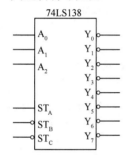

图4-31 3线—8线译码器逻辑符号

3）利用变量译码器实现组合逻辑函数

一个N变量的完全译码器(即变量译码器)的输出,包含了N变量的所有最小项。例如3线—8线译码器8个输出,包含了3个变量的所有最小项。用N变量译码器加上输出门,就能获得任何形式的输入变量不大于N的组合逻辑函数。

例4-9 试利用3线—8线译码器74LS138设计一个多输出的组合逻辑电路。输出的逻辑函数式为

$$\begin{cases} F_1 = A\overline{B}+\overline{B}C+AC \\ F_2 = \overline{A}\,\overline{B}+B\overline{C}+ABC \\ F_3 = \overline{A}C+BC+A\overline{C} \end{cases}$$

解 当使能端为有效电平时,3线—8线译码器各输出端的函数式为:$\overline{Y}_i=\overline{m}_i$

本题F_1、F_2、F_3均为三变量函数,首先令函数的输入变量$ABC=A_2A_1A_0$,然后将F_1、F_2、F_3变换为最小项之和的形式,并进行变换,得

$$F_1 = A\overline{B}+\overline{B}C+AC = m_1+m_4+m_5+m_7 = \overline{\overline{m_1}\cdot\overline{m_4}\cdot\overline{m_5}\cdot\overline{m_7}} = \overline{\overline{Y}_1\cdot\overline{Y}_4\cdot\overline{Y}_5\cdot\overline{Y}_7}$$

$$\begin{aligned} F_2 &= \overline{A}\,\overline{B}+B\overline{C}+ABC \\ &= m_0+m_1+m_2+m_6+m_7 \\ &= \overline{\overline{m_0}\cdot\overline{m_1}\cdot\overline{m_2}\cdot\overline{m_6}\cdot\overline{m_7}} \\ &= \overline{\overline{Y}_0\cdot\overline{Y}_1\cdot\overline{Y}_2\cdot\overline{Y}_6\cdot\overline{Y}_7} \end{aligned}$$

$$\begin{aligned} F_3 &= \overline{A}C+BC+A\overline{C} \\ &= m_1+m_3+m_4+m_6+m_7 \\ &= \overline{\overline{m_1}\cdot\overline{m_3}\cdot\overline{m_4}\cdot\overline{m_6}\cdot\overline{m_7}} \\ &= \overline{\overline{Y}_1\cdot\overline{Y}_3\cdot\overline{Y}_4\cdot\overline{Y}_6\cdot\overline{Y}_7} \end{aligned}$$

用**与非**门作为F_1、F_2、F_3的输出门,就可以得到用3线—8线译码器实现F_1、F_2、F_3函数的逻辑电路,如图4-32所示。

图4-32 例4-9逻辑电路

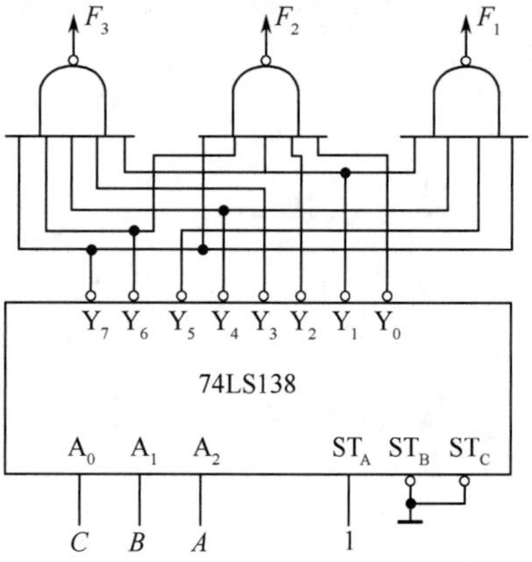

2. 码制译码器

最常用的码制译码器是8421 BCD码译码器,又称二-十进制译码器。二-十进制译码器的输入是

十进制数的 4 位二进制编码(8421 BCD 码),分别用 A_3、A_2、A_1、A_0 表示,输出是与 10 个十进制数字相对应的 10 个低有效(或高有效)信号,用 $Y_9 \sim Y_0$ 表示。由于二-十进制译码器有 4 根输入线和 10 根输出线,所以又称为 4 线—10 线译码器。

典型 4 线—10 线译码器(74LS42)的真值表如表 4 - 12 所列。可见,对于 8421 BCD 码输入,译码输出低电平有效;对于 1010 ~ 1111 六个伪码输入,输出被锁定在无效高电平上。图 4 - 33 所示为其逻辑符号。

4 线—10 线译码器可作为 3 线—8 线译码器使用。由表 4 - 12 可见,只要使 $A_3 = 0$,$\overline{Y}_0 \sim \overline{Y}_7$ 译出的就是 $A_2 \sim A_0$ 的二进制码。图 4 - 34 所示为利用 1 片 2 线—4 线译码器和 4 片 4 线—10 线译码器组成 5 线—32 线译码器的逻辑电路。输入地址中 A_4、A_3 经 2 线—4 线译码器(74LS139)产生 $\overline{Y}_3 \sim \overline{Y}_0$ 4 个片选通信号,分别送到 4 个 4 线—10 线译码器(74LS42)的 A_3 输入端;$A_2 \sim A_0$ 为 4 个 4 线—10 线译码器的地址。因而这 4 个 4 线—10 线译码器实质上完成了 3 线—8 线译码器的功能,每个只取 $\overline{Y}_0 \sim \overline{Y}_7$ 译码输出,所以共 32 个译码输出信号。

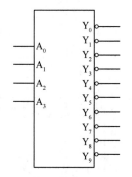

图 4 - 33　BCD 码译码器
逻辑符号

表 4 - 12　4 线—10 线译码器(74LS42)真值表

序号	输入				输出									
	A_3	A_2	A_1	A_0	$\overline{Y}_0$	$\overline{Y}_1$	$\overline{Y}_2$	$\overline{Y}_3$	$\overline{Y}_4$	$\overline{Y}_5$	$\overline{Y}_6$	$\overline{Y}_7$	$\overline{Y}_8$	$\overline{Y}_9$
0	0	0	0	0	0	1	1	1	1	1	1	1	1	1
1	0	0	0	1	1	0	1	1	1	1	1	1	1	1
2	0	0	1	0	1	1	0	1	1	1	1	1	1	1
3	0	0	1	1	1	1	1	0	1	1	1	1	1	1
4	0	1	0	0	1	1	1	1	0	1	1	1	1	1
5	0	1	0	1	1	1	1	1	1	0	1	1	1	1
6	0	1	1	0	1	1	1	1	1	1	0	1	1	1
7	0	1	1	1	1	1	1	1	1	1	1	0	1	1
8	1	0	0	0	1	1	1	1	1	1	1	1	0	1
9	1	0	0	1	1	1	1	1	1	1	1	1	1	0
伪码	1	0	1	0	1	1	1	1	1	1	1	1	1	1
	1	0	1	1	1	1	1	1	1	1	1	1	1	1
	1	1	0	0	1	1	1	1	1	1	1	1	1	1
	1	1	0	1	1	1	1	1	1	1	1	1	1	1
	1	1	1	0	1	1	1	1	1	1	1	1	1	1
	1	1	1	1	1	1	1	1	1	1	1	1	1	1

3. 显示译码器

用来驱动各种显示器件,从而将用二进制代码表示的数字、文字、符号,翻译成人们习惯的形式直观地显示出来的电路,称为显示译码器。由于显示器件和显示方式不同,其译码电路也不相同。

1) 七段显示器件

为了能以十进制数码直观地显示数字系统的运行数据,通常采用七段字符显示器,或称七段数码

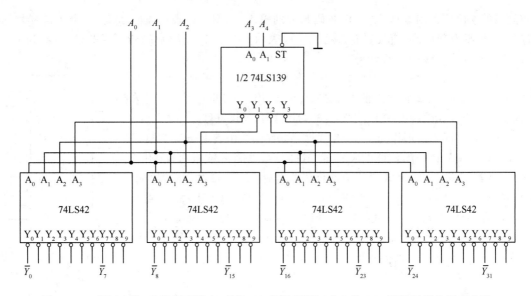

图 4 – 34　利用 2 线—4 线译码器和 4 线—10 线译码器组成 5 线—32 线译码器的逻辑电路

管。这种七段字符显示器由七段可发光的线段拼合而成,显示的数字图形如图 4 – 35 所示。常见的七段字符显示器有半导体数码管和液晶显示器两种。

（a）七段字形　　　　　　　　（b）十进制数字

图 4 – 35　七段显示的数字图形

半导体数码管的每个线段都是一个发光二极管(Light Emitting Diode,LED),因而也将它称为 LED 数码管。为了方便在数字显示系统中显示小数点,在每个数码管中还有一个 LED 专门用于显示小数点,故也称八段数码管。图 4 – 36 所示为 LED 数码管的外形图和两种内部接法。当七段译码器的输出为低电平控制时,需选用共阳极接法的数码管,使用时公共极(com)通过一个 100Ω 的限流电阻接 $+5V$ 电源;当译码器的输出为高电平控制时,需选用共阴极接法的数码管,使用时公共极接地。

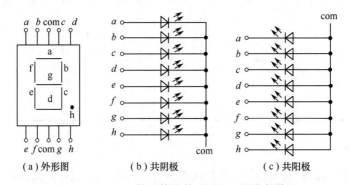

（a）外形图　　　　（b）共阴极　　　　（c）共阳极

图 4 – 36　LED 数码管的外形图和两种内部接法

LED 显示器的特点是工作电压低、体积小、寿命长、亮度高、响应速度快(一般不超过 $0.1\mu s$)和工作可靠性强。它的主要缺点是工作电流大,每一段的工作电流在 10mA 左右,功耗较大。

　　另一种常用的七段字符显示器是液晶显示器(Liquid Crystal Display,LCD),液晶是一种既具有液体的流动性又具有光学特性的有机化合物,它的透明度和呈现的颜色受外加电场的影响,利用这一特点便可做成字符显示器。

　　LCD 显示器的最大优点是功耗极低,每平方厘米的功耗在 $1\mu W$ 以下。它的工作电压也很低,在 1V 电压以下仍能工作。因此,液晶显示器在电子表以及各种小型、便携式仪器、仪表中得到了广泛的应用。但是,由于它本身不会发光,仅仅靠反射外界光线显示字形,所以亮度较差。此外,它的响应速度较慢(10~200ms),因而限制了它在快速系统中的应用。

　　2) 集成显示译码器

　　半导体数码管和液晶显示器都可以用 TTL 或 CMOS 集成电路直接驱动。为此,就需要使用显示译码器,将 BCD 代码译成数码管所需的七段驱动信号,以便显示出十进制的数值。

　　常用集成七段显示译码器(74LS48)的逻辑电路如图 4 - 37 所示,其功能表如表 4 - 13 所列。

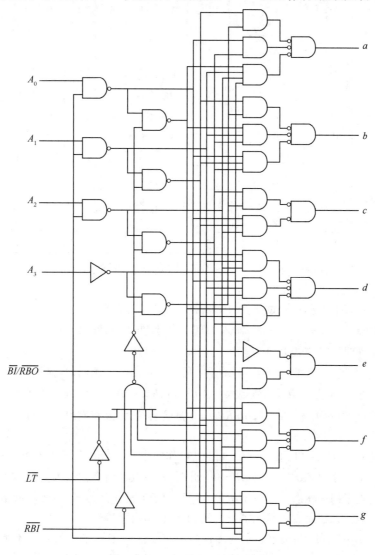

图 4 - 37　74LS48 的逻辑电路

表4-13　74LS48 的功能表

十进制数或功能	输入						输出								字形
	$\overline{LT}$	$\overline{RBI}$	A_3	A_2	A_1	A_0	$\overline{BI}/\overline{RBO}$	a	b	c	d	e	f	g	
0	1	1	0	0	0	0	1	1	1	1	1	1	1	0	0
1	1	×	0	0	0	1	1	0	1	1	0	0	0	0	1
2	1	×	0	0	1	0	1	1	1	0	1	1	0	1	2
3	1	×	0	0	1	1	1	1	1	1	1	0	0	1	3
4	1	×	0	1	0	0	1	0	1	1	0	0	1	1	4
5	1	×	0	1	0	1	1	1	0	1	1	0	1	1	5
6	1	×	0	1	1	0	1	0	0	1	1	1	1	1	6
7	1	×	0	1	1	1	1	1	1	1	0	0	0	0	7
8	1	×	1	0	0	0	1	1	1	1	1	1	1	1	8
9	1	×	1	0	0	1	1	1	1	1	0	0	1	1	9
10	1	×	1	0	1	0	1	0	0	0	1	1	0	1	
11	1	×	1	0	1	1	1	0	0	1	1	0	0	1	
12	1	×	1	1	0	0	1	0	1	0	0	0	1	1	
13	1	×	1	1	0	1	1	1	0	0	1	0	1	1	
14	1	×	1	1	1	0	1	0	0	0	1	1	1	1	
15	1	×	1	1	1	1	1	0	0	0	0	0	0	0	
消隐	×	×	×	×	×	×	0(输入)	0	0	0	0	0	0	0	
灯测试	0	×	×	×	×	×	1	1	1	1	1	1	1	1	8
灭零	1	0	0	0	0	0	0	0	0	0	0	0	0	0	

　　由图4-37 的逻辑图可见,电路除去 $A_3 \sim A_0$ 的4 位二进制码输入外,还有3 个低电平有效的控制输入端,下面结合功能表进行介绍。

　　$\overline{LT}$ 为灯测试输入端,又称灯测试检查,用来检验芯片本身及数码管七段工作是否正常。当 $\overline{LT}=0$ 时, $\overline{BI}/\overline{RBO}=1$ 是输出端,不论 $A_3 \sim A_0$ 输入为何种状态,可驱动数码管的七段同时点亮,显示字形"8"。芯片正常工作时 $\overline{LT}$ 端应接高电平。

　　$\overline{RBI}$ 为灭零输入端。在有些情况下,不希望数码 0 显示出来。例如,当显示 4.5 时,不希望显示结果为 004.500,多余的 0 可以用 $\overline{RBI}$ 信号熄灭。当 $\overline{LT}=1$、$\overline{RBI}=0$、且 $A_3 \sim A_0 =0000$ 时,数码管的七段全不亮,显示器被熄灭,故称灭零。此时, $\overline{BI}/\overline{RBO}=0$ 是输出端,称灭零输出($\overline{RBO}$)。由功能表可见, $\overline{RBI}$ 只熄灭数码 0,不熄灭其他数码。

　　$\overline{BI}/\overline{RBO}$ 是双重功能的端口,既可作输入端也可作输出端。$\overline{RBO}$ 为灭零输出, $\overline{BI}$ 为消隐输入。当 $\overline{BI}/\overline{RBO}$ 端口作输入端时, $\overline{BI}/\overline{RBO}=0$,即 $\overline{BI}=0$。此时,不论其他所有输入为何值,输出 $a \sim g$ 全部为低电平,应使显示器处于熄灭状态。但由于 $\overline{BI}$ 输入一般为矩形波振荡信号,短暂的低电平输入时间与数码管的余辉时间相比拟,很难看出显示器被熄灭的状态,故称消隐。

　　将 $\overline{BI}/\overline{RBO}$ 与 $\overline{RBI}$ 配合使用,很容易实现多位数码显示的灭零控制。图4-38 所示为一个数码译码显示系统。其中,芯片Ⅰ(百位)的 $\overline{RBI}$ 接地;将芯片Ⅰ的 $\overline{BI}/\overline{RBO}$ 与芯片Ⅱ(十位)的 $\overline{RBI}$ 相连,可使百位灭零时,十位也能灭零;芯片Ⅲ(个位)的 $\overline{RBI}$ 接高电平(5V)以保持小数点前的一个零。同理,将芯片Ⅵ(10^{-3}位)的 $\overline{RBI}$ 接地;将芯片Ⅵ的 $\overline{BI}/\overline{RBO}$ 与芯片Ⅴ(10^{-2}位)的 $\overline{RBI}$ 相连;芯片Ⅳ(10^{-1}位)的 $\overline{RBI}$

接高电平(5V)以保持小数点后的一个零。这样就会使不希望显示的 0 熄灭,而 0.1 或 1.0 可以显示出来。

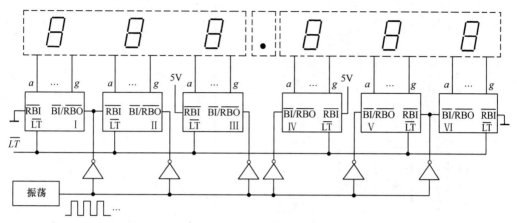

图 4 - 38　数码译码显示系统

图 4 - 38 所示译码显示系统中,还用了一个占空比约为 50% 的多谐振荡器与 $\overline{BI/RBO}$ 相连接,其目的是可以实现"亮度调节"。显示器在振荡波形作用下,间歇地闪现数码,又称扫描显示。改变脉冲波形的宽度,可以控制闪现的时间,调节数码管的亮度。

4.3.4　数据选择器

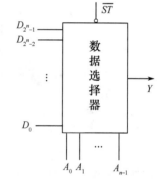

图 4 - 39　数据选择器通用逻辑符号

在数字信息的传输过程中,有时需要从多路并行传送的数据中选通一路送到唯一的输出线上,形成总线传输。这时就要用到数据选择器,亦称为多路转换器、多路调制器、多路开关(Multiplexer,MUX)。它的功能与数据分配器相反,为多输入、单输出形式。其通用逻辑符号如图 4 - 39 所示。

由图 4 - 39 可见,数据选择器有 N 条地址输入线($A_{n-1} \sim A_0$),2^N 条数据输入线,一条输出线,一个选通控制端。其功能是根据地址线的编码信息,从 2^N 个输入信号中选择一个信号输出。当选通控制信号有效时,输出 Y 的通用表达式为

$$Y = \sum_{i=0}^{2^n-1} D_i m_i \qquad (4 - 23)$$

式中:m_i 为地址编码 $A_{n-1}A_{n-2}\cdots A_1A_0$ 的最小项。

1. 常用数据选择器及其扩展

目前常用的数据选择器有 4 选 1 数据选择器和 8 选 1 数据选择器两种类型。

1) 4 选 1 数据选择器

常用集成双 4 选 1 数据选择器 74HC153 的逻辑电路如图 4 - 40 所示,它包含两个完全相同的 4 选 1 数据选择器,以虚线分为上下两部分。两个数据选择器共用地址输入端 A_1A_0,而数据输入端和输出端是各自独立的,选通端 ST_1 和 ST_2 也是独立控制。

表 4 - 14 所列为双 4 选 1 数据选择器 74HC153 的功能表。由表可见,当 $\overline{ST}_1$、$\overline{ST}_2$ 均为低有效电平时,Y_1、Y_2 可作为 2 位数的 4 选 1 数据选择输出;当 $\overline{ST}_1$ 和 $\overline{ST}_2$ 分别为低有效电平时,Y_1 和 Y_2 可分别独立作为 1 位数的 4 选 1 数据选择输出;而当 $\overline{ST}_1$、$\overline{ST}_2$ 均为无效电平时,Y_1、Y_2 均为 0。

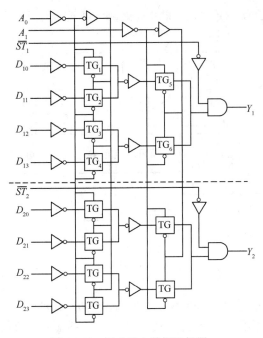

图4-40　双4选1数据选择器

表4-14　双4选1数据选择器的功能表

$\overline{ST}_1$	$\overline{ST}_2$	A_1	A_0	Y_1	Y_2
0	0	0	0	D_{10}	D_{20}
0	0	0	1	D_{11}	D_{21}
0	0	1	0	D_{12}	D_{22}
0	0	1	1	D_{13}	D_{23}
0	1	0	0	D_{10}	0
0	1	0	1	D_{11}	0
0	1	1	0	D_{12}	0
0	1	1	1	D_{13}	0
1	0	0	0	0	D_{20}
1	0	0	1	0	D_{21}
1	0	1	0	0	D_{22}
1	0	1	1	0	D_{23}
1	1	×	×	0	0

当选通控制电平有效时,由表4-14可写出 Y_1 和 Y_2 的输出逻辑表达式为

$$Y_1 = \overline{A}_1\overline{A}_0D_{10} + \overline{A}_1A_0D_{11} + A_1\overline{A}_0D_{12} + A_1A_0D_{13}$$
$$Y_2 = \overline{A}_1\overline{A}_0D_{20} + \overline{A}_1A_0D_{21} + A_1\overline{A}_0D_{22} + A_1A_0D_{23}$$

$$(4-24)$$

由双4选1数据选择器74HC153的功能可见,通过多片相同数据选择器地址线的共用(并联),可实现数据位数的扩展。

2)8选1数据选择器

利用门电路的控制和输出,很容易将集成双4选1数据选择器扩展成8选1数据选择器。图4-41所示为用74HC153构成的实际电路。将低位地址输入 A_1A_0 直接接到芯片的公共地址端 A_1 和 A_0,高位地址输入 A_2 接至 $\overline{ST}_1$,经非门产生的 $\overline{A}_2$ 接至 $\overline{ST}_2$,同时将输出 Y_1 和 Y_2 相或。

根据74HC153的功能表,可导出8选1数据选择器功能表,如表4-15所列。

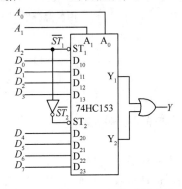

图4-41　用74HC153构成的8选1
数据选择器

表4-15　8选1数据选择器功能表

A_2	A_1	A_0	Y_1	Y_2	Y
0	0	0	D_0	0	D_0
0	0	1	D_1	0	D_1
0	1	0	D_2	0	D_2
0	1	1	D_3	0	D_3
1	0	0	0	D_4	D_4
1	0	1	0	D_5	D_5
1	1	0	0	D_6	D_6
1	1	1	0	D_7	D_7

由表 4 - 15 可写出输出 Y 的逻辑表达式为

$$Y = \overline{A_2}\,\overline{A_1}\,\overline{A_0}D_0 + \overline{A_2}\,\overline{A_1}A_0D_1 + \overline{A_2}A_1\overline{A_0}D_2 + \overline{A_2}A_1A_0D_3$$
$$+ A_2\overline{A_1}\,\overline{A_0}D_4 + A_2\overline{A_1}A_0D_5 + A_2A_1\overline{A_0}D_6 + A_2A_1A_0D_7 \tag{4-25}$$

常用集成 8 选 1 数据选择器还有 74HC151,其逻辑符号如图 4 - 42 所示。它有原码和反码两个输出端,其功能如表 4 - 16 所列。

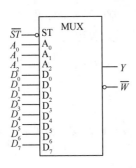

图 4 - 42　集成 8 选 1 数据选择器逻辑符号

表 4 - 16　集成 8 选 1 数据选择器功能表

$\overline{ST}$	A_2	A_1	A_0	Y	$\overline{W}$
1	×	×	×	0	1
0	0	0	0	D_0	$\overline{D_0}$
0	0	0	1	D_1	$\overline{D_1}$
0	0	1	0	D_2	$\overline{D_2}$
0	0	1	1	D_3	$\overline{D_3}$
0	1	0	0	D_4	$\overline{D_4}$
0	1	0	1	D_5	$\overline{D_5}$
0	1	1	0	D_6	$\overline{D_6}$
0	1	1	1	D_7	$\overline{D_7}$

利用选通端 $\overline{ST}$ 可以实现功能扩展。图 4 - 43 所示为由 4 片 8 选 1 数据选择器和 1 片 4 选 1 数据选择器构成的 32 选 1 数据选择器电路。当 $A_4A_3 = 00$ 时,由 $A_2 \sim A_0$ 选择片 Ⅰ 输入 $D_7 \sim D_0$ 中的数据;当 $A_4A_3 = 01$ 时,由 $A_2 \sim A_0$ 选择片 Ⅱ 输入 $D_{15} \sim D_8$ 中的数据;当 $A_4A_3 = 10$ 时,由 $A_2 \sim A_0$ 选择片 Ⅲ 输入 $D_{23} \sim D_{16}$ 中的数据;当 $A_4A_3 = 11$ 时,由 $A_2 \sim A_0$ 选择片 Ⅳ 输入 $D_{31} \sim D_{24}$ 中的数据。

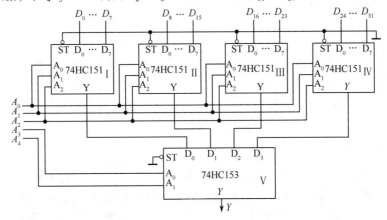

图 4 - 43　由 8 选 1 和 4 选 1 数据选择器扩展为 32 选 1 数据选择器电路

2. 用数据选择器实现组合逻辑函数

数据选择器除了可以用来选择输入信号,实现多路开关的功能之外,还可以作为函数发生器,实现组合逻辑函数。

1) 用具有 N 个地址输入端的数据选择器实现 M 变量逻辑函数($M \leq N$)

如果逻辑函数的变量个数 M 与数据选择器地址变量个数 N 相同,那么数据选择器的数据输入端数与函数的最小项数目相同,这时用数据选择器实现组合逻辑函数是十分方便的。首先将函数的输入变量按次序接至数据选择器的地址端,于是函数的最小项 m_i 便同数据选择器的数据输入端 D_i 一一对应了。如函数包含某些最小项,便将与它们对应的数据选择器的数据输入端接 1,否则接 0,由此可在数据选择器的输出端便可得到该逻辑函数。

例 4 - 10　试用 8 选 1 数据选择器实现逻辑函数：

$$F = \overline{A}B + A\overline{B} + C$$

解　首先将 F 填入卡诺图,如图 4 - 44 所示,

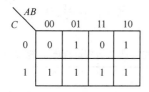

图 4 - 44　例 4 - 10 卡诺图

求出 F 的最小项表达式。

$$F(A,B,C) = \sum m(1,2,3,4,5,7)$$

对于 8 选 1 数据选择器,地址线 $n = 3$,顺序输入 A、B、C;对照 8 选 1 数据选择器的输出函数表达式

$$Y = \sum_{i=0}^{7} D_i m_i$$

得 $D_1 = D_2 = D_3 = D_4 = D_5 = D_7 = 1, D_0 = D_6 = 0$。

画出用 8 选 1 数据选择器实现的逻辑电路如图 4 - 45 所示。

当输入变量数 M 小于数据选择器的地址端数 N 时,只需将高位地址端接地以及将相应的数据输入端接地即可。

例 4 - 11　试用 8 选 1MUX 实现逻辑函数：

$$F = \overline{A}B + A\overline{B}$$

解　因为函数 F 可直接写成最小项表达式

$$F(A,B) = \sum m(1,2)$$

所以令 $A_2 = 0, A_1 = A, A_0 = B; D_1 = D_2 = 1, D_0 = D_3 = D_4 = D_5 = D_6 = D_7 = 0$。

画出用 8 选 1 数据选择器实现的逻辑电路如图 4 - 46 所示。

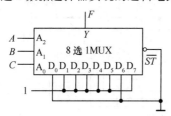

图 4 - 45　例 4 - 10 逻辑电路

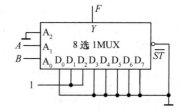

图 4 - 46　例 4 - 11 逻辑电路

2）用具有 N 个地址输入端的数据选择器实现 M 变量的组合逻辑函数($M > N$)

N 个地址端的数据选择器共有 2^N 个数据输入端,而 M 变量的逻辑函数共有 2^M 个最小项。因为 $2^M > 2^N$,所以用 N 个地址端的数据选择器来实现 M 变量的逻辑函数,一种方法是将 2^N 选 1 数据选择器扩展为 2^M 选 1 数据选择器,称为扩展法;另一种方法是将 M 变量的逻辑函数,采用降维的方法将其转换成 N 变量的逻辑函数,因此可以用 2^N 选 1 数据选择器实现具有 2^M 个最小项的逻辑函数,通常称为降维图法。

（1）扩展法。前面已经介绍了常用数据选择器及其扩展的方法,下面举例说明实现逻辑函数的具体应用。

例 4 - 12　试用 8 选 1 数据选择器实现 4 变量逻辑函数：

$$F(A,B,C,D) = \sum m(0,3,6,7,10,11,13,14)$$

解　8 选 1 数据选择器有 3 个地址端和 8 个数据输入端,而 4 变量函数一共有 16 个最小项,所以采用两片 8 选 1 数据选择器扩展成 16 选 1 数据选择器。如图 4 - 47 所示。

图 4 - 47 中,片 I 的选通信号 $\overline{ST}$ 接高位变量输入 A,输入变量 B、C、D 作为两片 8 选 1 数据选择器地址端 $A_2A_1A_0$ 的输入地址。当 $A = 0$ 时,片 I 执行数据选择功能,片 II 被封锁,在 B、C、D 输入变量作

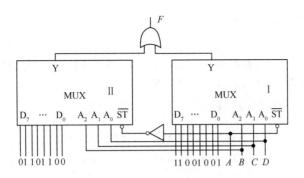

图 4-47　例 4-12 逻辑电路

用下,输出 $m_0 \sim m_7$ 中的函数值;当 $A = 1$ 时,片 I 被封锁,片 II 执行数据选择功能,在 B、C、D 输入变量作用下,输出 $m_8 \sim m_{15}$ 中的函数值。所以,根据 F 函数表达式中的最小项编号,输入数据:

$$D_0 = D_3 = D_6 = D_7 = D_{10} = D_{11} = D_{13} = D_{14} = 1$$
$$D_1 = D_2 = D_4 = D_5 = D_8 = D_9 = D_{12} = D_{15} = 0$$

(2) 降维图法。在函数的卡诺图中,函数的所有变量均为卡诺图的变量,图中每一个最小项小方格,都填有 1 或 0 或任意项 ×。一般将卡诺图的变量数称为该图的维数。如果把某些变量也作为卡诺图小方格内的值,则会减少卡诺图的维数,这种卡诺图称为降维卡诺图,简称降维图。作为降维图小方格中值的那些变量称为记图变量。

降维的方法是:如果记图变量为 X,对于原卡诺图(或降维图)中,当 $X = 0$ 时,原图单元值为 f;$X = 1$ 时,原图单元值为 g,则在新的降维图中,对应的降维图单元填入子函数 $\overline{X} \cdot f + X \cdot g$。其中 f 和 g 可以为 0 或 1,也可以为某一变量或某一函数。

例如,图 4-48(a) 为函数 F 的 4 变量卡诺图,若将变量 D 作为记图变量,以 A、B、C 作为三维卡诺图的输入变量,其 3 变量降维图如图 4-48(b) 所示。将 4 变量卡诺图转换成 3 变量降维图的具体做法是:①根据 4 变量卡诺图,若变量 $D = 0$ 及 $D = 1$ 时,函数 F 的值均为 0,则在 3 变量降维图对应小方格中填 0,即 $\overline{D} \cdot 0 + D \cdot 0 = 0$。例如图 (b) 中 $F(0,0,1) = 0$。②若变量 $D = 0$ 及 $D = 1$ 时,函数 F 的值均为 1,则在 3 变量降维图对应小方格中填 1,即 $\overline{D} \cdot 1 + D \cdot 1 = 1$。例如图 (b) 中 $F(0,1,1) = F(1,1,0) = 1$。③若变量 $D = 0$ 时,函数 $F(A,B,C,0) = 0$,$D = 1$ 时,$F(A,B,C,1) = 1$,则在 3 变量降维图对应小方格中填 D,即 $\overline{D} \cdot 0 + D \cdot 1 = D$。例如图 (b) 中 $F(0,0,0) = F(0,1,0) = F(1,0,0) = F(1,0,1) = D$。④若变量 $D = 0$ 时,函数 $F(A,B,C,0) = 1$,$D = 1$ 时,函数 $F(A,B,C,1) = 0$,则在 3 变量降维图对应小方格中填 $\overline{D}$,即 $\overline{D} \cdot 1 + D \cdot 0 = \overline{D}$。例如图 (b) 中 $F(1,1,1) = \overline{D}$。

如需进一步降维,则在 3 变量降维图 (b) 的基础上,再以 C 作为记图变量,以 A、B 作为二维卡诺图的输入变量,形成 2 变量降维图,如图 4-48(c) 所示。其中 $F(0,0) = \overline{C} \cdot D + C \cdot 0 = \overline{C}D$,$F(0,1) = \overline{C} \cdot D + C \cdot 1 = C + D$,$F(1,0) = \overline{C} \cdot D + C \cdot D = D$,$F(1,1) = \overline{C} \cdot 1 + C \cdot \overline{D} = \overline{C} + \overline{D}$。降维图小方格中填入的记图变量,也称原函数的子函数。图 4-48(c) 中包含了 4 个子函数,即 $f_0 = \overline{C}D$,$f_1 = C + D$,$f_2 = D$,$f_3 = \overline{C} + \overline{D}$。

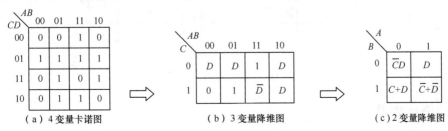

(a) 4 变量卡诺图　　　　　　(b) 3 变量降维图　　　　　(c) 2 变量降维图

图 4-48　F 函数的降维图示例

例 4 - 13 用数据选择器实现函数：

$$F(A, B, C, D) = \sum m(1, 5, 6, 7, 9, 11, 12, 13, 14)$$

解 首先作出 F 的卡诺图，如图 4 - 48(a)所示。若采用 8 选 1 数据选择器实现，以 D 作为记图变量，一次降维得 3 变量降维图，如图 4 - 48(b)所示。

根据 8 选 1 数据选择器输出函数卡诺图，如图 4 - 49 所示。令 $A_2 = A, A_1 = B, A_0 = C$，对照图 4 - 48 (b)，得

$$D_0 = D, \ D_1 = 0, \ D_2 = D, \ D_3 = 1$$
$$D_4 = D, \ D_5 = D, \ D_6 = 1, \ D_7 = \overline{D}$$

画出逻辑电路之一，如图 4 - 50 所示。

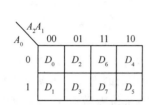

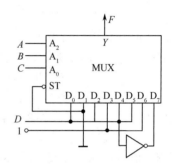

图 4 - 49 8 选 1 数据选择器卡诺图   图 4 - 50 例 4 - 13 逻辑电路之一

若采用 4 选 1 数据选择器实现，两次降维得 2 变量降维图，如图 4 - 48(c)所示。将其中 4 个子函数化为最小项表达式，即

$$f_0 = \overline{C}D = m_1$$
$$f_1 = C + D = \sum m(1, 2, 3)$$
$$f_2 = D$$
$$f_3 = \overline{C} + \overline{D} = \sum m(0, 1, 2)$$

画出逻辑电路之二，如图 4 - 51 所示。

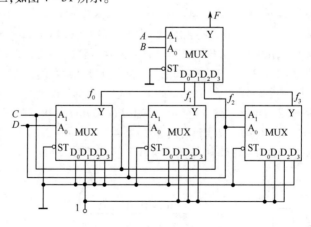

图 4 - 51 例 4 - 13 逻辑电路之二

4.3.5 数值比较器

在各种数字系统中，经常需要对两个二进制数进行大小判别，然后根据判别结果执行某种操

作。数值比较器是用来比较两个相同位数二进制数大小以及是否相等的组合逻辑电路。其输入为要进行比较的两个二进制数,输出为比较的三个结果:大于、小于和等于。

1. 1 位数值比较器

能够完成两个 1 位数 A 和 B 比较的电路,称为 1 位数值比较器。A、B 是输入信号,输出信号是比较结果。因为比较结果有 3 种情况,即 $A > B$、$A < B$、$A = B$,分别用 $F_{A>B}$、$F_{A<B}$、$F_{A=B}$ 来表示。并规定当 $A > B$ 时,令 $F_{A>B} = 1$;$A < B$ 时,令 $F_{A<B} = 1$;$A = B$ 时,令 $F_{A=B} = 1$。其真值表如表 4 - 17 所列。由真值表可写出其逻辑表达式为

$$\begin{cases} F_{A>B} = A\,\overline{B} \\ F_{A<B} = \overline{A}\,B \\ F_{A=B} = \overline{A}\,\overline{B} + AB = A \odot B \end{cases} \tag{4-26}$$

由逻辑表达式画出逻辑图,如图 4 - 52 所示。

表 4 - 17　1 位数值比较器真值表

输　入		输　出		
A	B	$F_{A>B}$	$F_{A<B}$	$F_{A=B}$
0	0	0	0	1
0	1	0	1	0
1	0	1	0	0
1	1	0	0	1

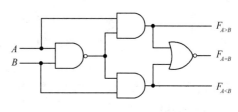

图 4 - 52　1 位数值比较器逻辑电路

2. 多位数值比较器

在比较两个多位数的大小时,必须自高而低地逐位比较,而且只有在高位相等时,才需要比较低位。现以比较两个 4 位二进制数 $A = A_3 A_2 A_1 A_0$ 和 $B = B_3 B_2 B_1 B_0$ 为例,说明多位数值比较器的设计方法。

首先从高位比较开始,如果 $A_3 > B_3$,那么不管其他几位数码各为何值,肯定是 $A > B$,则 $F_{A>B} = 1$,$F_{A<B} = 0$,$F_{A=B} = 0$。反之,若 $A_3 < B_3$,同样不管其他几位数码为何值,肯定是 $A < B$,则 $F_{A>B} = 0$,$F_{A<B} = 1$,$F_{A=B} = 0$。如果 $A_3 = B_3$,这就必须通过比较次高位 A_2 和 B_2 来判断 A 和 B 的大小了。依此类推,直至比较出结果,故可列出 4 位数值比较器的功能表,如表 4 - 18 所列。表中输入端 $I_{A>B}$、$I_{A<B}$ 和 $I_{A=B}$ 是两个级联的低位数 A 和 B 比较出的结果,称级联输入。设置级联输入是为了便于数值比较器的位数扩展。当仅对 4 位数值进行比较时,令 $I_{A>B} = I_{A<B} = 0$ 和 $I_{A=B} = 1$ 即可。

表 4 - 18　4 位数值比较器的功能表

输　入							输　出		
A_3　B_3	A_2　B_2	A_1　B_1	A_0　B_0	$I_{A>B}$	$I_{A<B}$	$I_{A=B}$	$F_{A>B}$	$F_{A<B}$	$F_{A=B}$
$A_3 > B_3$	×　×	×　×	×　×	×	×	×	1	0	0
$A_3 < B_3$	×　×	×　×	×　×	×	×	×	0	1	0
$A_3 = B_3$	$A_2 > B_2$	×　×	×　×	×	×	×	1	0	0
$A_3 = B_3$	$A_2 < B_2$	×　×	×　×	×	×	×	0	1	0
$A_3 = B_3$	$A_2 = B_2$	$A_1 > B_1$	×　×	×	×	×	1	0	0
$A_3 = B_3$	$A_2 = B_2$	$A_1 < B_1$	×　×	×	×	×	0	1	0

续表

输入							输出		
A_3　B_3	A_2　B_2	A_1　B_1	A_0　B_0	$I_{A>B}$	$I_{A<B}$	$I_{A=B}$	$F_{A>B}$	$F_{A<B}$	$F_{A=B}$
$A_3 = B_3$	$A_2 = B_2$	$A_1 = B_1$	$A_0 > B_0$	×	×	×	1	0	0
$A_3 = B_3$	$A_2 = B_2$	$A_1 = B_1$	$A_0 < B_0$	×	×	×	0	1	0
$A_3 = B_3$	$A_2 = B_2$	$A_1 = B_1$	$A_0 = B_0$	1	0	0	1	0	0
$A_3 = B_3$	$A_2 = B_2$	$A_1 = B_1$	$A_0 = B_0$	0	1	0	0	1	0
$A_3 = B_3$	$A_2 = B_2$	$A_1 = B_1$	$A_0 = B_0$	0	0	1	0	0	1

由 4 位数值比较器的功能表,写出输出逻辑表达式:

$$
\begin{cases}
F_{A>B} = A_3\overline{B_3} + (A_3 \odot B_3)A_2\overline{B_2} + (A_3 \odot B_3)(A_2 \odot B_2)(A_1\overline{B_1}) \\
\qquad + (A_3 \odot B_3)(A_2 \odot B_2)(A_1 \odot B_1)A_0\overline{B_0} \\
\qquad + (A_3 \odot B_3)(A_2 \odot B_2)(A_1 \odot B_1)(A_0 \odot B_0)I_{A>B}\overline{I_{A<B}}\,\overline{I_{A=B}} \\
F_{A<B} = \overline{A_3}B_3 + (A_3 \odot B_3)\overline{A_2}B_2 + (A_3 \odot B_3)(A_2 \odot B_2)\overline{A_1}B_1 \\
\qquad + (A_3 \odot B_3)(A_2 \odot B_2)(A_1 \odot B_1)\overline{A_0}B_0 \\
\qquad + (A_3 \odot B_3)(A_2 \odot B_2)(A_1 \odot B_1)(A_0 \odot B_0)I_{A<B}\overline{I_{A>B}}\,\overline{I_{A=B}} \\
F_{A=B} = (A_3 \odot B_3)(A_2 \odot B_2)(A_1 \odot B_1)(A_0 \odot B_0)I_{A=B}\overline{I_{A>B}}\,\overline{I_{A<B}}
\end{cases}
\tag{4-27}
$$

根据输出逻辑表达式,可设计出 4 位数值比较器的逻辑电路。常用集成 4 位数值比较器 74LS85 的内部电路,就是按以上表达式连接而成的,其功能如表 4-18 所列。

3. 数值比较器的位数扩展

利用 $I_{A>B}$、$I_{A<B}$ 和 $I_{A=B}$ 这 3 个级联输入,可以很方便地实现数值比较器的位数扩展。位数扩展的方法有串联和并联两种,当位数较少且要求速度不高时,常采用串联方式;当位数较多且要满足一定速度要求时,应采用并联方式。

1)串联方式扩展

例如,将两片 4 位数值比较器 74LS85 扩展为 8 位数值比较器。可以将两片芯片串联,即将低位芯片的输出端 $F_{A>B}$、$F_{A<B}$ 和 $F_{A=B}$,分别接高位芯片级联输入端 $I_{A>B}$、$I_{A<B}$ 和 $I_{A=B}$,如图 4-53 所示。这样,当高 4 位都相等时,就可由低 4 位来决定两数的大小。

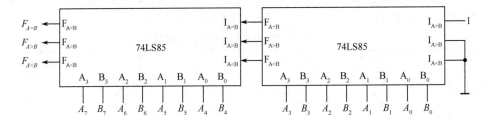

图 4-53　两片 74LS85 扩展为 8 位数值比较器电路

2)并联方式扩展

用 74LS85 组成 16 位数值比较器的电路如图 4-54 所示。它采用两级比较法,第一级的 4 个 4 位比较器并行比较,每个比较结果接第二级 4 位比较器的数值输入端,16 位的最终比较结果由第二级输出。由电路图可以看出,采用并联方式速度较快,从数据输入到稳定输出,只需 2 倍的 4 位比较器延迟时间。而采用串联方式则需要 4 倍 4 位比较器的延迟时间。

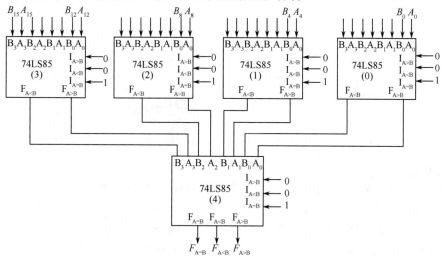

图 4 - 54　用 74LS85 组成 16 位数值比较器电路

4.4　组合逻辑电路的竞争冒险

通常在组合逻辑电路的分析和设计中,都认为逻辑门具有理想的功能特性,而没有考虑逻辑器件的一些电气特性,并且是在输入输出都处于稳定情况下讨论的。为了保证系统工作的可靠性,有必要再观察一下当输入信号逻辑电平发生变化的瞬间电路的工作情况。

4.4.1　竞争冒险现象及分类

理想情况下,在组合逻辑电路的设计中,假设电路的连线和集成门电路都没有延迟,电路中的多个输入信号发生变化时,都是同时瞬间完成的。实际上,信号通过连线及集成门都有一定的延迟时间,输入信号变化也需要一个过渡时间,多个输入信号发生变化时,也可能有先后快慢的差异。因此,在理想情况下设计的组合逻辑电路,受到上述因素的影响后,可能在输入信号发生变化的瞬间,在输出端出现一些不正确的尖峰信号。这些尖峰信号又称毛刺信号,主要是由信号经不同的路径或控制,到达同一点的时间不同而产生的竞争引起的,故称为竞争冒险现象,简称竞争冒险或冒险。它分为静态冒险和动态冒险两大类。

1. 静态冒险

在组合电路中,如果输入信号变化前、后稳定输出相同,而在转换瞬间有冒险,称为静态冒险。静态冒险又分为静态 1 冒险和静态 0 冒险两种。

1）静态 1 冒险

如果输入信号变化前、后稳定输出为 0,而转换瞬间出现 1 的毛刺（序列为 0 - 1 - 0）,这种静态冒险称为静态 1 冒险。例如图 4 - 55（a）所示电路中,$Y_1 = A \cdot \overline{A}$,如果不考虑非门的传输延迟时间,则输出 Y_1 始终为 0。但考虑了非门的平均传输延迟 t_{pd} 后,由于 $\overline{A}$ 的下降沿要滞后于 A 的上升沿,因此在 t_{pd} 的时间内,与门的两个输入端都会出现高电平,致使它的输出端出现一个高电平窄脉冲,即出现了静态 1 冒险,如图 4 - 55（b）所示。因为 t_{pd} 时间很短,这个窄脉冲就像一毛刺。

由图 4－55 可见,一个变量的原变量和反变量同时加到**与门**输入端时,就会产生静态 1 冒险,即 $Y = A \cdot \overline{A}$ 有竞争冒险。

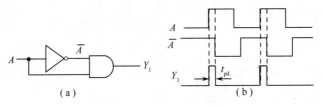

图 4－55　静态 1 冒险电路和波形

2) 静态 0 冒险

如果输入信号变化前、后稳定输出为 1,而转换瞬间出现 0 的毛刺(序列为 1－0－1),这种静态冒险称为静态 0 冒险。例如图 4－56(a)所示电路中,$Y_2 = A + \overline{A}$,如果不考虑非门的传输延迟时间,则输出 Y_2 始终为 1。但考虑了**非门**的平均传输延迟 t_{pd} 后,由于 $\overline{A}$ 的上升沿要滞后于 A 的下降沿,因此在 t_{pd} 的时间内,**或门**的两个输入端都会出现低电平,致使它的输出端出现一个低电平窄脉冲,即出现了静态 0 冒险,如图 4－56(b)所示。

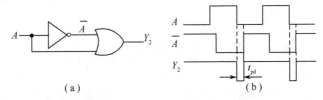

图 4－56　静态 0 冒险电路和波形

由图 4－56 可见,一个变量的原变量和反变量同时加到**或门**输入端时,就会产生静态 0 冒险,即 $Y = A + \overline{A}$ 存在竞争冒险。

2. 动态冒险

在组合逻辑电路中,如果输入信号变化前、后稳定输出不同,则不会出现静态冒险。但如果在得到最终稳定输出之前,输出发生了 3 次变化,即中间经历了瞬态 0－1 或 1－0,输出序列为 0－1－0－1 或 1－0－1－0,如图 4－57 所示,这种冒险称为动态冒险。

图 4－57　动态冒险波形示例

动态冒险只有在多级电路中才会发生,在两级**与或**和**或与**电路中是不会发生的。因而,在组合逻辑电路设计中,采用卡诺图化简得到的最简**与或**式和**或与**式,不存在动态冒险的问题。所以,本节下面仅讨论静态冒险的判断和避免的方法。

4.4.2　竞争冒险的判断

在输入变量每次只有一个改变状态的简单情况下,可以通过电路的输出逻辑函数表达式或卡诺图来判断组合逻辑电路中是否有竞争冒险现象的存在,这就是常用的代数法和卡诺图法。

1. 代数法

由前述静态冒险的特例,推广到一般情况。在一定条件下,如果电路的输出逻辑函数等于某个原变量与其反变量之积($Y = A \cdot \overline{A}$)或之和($Y = A + \overline{A}$),则电路存在竞争冒险现象。

例 4－14　试判断图 4－58 所示电路是否存在竞争冒险现象。

解　由图 4 – 58 电路写出输出逻辑表达式为

$$Y = AB + \overline{A}C$$

当 $B = C = 1$ 时，$Y = A + \overline{A}$，所以图 4 – 58 电路存在竞争冒险现象。

2. 卡诺图法

可以用卡诺图判断电路是否存在竞争冒险现象。在电路输出函数的卡诺图上，凡存在乘积项包围圈相邻者，则有竞争冒险存在；相交或不相邻，则无竞争冒险。

因为相邻的两个乘积项包围圈中，一个含有原变量，另一个含有该变量的非。例如图 4 – 58 所示电路的卡诺图如图 4 – 59 所示，卡诺图中的两个包围圈相邻，所以该电路存在竞争冒险现象。

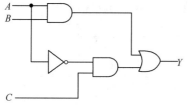
图 4 – 58　例 4 – 14 逻辑电路

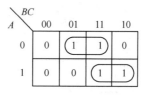
图 4 – 59　例 4 – 14 卡诺图

上述两种方法虽然简单，但局限性太大，因为多数情况下输入变量都有两个以上同时改变的可能性。在多个输入变量同时发生状态改变时，如果输入变量数目又很多，便很难从逻辑表达式或卡诺图上简单地找出所有可能产生竞争冒险的情况，但可以通过计算机辅助分析，迅速查出电路是否存在竞争冒险现象，目前已有成熟的程序可供选用。

4.4.3　竞争冒险的消除

竞争冒险产生的毛刺信号的宽度和门电路的平均传输延迟时间相近，为纳秒级的窄脉冲。当组合逻辑电路的工作频率较低（小于 1MHz）时，由于竞争冒险的时间很短，因此基本不影响电路的逻辑功能。但当工作频率较高（大于 10MHz）时，必须考虑避免竞争冒险的有效措施，常用的方法为修改逻辑设计、引入选通脉冲和加输出滤波电容。

1. 修改逻辑设计

在电路的输出逻辑函数中，通过增加多余项的方法，可以避免产生原变量与其反变量之积（$Y = A \cdot \overline{A}$）或者之和（$Y = A + \overline{A}$）的输出情况。例如在图 4 – 59 的卡诺图中，增加多余项 BC，如图 4 – 60 中虚线所示，则输出逻辑函数改为

$$Y = AB + \overline{A}C + BC$$

那么，当 $B = C = 1$ 时，$Y = 1$。克服了 $A + \overline{A}$ 的竞争冒险现象。相应的逻辑电路改为如图 4 – 61 所示。

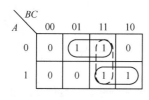
图 4 – 60　修改的卡诺图

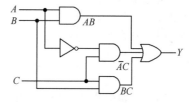
图 4 – 61　修改的逻辑图

用增加多余项的方法克服竞争冒险现象适用范围是很有限的。它只适用于输入变量每次只有一个改变状态的简单情况。

2. 引入选通脉冲

从上述对竞争冒险的分析可以看出,冒险现象仅仅发生在输入信号变化转换的瞬间,在稳定状态是没有冒险信号的。因此,引入选通脉冲,错开输入信号发生转换的瞬间,正确反映组合逻辑电路稳定时的输出值,可以有效地避免各种竞争冒险现象。

例如图4-62(a)电路中,引入了选通脉冲 P,当有冒险脉冲时,利用选通脉冲将输出级锁住,使冒险脉冲不能输出;而当冒险脉冲消失之后,选通脉冲又允许正常输出。P 的高电平出现在电路到达稳定状态之后,所以与门的输出端不会出现尖峰脉冲。如图4-62(b)波形所示。

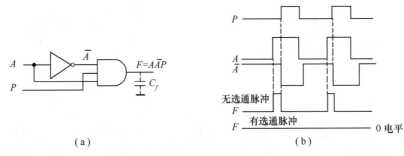

(a)   (b)

图4-62   引入选通脉冲克服竞争冒险

值得注意的是,引入选通脉冲后,组合逻辑电路的输出已不是电平信号,而转变为脉冲信号了。

3. 加输出滤波电容

由于竞争冒险而产生的毛刺信号一般都很窄(纳秒级),所以只要在输出端并接一个很小的滤波电容,如图4-62(a)中虚线所示的 C_f,就足以将毛刺信号的幅度削弱至门电路的阈值电平以下,从而忽略不计。

这种方法的优点是简单易行,但缺点是增加了输出波形的上升时间和下降时间,使波形变差。故只适合于对输出波形边沿要求不高的情况下。

本 章 小 结

本章重点介绍了组合逻辑电路的分析方法和设计方法;常用中规模组合逻辑模块的功能及其应用;组合逻辑电路中的竞争冒险现象。前两点是需要重点掌握的内容。

组合逻辑电路的分析步骤为:

由已知组合逻辑电路图→逐级导出输出逻辑表达式→变换和简化逻辑表达式→列出真值表→归纳电路的逻辑功能。

用门电路设计组合逻辑电路的步骤为:

对实际问题进行逻辑抽象→列出真值表→写出逻辑表达式→根据器件要求进行简化及变换→画出逻辑电路图。

常用的中规模组合逻辑模块有加法器、编码器、译码器、数据选择器、数值比较器等。为了扩展逻辑功能和增加使用的灵活性,大部分组合逻辑模块都设计了附加的控制端。利用这些控制端,可以最大限度地发挥器件的潜能,还可以设计出其他的组合逻辑电路。

在采用中规模器件设计组合电路时,由于大多数器件是专用的功能器件,用这些功能器件实现组合逻辑函数,基本采用逻辑函数对比的方法。因为每一种组合逻辑的中规模器件都具有某种确定的逻辑功能,都可以写出其输出和输入关系的逻辑函数表达式。因此可以将要实现的逻辑函数表达式进行变换,尽可能变换成与某些中规模器件的逻辑函数表达式类似的形式。

如果需要实现的逻辑函数表达式与某些中规模器件的逻辑函数表达式形式上完全一致,则使用这种器件最方便。如果需要实现的逻辑函数是某种中规模器件的逻辑函数表达式的一部分,例如需要实现的逻辑函数的变量数比中规模器件的输入变量数少,则只需对中规模器件的多余输入端做适当的处理(固定为 1 或固定为 0),便可很方便地实现需要的逻辑函数。如果需实现的逻辑函数的变量数比中规模器件的输入变量多,则可以通过扩展或降维的方法来实现。

另外,在进行组合电路设计时,还需要根据具体的逻辑问题选择中规模器件的种类。一般来说,数据选择器适合设计只有一个输出端的组合逻辑电路;译码器适合设计多输出端的逻辑电路;加法器适合用于设计与相加有关的特殊功能组合电路。

竞争冒险是组合逻辑电路在状态转换过程中经常会出现的一种现象。如果负载对尖峰脉冲敏感,则必须要克服它。消除竞争冒险的方法有引入选通脉冲、加滤波电容和修改逻辑设计等。

习　题

4－1　什么是组合逻辑电路?在电路结构上和逻辑功能上各有什么特征?

4－2　分析题 4－2 图(a)、(b)所示电路的逻辑功能。

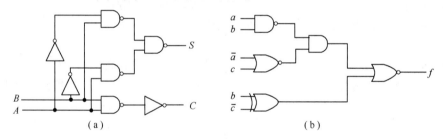

题 4－2 图

4－3　用小规模门电路实现函数:

$$F(A, B, C, D) = \sum m(1, 3, 5, 7, 8, 9, 12, 13, 15)$$

要求用以下 6 种方案实现:①与-或门;②与非-与非门;③与或非门;④与非-与门;⑤或-与门;⑥或非-或非门。

4－4　用与非门设计一个判别电路,以判别 8421 码所表示的十进制数之值是否大于等于 5。

4－5　试设计一个可控组合逻辑电路,其功能是将 4 位二进制码和 4 位格雷码进行相互转换,转换受 M 控制。当 $M = 1$ 时,将 4 位二进制码转换成格雷码;当 $M = 0$ 时,将 4 位格雷码转换成 4 位二进制码。

4－6　某学期考试 4 门课程,数学:7 学分;英语:5 学分;政治:4 学分;体育:2 学分;每个学生总计要获得 10 个以上学分才能通过本学期考试。要求写出反映学生是否通过本学期考试的逻辑函数,并用或非门实现,画出逻辑电路图。

4－7　已知 $X = x_2 x_1$ 和 $Y = y_2 y_1$ 是两个正整数,写出判断 $X > Y$ 的逻辑表达式,并用最少的门电路实现。能否选择中规模功能器件实现?

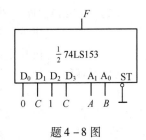

题 4 - 8 图

4－8　用双 4 选 1 数据选择器 74LS153 实现的逻辑电路如题 4 - 8 图所示,试写出输出 F 的逻辑表达式。

4－9　试用全加器实现一个 2 位二进制乘法运算电路。

4－10　某密码锁有 3 个按键,分别是 A、B、C。当 3 个键均不按下时,锁打不开,也不报警;当只有一个键按下时,锁打不开,且发出报警信号;当有两个键同时按下时,锁打开,不报警。当三个键都按下时,锁打开,但要报警。试设计此逻辑电路,分别用①门电路;②3 线—8 线译码器和与非门;③双 4 选 1 数据选择器和门;④全加器来实现。

4－11　用 8 选 1 的数据选择器和与非门实现函数:

(1) $F(A, B, C, D) = \sum m(1,2,3,5,6,8,9,12)$

(2) $F(A, B, C, D, E) = \sum m(0,1,3,9,11,12,13,14,20,21,22,23,26,31)$

4－12　利用 3 线—8 线译码器 74HC138 设计一个多输出的组合逻辑电路。输出逻辑函数式为

$$F_1 = A\,\overline{C} + \overline{A}BC + A\,\overline{B}C$$

$$F_2 = BC + \overline{A}\,\overline{B}C$$

$$F_3 = \overline{A}B + A\,\overline{B}C$$

$$F_4 = \overline{A}B\,\overline{C} + \overline{B}\,\overline{C} + ABC$$

题 4 - 13 表

M_1	M_0	F
0	0	$\overline{A+B}$
0	1	AB
1	0	$A \oplus B$
1	1	$A \odot B$

4－13　设计一个多功能组合逻辑电路,要求实现如题 4 - 13 表所列的逻辑功能。其中 $M_1 M_0$ 为选择信号,A、B 为输入逻辑变量,F 为输出,试用 4 选 1 数据选择器实现。

4－14　简述加法器、编码器、译码器、数据选择器和数值比较器的逻辑功能及主要用途。

4－15　简述采用集成逻辑门设计组合逻辑电路的方法和采用中规模功能器件设计组合逻辑电路的方法。

4－16　组合逻辑电路为什么会出现竞争冒险现象? 如何判断组合逻辑电路在某些输入信号变化时是否会出现竞争冒险? 如何避免或消除竞争冒险?

第 5 章　触 发 器

5.1　概　述

在数字电路中,除了需要对数字信号进行各种算术运算或逻辑运算外,还需要对原始数据和运算结果进行存储。为了寄存二进制编码信息,数字系统中通常采用触发器作为存储元件。触发器是构成时序逻辑电路的基本逻辑部件,它有两个稳定的状态,即 0 状态和 1 状态。在不同的输入情况下,触发器可以被置成 0 状态或 1 状态;当输入信号消失后,触发器所置成的状态能够保持不变。因此,触发器可以记忆 1 位二值信号。

根据逻辑功能的不同,触发器可以分为 RS 触发器、D 触发器、JK 触发器、T 触发器和 T′触发器;按照结构形式的不同,又可分为基本 RS 触发器、同步触发器、主从触发器和边沿触发器等。本章主要介绍触发器的逻辑功能和描述方法。

5.2　基本 RS 触发器

5.2.1　基本 RS 触发器的电路组成和工作原理

基本 RS 触发器的电路如图 5-1 所示,它由两个或非门交叉耦合构成。基本 RS 触发器是所有触发器中最简单的一种,同时也是其他各种触发器的基本组成部分。

基本 RS 触发器的工作原理分析如下:

图 5-1 中,G_1 和 G_2 是两个或非门,触发器有两个输入端 S_D 和 R_D,Q 和 $\overline{Q}$ 是触发器的两个输出端。当 $Q=0$、$\overline{Q}=1$ 时,称触发器状态为 0;当 $Q=1$、$\overline{Q}=0$ 时,称触发器状态为 1。

（1）当 $S_D=0$、$R_D=0$ 时,触发器具有保持功能。

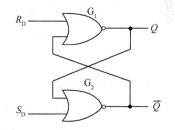

图 5-1　由或非门组成的
基本 RS 触发器

如果触发器的原状态为 1（即 $Q=1$、$\overline{Q}=0$）,则门 G_2 的输出 $\overline{Q}=0$。而 $\overline{Q}=0$ 和 $R_D=0$,使门 G_1 的输出 $Q=1$ 且保持不变,同时 $Q=1$ 又使门 G_2 的输出 $\overline{Q}=0$ 且保持不变。如果触发器的原状态为 0（即 $Q=0$、$\overline{Q}=1$）,则门 G_2 的输出 $\overline{Q}=1$,使门 G_1 的输出 $Q=0$ 且保持不变,而 $Q=0$ 与 $S_D=0$ 又使门 G_2 的输出 $\overline{Q}=1$ 且保持不变。由此可见,在 $S_D=0$、$R_D=0$ 时,无论触发器的原状态是 0 还是 1,触发器的状态都将保持原状态不变。

（2）当 $S_D=0$、$R_D=1$ 时,触发器置 0。

触发器的原状态无论是 0 还是 1,都会由于 $R_D=1$ 而使门 G_1 的输出 $Q=0$,而 $Q=0$ 和 $S_D=0$ 又使门 G_2 的输出 $\overline{Q}=1$。为此,通常将 R_D 称为置 0 端或复位端。

（3）当 $S_D=1$、$R_D=0$ 时,触发器置 1。

由于 $S_D=1$ 使得门 G_2 的输出 $\overline{Q}=0$,而 $\overline{Q}=0$ 和 $R_D=0$ 又使得门 G_1 的输出 $Q=1$。为此,通常将 S_D 称为置 1 端或置位端。

（4）当 $S_D=1$、$R_D=1$ 时,Q 和 $\overline{Q}$ 均为 0。这既不是定义的 1 状态,也不是定义的 0 状态。这种情况不仅破坏了触发器两个输出端应有的互补特性,而且当输入信号 S_D 和 R_D 同时回到 0 以后,触发器的输出 Q 和 $\overline{Q}$ 均由 0 变为 1,这就出现了所谓的竞争现象。

假设门 G_1 的延迟时间小于门 G_2 的延迟时间,则触发器最终稳定在 $Q=1$、$\overline{Q}=0$ 的状态;假设门 G_1 的延迟时间大于门 G_2 的延迟时间,则触发器最终稳定在 $Q=0$、$\overline{Q}=1$ 的状态。

因此,由于**或非门**传输延迟时间的不同会产生竞争现象,因而无法断定触发器将回到 1 状态还是 0 状态。通常,正常工作时输入信号应遵守 $S_\mathrm{D}R_\mathrm{D}=0$ 的约束条件,不允许输入 S_D 和 R_D 同时等于 1 的情况出现。

基本 RS 触发器也可以由**与非门**构成,如图 5-2 所示。该电路的输入信号为低电平有效,所以用 $\overline{S}_\mathrm{D}$ 表示置 1 输入端,用 $\overline{R}_\mathrm{D}$ 表示置 0 输入端。

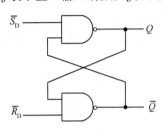

图 5-2　由**与非门**组成的
基本 RS 触发器

(1) 当 $\overline{S}_\mathrm{D}=1$、$\overline{R}_\mathrm{D}=1$ 时,触发器保持原状态不变;

(2) 当 $\overline{S}_\mathrm{D}=0$、$\overline{R}_\mathrm{D}=1$ 时,触发器置 1;

(3) 当 $\overline{S}_\mathrm{D}=1$、$\overline{R}_\mathrm{D}=0$ 时,触发器置 0;

(4) 当 $\overline{S}_\mathrm{D}=0$、$\overline{R}_\mathrm{D}=0$ 时,出现 $Q=\overline{Q}=1$ 状态,而且当 $\overline{S}_\mathrm{D}$ 和 $\overline{R}_\mathrm{D}$ 同时回到高电平以后,触发器的状态将无法确定。所以,正常工作时应当遵守 $\overline{S}_\mathrm{D}+\overline{R}_\mathrm{D}=1$ 的约束条件,不允许出现输入 $\overline{S}_\mathrm{D}$ 和 $\overline{R}_\mathrm{D}$ 同时等于 0 的情况。

综上所述,对于基本 RS 触发器来说,输入信号直接加在输出门上,因此输入信号在全部作用时间内都可以直接改变输出端 Q 和 $\overline{Q}$ 的状态,即可以直接置 1 或直接置 0,这就是基本 RS 触发器的动作特点。正因为这种动作特点,基本 RS 触发器的输入端通常称为直接置位端和直接复位端(下标"D"表示直接控制),基本 RS 触发器也相应地被称为直接置位、直接复位触发器。

5.2.2　基本 RS 触发器的功能描述

通常,任何一种触发器的逻辑功能都可以用状态转移真值表、状态转移方程、激励表、状态转移图、逻辑符号和时序图等几种方式来描述。

1. 状态转移真值表

状态转移真值表是指用来描述触发器的下一稳定状态(次态)Q^{n+1}、触发器的原稳定状态(原态)Q^n 和输入信号之间功能关系的表格,有时也称为次态真值表或特性表。由**或非门**组成的基本 RS 触发器的状态转移真值表如表 5-1 所列。

2. 状态转移方程

触发器的逻辑功能还可以用逻辑函数表达式来描述。描述触发器功能的函数表达式称为状态转移方程,简称状态方程。触发器的状态方程是反映触发器的次态与原态和输入信号之间功能关系的逻辑表达式,所以也称为次态方程。

根据基本 RS 触发器状态转移真值表,进行卡诺图化简,如图 5-3 所示。

由卡诺图化简可得基本 RS 触发器的状态方程为

表 5-1　基本 RS 触发器状态转移真值表

S_D	R_D	Q^n	Q^{n+1}
0	0	0	0
0	0	1	1
0	1	0	0
0	1	1	0
1	0	0	1
1	0	1	1
1	1	0	0*
1	1	1	0*

* 当 $S_\mathrm{D}=1$、$R_\mathrm{D}=1$ 时,$Q^{n+1}=0$、$\overline{Q}^{n+1}=0$。当输入信号 S_D 和 R_D 同时回到 0 以后,触发器输出 Q^{n+1} 的状态不确定。

$$\begin{cases} Q^{n+1} = S_D + \overline{R}_D Q^n \\ S_D R_D = 0 \end{cases} \tag{5-1}$$

式中：$S_D R_D = 0$ 是约束条件，它表示 S_D 和 R_D 不能同时为 1。

3. 激励表

激励表是用来表示触发器由当前状态转移至所要求的下一状态时，对输入信号的要求。激励表可由状态转移真值表或状态方程推出。基本 RS 触发器的激励表如表 5 - 2 所列。

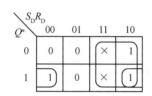

图 5 - 3　基本 RS 触发器的卡诺图

表 5 - 2　基本 RS 触发器的激励表

Q^n	Q^{n+1}	S_D	R_D
0	0	0	×
0	1	1	0
1	0	0	1
1	1	×	0

由表 5 - 2 可知，若触发器的原态为 0，而且要求次态仍然是 0，则必须使 S_D 端为 0，R_D 端为 1 或 0 均可；若触发器的原态是 0，要求次态为 1，则必须使 $S_D = 1$，$R_D = 0$。同样，若要求触发器状态从 1 变为 0，则输入端必须是 $S_D = 0$，$R_D = 1$；若要求触发器保持 1 态不变，则 R_D 必须为 0，S_D 为 0 或 1 均可。

4. 状态转移图

描述触发器的逻辑功能还可以用图形的方法，即状态转移图来描述，简称状态图。根据基本 RS 触发器的激励表，可以得到图 5 - 4 所示的状态转移图。图中，用标有 0 和 1 的两个圆圈分别代表触发器的两个稳定的状态，即状态 0 和状态 1，箭头表示在输入信号作用下状态转换的方向，箭头旁边的注标表示触发器状态转换所需要的输入条件。比较状态转移图和激励表可知，二者本质上没有区别，只是表现形式不同。

5. 逻辑符号

触发器的逻辑功能除可通过上述几种方法描述外，还可以通过逻辑符号来进行描述。基本 RS 触发器的逻辑符号如图 5 - 5 所示。

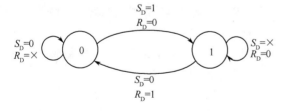

图 5 - 4　基本 RS 触发器的状态转移图

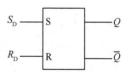

图 5 - 5　基本 RS 触发器的逻辑符号

6. 时序图

时序图是指触发器的输出随输入变化的波形，也称为波形图。基本 RS 触发器的时序图如图 5 - 6 所示。

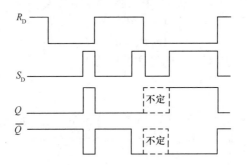

图 5 – 6　基本 RS 触发器的时序图

5.3　同步触发器

5.3.1　同步 RS 触发器

　　基本 RS 触发器的状态直接受输入信号控制,根据输入信号便可确定输出状态。但在实际应用中,往往要求触发器的输出状态不是直接由 R 端和 S 端的输入信号来决定,而是受时钟脉冲的控制,即只有在作为同步信号的时钟脉冲到达时,触发器才按输入信号改变状态;否则,即使输入信号变化了,触发器状态也不改变。通常称该类触发器为同步 RS 触发器或钟控 RS 触发器。

　　同步 RS 触发器的电路结构和逻辑符号如图 5 – 7 所示。该电路由两部分组成:由**与非门** G_1、G_2 组成的基本 RS 触发器和由**与非门** G_3、G_4 组成的输入控制电路。

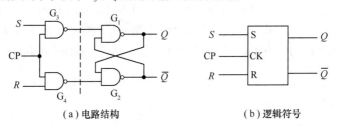

（a）电路结构　　　　　　　　（b）逻辑符号

图 5 – 7　同步 RS 触发器的电路结构和逻辑符号

　　当 CP = 0 时,G_3、G_4 输出均为高电平 1,输入信号 R、S 不会影响输出端的状态,故触发器保持原状态不变。

　　当 CP = 1 时,G_3、G_4 门打开,输入信号 R 和 S 通过 G_3、G_4 门反相后加到由 G_1、G_2 组成的基本 RS 触发器的输入端,使 Q 和 $\overline{Q}$ 的状态跟随输入状态的变化而变化。

　　同步 RS 触发器的状态转移真值表如表 5 – 3 所列。

表 5 – 3　同步 RS 触发器的状态转移真值表

CP	S	R	Q^n	Q^{n+1}
0	×	×	0	0
0	×	×	1	1
1	0	0	0	0
1	0	0	1	1
1	0	1	0	0
1	0	1	1	0
1	1	0	0	1

续表

CP	S	R	Q^n	Q^{n+1}
1	1	0	1	1
1	1	1	0	1*
1	1	1	1	1*

* 当 $S=1$、$R=1$ 时，$Q^{n+1}=1$、$\overline{Q}^{n+1}=1$。当输入信号 S 和 R 同时回到 0 以后，触发器输出 Q^{n+1} 的状态不确定。

　　由表 5 - 3 可知，在 CP = 0 时，触发器保持原状态不变，输入信号 R、S 不起作用；只有在 CP = 1 时，触发器才受输入信号 R 和 S 的控制，具有基本 RS 触发器的功能，因此称为同步 RS 触发器。

　　这种钟控方式称为电平触发方式。其中，R 是同步 RS 触发器的置 0 端或复位端，S 是置 1 端或置位端，二者均为高电平有效。由于同步 RS 触发器的置 0 端和置 1 端都不是直接控制端，需要在 CP 同步信号作用下才能起作用，所以在 R 和 S 后面未加下标"D"。同步 RS 触发器的输入信号同样要遵守 $RS=0$ 的约束条件，即 R、S 不能同时等于 1。

　　根据同步 RS 触发器状态转移真值表，由卡诺图化简即可得到同步 RS 触发器的状态方程为

$$\begin{cases} Q^{n+1} = S + \overline{R}Q^n \\ RS = 0 \end{cases} \tag{5-2}$$

式中：$RS=0$ 是约束条件，它表示 R 和 S 不能同时为 1。

　　同步 RS 触发器的激励表如表 5 - 4 所列。

　　由表 5 - 4 可知，若触发器的原态为 0，而且要求时钟作用后次态仍然是 0，则必须使 S 端为 0，R 端为 1 或 0 均可；若触发器的原态是 0，要求次态为 1，则必须使 $S=1$，$R=0$。同样，若要求触发器状态从 1 变为 0，则输入端必须是 $S=0$，$R=1$；若要求触发器保持 1 态不变，则 R 必须为 0，S 为 0 或 1 均可。

　　根据同步 RS 触发器的激励表，可以得到图 5 - 8 所示的状态转移图。

表 5 - 4　同步 RS 触发器的激励表

Q^n	Q^{n+1}	S	R
0	0	0	×
0	1	1	0
1	0	0	1
1	1	×	0

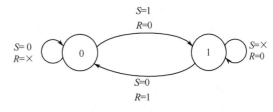

图 5 - 8　同步 RS 触发器的状态转移图

　　在图 5 - 7(b) 所示的同步 RS 触发器逻辑符号中。只有当 CP = 1 时，输入信号 S 和 R 才起作用。如果 CP = 0 为有效信号，则应在 CP 的输入端加画小圆圈。

　　在实际应用中，有时需要在时钟脉冲 CP 到来之前，预先将触发器置成 1 或 0 状态。具有异步置 1 和置 0 功能的同步 RS 触发器的电路结构和逻辑符号如图 5 - 9 所示。

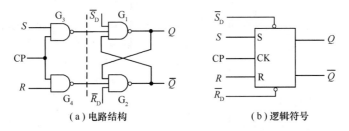

（a）电路结构　　　　　　　　　　（b）逻辑符号

图 5 - 9　具有异步置 1 和置 0 功能的同步 RS 触发器

由图可见,无论时钟脉冲 CP 是否有效,只要输入端 $\overline{S}_D = 0$,触发器将立即被置为 1;只要输入端 $\overline{R}_D = 0$,触发器将立即被置为 0。由于这种置 1、置 0 操作不需要时钟脉冲的触发,所以将 $\overline{S}_D$ 端和 $\overline{R}_D$ 端分别称为异步置 1 输入端和异步置 0 输入端。

5.3.2　同步 JK 触发器

同步 JK 触发器的电路结构如图 5 – 10 所示。该电路由两部分组成:**与非门 G_1、G_2 组成的基本 RS 触发器和与非门 G_3、G_4 组成的输入控制电路。**

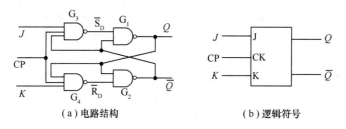

（a）电路结构　　　　　　　　　　（b）逻辑符号

图 5 – 10　同步 JK 触发器的电路结构和逻辑符号

当 CP = 0 时,G_3、G_4 输出均为高电平 1,输入信号 J、K 不会影响输出端的状态,故触发器保持原状态不变。

当 CP = 1 时,G_3、G_4 门打开,输入信号 J 和 K 通过 G_3、G_4 门反相后加到由 G_1、G_2 组成的基本 RS 触发器的输入端,使 Q 和 $\overline{Q}$ 的状态跟随输入状态的变化而变化。

根据基本 RS 触发器的状态方程,可以得到 JK 触发器的状态方程为

$$Q^{n+1} = S_D + \overline{R}_D Q^n = J \overline{Q^n} + \overline{K} Q^n \tag{5-3}$$

其约束条件 $\overline{S}_D + \overline{R}_D = \overline{J \overline{Q^n}} + \overline{K Q^n} = 1$,因此无论 J、K 信号如何变化,基本 RS 触发器的约束条件始终满足。

JK 触发器的状态转移真值表如表 5 – 5 所列。

根据 JK 触发器的状态转移真值表或状态方程,可以列出 JK 触发器的激励表,如表 5 – 6 所列。

根据 JK 触发器的激励表,可以画出其状态转移图,如图 5 – 11 所示。

表 5 – 5　**JK 触发器的状态转移真值表**

CP	J	K	Q^n	Q^{n+1}
0	×	×	0	0
0	×	×	1	1
1	0	0	0	0
1	0	0	1	1
1	0	1	0	0
1	0	1	1	0
1	1	0	0	1
1	1	0	1	1
1	1	1	0	1
1	1	1	1	0

表 5 – 6　**JK 触发器的激励表**

Q^n	Q^{n+1}	J	K
0	0	0	×
0	1	1	×
1	0	×	1
1	1	×	0

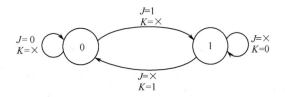

图 5 - 11　JK 触发器的状态转移图

5.3.3　同步 D 触发器

同步 D 触发器的电路结构和逻辑符号如图 5 - 12 所示。该电路由两部分组成：**与非门** G_1、G_2 组成的基本触发器和**与非门** G_3、G_4 组成的输入控制电路。

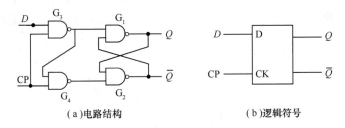

（a）电路结构　　　　　　　　　　　（b）逻辑符号

图 5 - 12　同步 D 触发器的电路结构和逻辑符号

当 CP = 0 时，G_3、G_4 输出均为高电平 1，输入信号 D 不会影响输出端的状态，故触发器保持原状态不变。

当 CP = 1 时，G_3、G_4 门打开，输入信号 D 通过 G_3、G_4 反相后加到由 G_1、G_2 组成的基本 RS 触发器的输入端，使 Q 和 $\overline{Q}$ 的状态跟随输入状态的变化而变化。

同步 D 触发器的状态转移真值表如表 5 - 7 所列。

根据状态转移真值表，经过化简可写出 D 触发器的状态方程为

$$Q^{n+1} = D \tag{5-4}$$

根据 D 触发器的状态转移真值表或状态方程，可以列出 D 触发器的激励表，如表 5 - 8 所列。

根据 D 触发器的激励表，可以画出其状态转移图，如图 5 - 13 所示。

表 5 - 7　D 触发器的状态转移真值表

CP	D	Q^n	Q^{n+1}
0	×	0	0
0	×	1	1
1	0	0	0
1	0	1	0
1	1	0	1
1	1	1	1

表 5 - 8　D 触发器的激励表

Q^n	Q^{n+1}	D
0	0	0
0	1	1
1	0	0
1	1	1

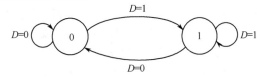

图 5 - 13　D 触发器的状态转移图

5.3.4 同步 T 触发器

在有些应用场合,往往需要这样一种逻辑功能的触发器。当控制信号 $T=1$ 时,每来一个时钟信号它的状态就翻转一次;而当 $T=0$ 时,时钟信号到达后触发器的状态保持不变。通常将具有这种逻辑功能的触发器称为 T 触发器。

实际上,只要将 JK 触发器的两个输入端连在一起作为输入端,就可以构成 T 触发器。正因为如此,在通用数字集成电路中通常没有专门的 T 触发器。

T 触发器的状态方程为

$$Q^{n+1} = T\overline{Q}^n + \overline{T}Q^n \tag{5-5}$$

T 触发器的状态转移真值表如表 5-9 所列。

根据 T 触发器的状态转移真值表或状态方程,可以列出 T 触发器的激励表,如表 5-10 所列。

表 5-9 T 触发器的状态转移真值表

CP	T	Q^n	Q^{n+1}
0	×	0	0
0	×	1	1
1	0	0	0
1	0	1	1
1	1	0	1
1	1	1	0

表 5-10 T 触发器的激励表

Q^n	Q^{n+1}	T
0	0	0
0	1	1
1	0	1
1	1	0

根据 T 触发器的激励表,可以画出其状态转移图,如图 5-14 所示。

T 触发器的逻辑符号如图 5-15 所示。

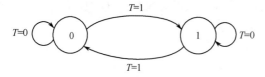

图 5-14 T 触发器的状态转移图   图 5-15 T 触发器的逻辑符号

当 T 触发器的控制端 T 恒等于 1 时,其状态方程将变为

$$Q^{n+1} = \overline{Q}^n \tag{5-6}$$

即每来一个时钟脉冲,触发器的状态就翻转一次。通常把这种触发器称为 T′ 触发器。其实 T′ 触发器只不过是处于一种特定状态下的 T 触发器而已。

5.3.5 电平触发方式的工作特性

由于在 CP=1 的全部时间内,触发器的输入信号均能通过输入控制电路加到基本 RS 触发器上,所以在 CP=1 的全部时间内,输入信号的变化都将引起触发器输出状态的变化,这就是同步触发器的动作特点。

根据同步触发器的动作特点可知,如果 CP=1 期间内输入信号发生多次变化,则触发器的状态也会发生多次翻转。通常将在一个时钟周期内,触发器的状态发生两次或两次以上变化的现象称为空翻。

在实际应用中,通常要求触发器的工作规律是每来一个时钟脉冲,触发器只置于一种状态,即使输入信号发生多次改变,触发器的输出状态也不跟着改变。由此可见,同步触发器抗干扰能力不强。

产生空翻现象的根本原因是由于在 CP=1 期间,输入控制电路是开启的,输入信号可以通过输入控制电路直接控制基本 RS 触发器,从而改变输出端的状态,使触发器失去了抗输入变化的能力。

为了保证在每个时钟周期内触发器只出现一种确定的状态(或保持原状态不变,或改变一次状态),就必须对输入控制电路进行改进,使得输入信号在 CP 作用期间不能直接影响触发器的输出。或者说,改进后的输入控制电路必须使触发器仅在 CP 的上升沿或下降沿对输入信号进行瞬时采样,而在 CP 脉冲有效期间使得输出与输入隔离。

5.4　主从触发器

为了提高触发器工作的可靠性,希望在每个时钟周期内触发器输出端的状态只能改变一次。为此,在同步触发器的基础上又设计出了主从触发器,这是一种时钟脉冲触发的触发器。

5.4.1　主从 RS 触发器

主从 RS 触发器的电路结构和逻辑符号如图 5 - 16 所示。由图可知,它由两个相同的同步 RS 触发器加上一个引导控制门(G_9)组成。其中由 $G_5 \sim G_8$ 组成的触发器称为主触发器,由 $G_1 \sim G_4$ 组成的触发器称为从触发器,这两个触发器的时钟信号相位相反。

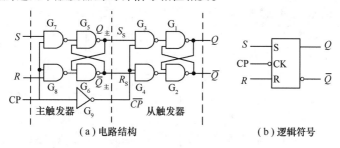

图 5 - 16　主从 RS 触发器的电路结构和逻辑符号

当 $\overline{CP} = 1$ 时,门 G_3、G_4 被打开,门 G_7、G_8 被封锁,从触发器的状态跟随主触发器的状态,即 $Q^n = Q_{主}^n$。

当 CP = 1 时,门 G_7、G_8 被打开,门 G_3、G_4 被封锁,主触发器接收输入信号,其状态方程为

$$\begin{cases} Q_{主}^{n+1} = S + \overline{R}Q_{主}^n = S + \overline{R}Q^n \\ RS = 0 \end{cases}$$

此时,从触发器保持原来的状态不变。

当 CP 由 1 变为 0 时,由于 CP = 0,所以门 G_7、G_8 被封锁,无论输入信号如何改变,主触发器的状态保持不变。与此同时,门 G_3、G_4 被打开,从触发器跟随主触发器发生状态变化,其状态方程为

$$\begin{cases} Q^{n+1} = Q_{主}^n = S + \overline{R}Q^n \\ RS = 0 \end{cases} \tag{5-7}$$

由此可见,主从 RS 触发器的逻辑功能与同步 RS 触发器一致。

由于 CP 返回 0 以后触发器的输出状态才改变,因此输出状态的变化发生在 CP 信号的下降沿。

主从 RS 触发器的状态转移真值表如表 5 - 11 所列。表中用"⎍⎍"表示触发脉冲 CP 的触发方式为下降沿触发;"0/1"表示 CP 为 0 或 1。

由上述分析可知,主从 RS 触发器具有以下 3 个特点:

(1)由于主从 RS 触发器由两个互补的时钟脉冲分别控制两个同步 RS 触发器,所以无论 CP 等于 1 还是等于 0,总有一个触发器被开启,另一个触发器被封锁,因此输入状态不会直接影响输出端 Q 和 $\overline{Q}$ 的状态。

（2）主从触发器的动作分两步进行：第一步，在 CP = 1 期间主触发器根据输入信号决定其输出状态，而从触发器不工作；第二步，待 CP 由 1 变为 0 时，从触发器的状态跟随主触发器的状态变化。这就是说，主从触发器输出状态的改变发生在 CP 下降沿。

（3）由同步 RS 触发器到主从 RS 触发器的这一演变，克服了 CP = 1 期间触发器输出状态可能多次翻转的问题。但由于主触发器本身就是一个同步 RS 触发器，所以在 CP = 1 的时间内，输入信号将对主触发器起控制作用。这就是说，在 CP = 1 期间，当输入信号发生变化时，CP 下降沿到来时触发器的新状态就不一定是 CP 处在上升沿时输入信号所决定的状态，如图 5 - 17 所示，而且输入信号仍需遵守约束条件 $RS = 0$。

实际应用中，为了确保系统工作可靠，要求主从触发器在 CP = 1 期间输入信号始终不变。

5.4.2　主从 JK 触发器

RS 触发器在使用时有一个约束条件，即在工作时不允许输入信号 R、S 同时为 1。这一约束条件使得 RS 触发器在实际使用时会带来诸多不便。为了方便使用，人们希望即使出现了 $S = R = 1$ 的情况，触发器的次态也是确定的，因此需要进一步改进触发器的电路结构。

表 5 - 11　主从 RS 触发器的状态转移真值表

CP	S	R	Q^n	Q^{n+1}
0/1	×	×	×	Q^n
⊓	0	0	0	0
⊓	0	0	1	1
⊓	1	0	0	1
⊓	1	0	1	1
⊓	0	1	0	0
⊓	0	1	1	0
⊓	1	1	0	1*
⊓	1	1	1	1*

* 当 $S = 1$、$R = 1$ 时，$Q^{n+1} = 1$，$\overline{Q}^{n+1} = 1$。当输入信号 S 和 R 同时回到 0 以后，触发器输出 Q^{n+1} 的状态不确定。

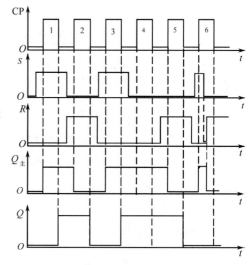

图 5 - 17　主从 RS 触发器波形图

如果在主从 RS 触发器的基础上，将两个互补输出端 Q 和 $\overline{Q}$ 通过两根反馈线分别引到 G_7、G_8 门的输入端，如图 5 - 18 所示，就可以满足上述要求。这一对反馈线通常在制造集成电路时已在内部连好。为表示与主从 RS 触发器在逻辑功能上的区别，将输入端 S 改为 J，将输入端 R 改为 K，并将该电路称为主从结构 JK 触发器（简称主从 JK 触发器）。

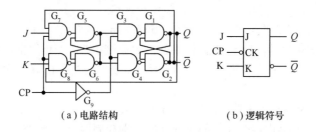

（a）电路结构　　　　　　　　（b）逻辑符号

图 5 - 18　主从 JK 触发器

由图 5-18 可知，**与非门** G_5、G_6、G_7、G_8 构成主触发器，它可以看成是同步 RS 触发器，$R = KQ^n$，$S = J\overline{Q^n}$，所以在 CP = 1 期间主触发器的状态方程为

$$Q_{主}^{n+1} = J\overline{Q^n} + \overline{KQ^n}Q_{主}^n \tag{5-8}$$

由于在主触发器状态发生改变之前，即 $CP = 0$ 时，$Q_{主}^n = Q^n$，因此式(5-8)可以改写成

$$Q_{主}^{n+1} = J\overline{Q^n} + \overline{KQ^n}Q^n$$

如果在 CP 由 0 正向跳变至 1 或者在 CP = 1 期间，主触发器接收输入信号，发生了状态翻转，即 $Q_{主}^n = \overline{Q^n}$，将此代入式(5-8)中可得主触发器的状态方程为

$$Q_{主}^{n+1} = J\overline{Q^n} + \overline{KQ^n}\,\overline{Q^n} = \overline{Q^n} \tag{5-9}$$

由式(5-9)可见，在 CP = 1 期间，一旦主触发器接收了输入信号后状态发生了一次翻转，主触发器的状态就一直保持不变，不再随输入信号 J、K 的变化而变化，这就是主触发器的一次翻转特性。

主从 JK 触发器的逻辑功能与主从 RS 触发器的逻辑功能基本相同，不同之处是 JK 触发器没有约束条件，在 $J = K = 1$ 时，每输入一个时钟脉冲后，触发器的状态翻转一次。JK 触发器状态转移真值表如表 5-12 所列。

由表 5-12 可知，JK 触发器具有保持、置 0、置 1 和翻转等 4 种功能。

在有些 JK 触发器集成电路产品中，输入端 J、K 不止一个，如图 5-19 所示，J_1 和 J_2 是**与逻辑关系**，K_1 和 K_2 也是**与逻辑关系**。

以下几点值得注意。

(1) 与主从 RS 触发器一样，主从 JK 触发器同样可以防止触发器在 CP 作用期间可能发生多次翻转的现象，即不会出现空翻现象。如图 5-20 所示的时序图中，在 CP = 1 期间，尽管 J、K 输入信号发生了多次变化，但主触发器的状态($Q_{主}$)只发生了一次变化，并在 CP 作用结束时，将这次变化的结果传递到从触发器的输出端(Q)。

(2) 虽然主从 JK 触发器能有效地防止空翻现象，但同时却出现了新的"一次翻转"现象。即在 CP = 1 期间，无论 J、K 变化多少次，只要其变化引起主触发器翻转了一次，在此 CP = 1 期间就不再变化了。这时，对应于 CP 下降沿的从触发器状态就既不由 CP 下降沿前的 J、K 状态决定，也不由 CP 上升沿前的 J、K 状态决定，而是由引起主触发器这次变化的 J、K 状态所决定。因此，在时钟脉冲下降沿到达时，触发器接收这一时刻主触发器的状态，并发生状态转移。状态转移的结果就有可能与 JK 触发器的状态方程式(5-3)描述的转移结果不一致，如图 5-20 中第 2、3 个 CP 下降沿作用时触发器状态转移与状态方程描述的转移结果不一致。

表 5-12　JK 触发器状态转移真值表

CP	J	K	Q^n	Q^{n+1}
0/1	×	×	×	Q^n
⊓⌐	0	0	0	0
⊓⌐	0	0	1	1
⊓⌐	1	0	0	1
⊓⌐	1	0	1	1
⊓⌐	0	1	0	0
⊓⌐	0	1	1	0
⊓⌐	1	1	0	1
⊓⌐	1	1	1	0

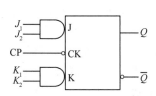

图 5-19　具有多输入端的主从 JK 触发器

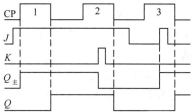

图 5-20　主从 JK 触发器时序图

为了使主从 JK 触发器的状态转移与状态方程式(5-3)描述的转移一致,就要求CP=1 期间输入信号 J、K 不发生变化。这就使主从 JK 触发器的使用受到一定的限制,而且降低了它的抗干扰能力。

5.5　边沿触发器

为了提高触发器的工作可靠性,增强抗干扰能力,希望触发器的次态仅仅取决于 CP 信号下降沿(或上升沿)到达时刻输入信号的状态。而在此之前和之后输入状态的变化对触发器的次态没有影响。为此,人们研制出了边沿触发的触发器电路。边沿触发器不仅可以克服电位触发方式的多次翻转现象,而且仅仅在时钟 CP 信号的上升沿或下降沿才对输入信号响应,从而大大提高了抗干扰能力。

边沿触发器有 CP 上升沿(前沿)触发和 CP 下降沿(后沿)触发两种形式。

5.5.1　维持-阻塞触发器

1. 维持-阻塞 RS 触发器

维持-阻塞结构的 RS 触发器电路结构如图 5-21 所示。该电路在同步 RS 触发器基础上增加了置 0 维持、置 1 维持和置 0 阻塞、置 1 阻塞等 4 条连线。由于增加了上述 4 条连线,使得触发器仅在 CP 信号的上升沿才发生状态转移,而在其他时间触发器状态均保持不变。

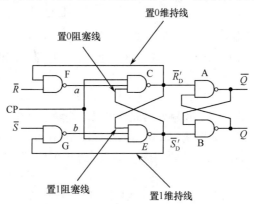

图 5-21　维持-阻塞 RS 触发器

维持、阻塞线的作用分析如下:

假设 CP=0 时,$\bar{S}=0$,$\bar{R}=1$。由于 CP=0,使得 $\bar{S}'_D=1$,$\bar{R}'_D=1$,触发器状态保持不变。此时,门 F 的输出 $a=0$,G 的输出 $b=1$。

当 CP 由 0 上跳至 1 时,由于 $a=0$,门 C 的输出 $\bar{R}'_D=1$,门 E 的输出 $\bar{S}'_D=0$。$\bar{S}'_D=0$ 使得

(1) 将触发器置 1,使 $Q=1$。

(2) 通过置 0 阻塞线反馈至门 C 的输入端,将 C 封锁。此时,不管 a 如何变化,均使 $\bar{R}'_D=1$,因此阻塞了将触发器置 0。

(3) 通过置 1 维持线反馈至门 G 的输入端,使 $b=1$,这样就使得 $\bar{S}'_D=0$,维持置 1 的功能。

由于置 0 阻塞线和置 1 维持线的作用,使得在 CP=1 期间,触发器状态不会再发生变化。当 CP 由 1 下跳至 0 以及 CP=0 期间,由于 $\bar{S}'_D=1$,$\bar{R}'_D=1$,触发器状态也不会发生变化。

假设 CP=0 时,$\bar{S}=1$,$\bar{R}=0$。此时门 F 的输出 $a=1$,门 G 的输出 $b=0$。

当 CP 由 0 上跳至 1 时,由于 $b=0$,使门 C 的输出 $\bar{R}'_D=0$。$\bar{R}'_D=0$ 使得

（1）将触发器置 0，使 $Q = 0$。

（2）通过置 1 阻塞线使得 $\overline{S}_D' = 1$，阻塞触发器置 1。

（3）通过置 0 维持线使 $a = 1$，这样就使得 $\overline{R}_D' = 0$，维持置 0 的功能。

由此可见，由于维持-阻塞的作用，使得触发器仅在 CP 脉冲由 0 变到 1 的上升沿发生状态转移，而在其他时间状态均保持不变，因此，这是一种上升沿触发的触发器。

2. 维持-阻塞 D 触发器

维持-阻塞结构的 D 触发器电路结构如图 5 – 22 所示，图中 $\overline{S}_D$ 和 $\overline{R}_D$ 为直接异步置 1 和置 0 输入端。

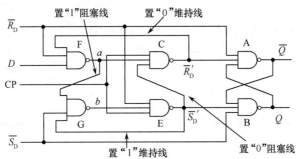

图 5 – 22　维持-阻塞 D 触发器

当 $\overline{R}_D = 0$、$\overline{S}_D = 1$ 时，$\overline{R}_D$ 封锁门 F，使 $a = 1$；同时封锁门 E，使 $\overline{S}_D' = 1$。保证触发器可靠置 0。

当 $\overline{R}_D = 1$、$\overline{S}_D = 0$ 时，$\overline{S}_D$ 封锁门 G，使 $b = 1$。当 CP $= 1$ 时，使 $\overline{S}_D' = 0$，从而使 $\overline{R}_D' = 1$。保证触发器可靠置 1。

当 $\overline{S}_D = 1$、$\overline{R}_D = 1$ 时，如果 CP $= 0$，则触发器状态保持不变，此时 $a = \overline{D}$，$b = D$；当 CP 由 0 上跳至 1 时，使得 $\overline{S}_D' = \overline{D}$，$\overline{R}_D' = D$，触发器状态发生转移。

$$Q^{n+1} = \overline{S}_D' + \overline{R}_D' Q^n = D \qquad (5 - 10)$$

从而实现 D 触发器的逻辑功能。

上升沿触发 D 触发器的状态转移真值表如表 5 – 13 所列。

上升沿触发 D 触发器的逻辑符号如图 5 – 23 所示。

表 5 – 13　D 触发器状态转移真值表

$\overline{R}_D$	$\overline{S}_D$	CP	D	Q^{n+1}	$\overline{Q}^{n+1}$
0	1	×	×	0	1
1	0	×	×	1	0
1	1	↑	0	0	1
1	1	↑	1	1	0

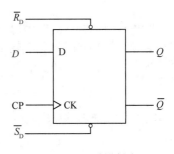

图 5 – 23　上升沿触发 D
触发器的逻辑符号

图中 CP 端没有小圆圈，表示 CP 上升沿到达时触发器状态发生转移。因此，可将上升沿触发 D 触发器状态方程表示为

$$Q^{n+1} = [D] \cdot CP\uparrow \qquad (5 - 11)$$

上升沿触发 D 触发器的工作波形如图 5 – 24 所示。

5.5.2 下降沿触发的边沿触发器

图 5–25 所示为下降沿触发的 JK 触发的电路,它由门 A、C、D 和 B、E、F 构成基本触发器,由门 G 和 H 构成输入控制电路,其中 $\overline{R}_{D}$、$\overline{S}_{D}$ 为异步置 0 和置 1 输入端。

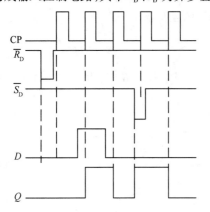

图 5–24 上升沿触发 D 触发器的工作波形

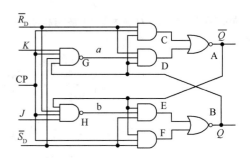

图 5–25 下降沿触发的 JK 触发器逻辑图

基本工作原理

图 5–25 所示电路中,要实现正确的逻辑功能,必须具备的条件是输入控制门 G 和 H 的平均延迟时间比基本触发器的平均延迟时间要长,这一点可在制造时给予满足。在满足这一条件前提下,分析其工作情况。

当 $\overline{R}_{D}=0$、$\overline{S}_{D}=1$ 时,门 C、D 输出均为 0,$\overline{Q}=1$;由于此时门 H 输出也为 1,因此门 E 输出为 1,使得 $Q=0$,从而实现置 0 功能。

当 $\overline{R}_{D}=1$、$\overline{S}_{D}=0$ 时,门 E、F 输出均为 0,$Q=1$;由于此时门 G 输出也为 1,因此门 D 输出为 1,使得 $\overline{Q}=0$,从而实现置 1 功能。

当 $\overline{R}_{D}=1$、$\overline{S}_{D}=1$ 时,如果 $CP=1$,则触发器状态保持不变。此时输入控制电路输出为

$$a = \overline{KQ^{n}},\, b = \overline{J\,\overline{Q}^{n}} \tag{5-12}$$

如果 CP 由 1 下跳至 0 时,由于门 G 和门 H 平均延迟时间大于基本触发器平均延迟时间,所以 CP=0 首先封锁了门 C 和门 F,使其输出均为 0,门 A、B、D、E 构成了类似两个**与非门组成**的基本触发器,b 相当于 $\overline{S}_{D}$ 信号的作用,a 相当于 $\overline{R}_{D}$ 信号的作用,所以有

$$Q^{n+1} = \overline{b} + aQ^{n}$$

在基本触发器状态转移完成之前,门 G 和门 H 输出保持不变,因此将式(5–12)代入,得

$$Q^{n+1} = \overline{\overline{J\,\overline{Q}^{n}}} + \overline{KQ^{n}}Q^{n} = J\,\overline{Q}^{n} + \overline{K}Q^{n} \tag{5-13}$$

此后,门 G 和门 H 被 CP=0 封锁,输出均为 1,使得触发器状态维持不变。触发器在完成一次状态转移后,不会再发生多次翻转现象。

但是,如果门 G 和门 H 的平均延迟时间小于基本触发器的平均延迟时间,则在 CP 脉冲下跳至 0 后,门 G 和门 H 即被封锁,输出均为 1,使得触发器状态维持不变,就不能实现正确的逻辑功能要求。

由此可见,在稳定的 CP=0 和 CP=1 期间,触发器状态均维持不变,只有在 CP 下降沿(后沿)到达时刻,触发器才发生状态转移。所以是下降沿触发,其状态方程为

$$Q^{n+1} = \left[J\,\overline{Q^n} + \overline{K}Q^n \right] \cdot \text{CP} \downarrow \tag{5-14}$$

下降沿触发的 JK 触发器状态转移真值表如表 5 − 14 所列。

表 5 − 14　下降沿触发的 JK 触发器状态转移真值表

$\overline{R}_D$	$\overline{S}_D$	CP	J	K	Q^{n+1}	$\overline{Q}^{n+1}$
0	1	×	×	×	0	1
1	0	×	×	×	1	0
1	1	↓	0	0	Q^n	$\overline{Q}^n$
1	1	↓	0	1	0	1
1	1	↓	1	0	1	0
1	1	↓	1	1	$\overline{Q}^n$	Q^n

其逻辑符号如图 5 − 26 所示。

工作波形如图 5 − 27 所示。

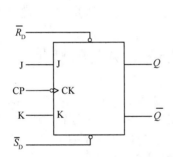

图 5 − 26　下降沿触发的 JK 触发器逻辑符号

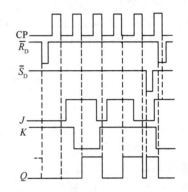

图 5 − 27　下降沿触发的 JK 触发器工作波形

5.5.3　CMOS 传输门构成的边沿触发器

图 5 − 28 所示为利用 CMOS 传输门构成的一种边沿触发器,目前在 CMOS 集成电路中主要采用这种电路结构形式制作边沿触发器。

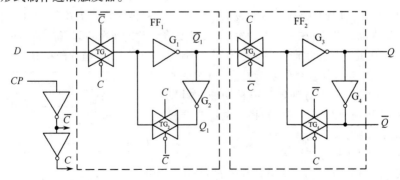

图 5 − 28　利用 CMOS 传输门构成的边沿触发器

当 CP = 0 时,$C = 0$、$\overline{C} = 1$,TG_1 导通、TG_2 截止,D 端的输入信号加到 FF_1,使 $Q_1 = \overline{D}$。而且,在 CP = 0 期间,Q_1 的状态将一直跟随 D 的状态而变化。同时,由于 TG_3 截止、TG_4 导通,FF_2 保持原来的状态不变。

表5-15　边沿D触发器的状态转移真值表

CP	D	Q^n	Q^{n+1}
0/1	×	×	Q^n
↑	0	0	0
↑	0	1	0
↑	1	0	1
↑	1	1	1

当CP上升沿到达时,$C=1$、$\overline{C}=0$,TG_1变为截止、TG_2变为导通。由于反相器G_1输入电容的存储效应,G_1输入端的电压不会立刻消失,于是Q_1在TG_1变为截止前的状态被保存了下来。同时,随着TG_4变为截止、TG_3变为导通,Q_1的状态通过TG_3和G_3、G_4被送到输出端,使$Q=D$(CP上升沿到达时D的状态)。

由此可见,这种触发器的动作特点是输出端状态的转换发生在CP的上升沿,而且触发器所保存下来的状态仅仅取决于CP上升沿到达时的输入状态。由于触发器输出端状态的转换发生在CP的上升沿,所以这是一个上升沿触发的边沿触发器。由于触发器的输入信号是以单端D给出的,所以称为D触发器,其状态转移真值表如表5-15所列。

由于D触发器只有一个数据输入端D,因此在使用时要比RS触发器和JK触发器更加方便。另外,绝大部分D触发器触发翻转只发生在时钟脉冲的上升沿,而其前和其后D信号的变化对触发器的状态都没有影响,这就增加了D触发器的工作可靠性。因此,D触发器在实际中应用最为广泛。

5.6　触发器的电路结构和逻辑功能的转换

触发器的电路结构和逻辑功能是两个不同的概念。前者是实现后者的具体电路结构形式,后者是指触发器的次态和现态以及输入信号之间在稳态下的逻辑关系。根据逻辑功能的不同特点,可以将触发器分为RS触发器、JK触发器、D触发器、T触发器等。根据电路结构的不同形式可将触发器分为基本RS触发器、同步RS触发器、主从触发器和边沿触发器等。

实际上,同一种逻辑功能的触发器可以用不同的电路结构来实现。反过来说,用同一种电路结构形式,也可以构成不同逻辑功能的触发器。例如,JK触发器既有主从结构也有边沿触发结构。而主从触发器和边沿触发器,既可组成JK触发器,也可组成RS触发器、D触发器以及T触发器等。

由RS触发器、JK触发器和T触发器的状态转移真值表可知,JK触发器的逻辑功能最强,它包含了RS触发器和T触发器的所有逻辑功能。因此,在需要使用RS触发器和T触发器的场合,完全可以用JK触发器来替代。例如在需要RS触发器时,只要将JK触发器的J、K端分别当作S、R端使用,就可以实现RS触发器的功能;在需要T触发器时,只要将J、K端连在一起当作T端使用,即可以实现T触发器的功能。因此在目前生产的同步触发器定型产品中,只有JK触发器和D触发器两类。

实际应用中,只要根据触发器的功能特点,通过一些连线或附加一些门电路,就可方便地从一种功能的触发器转换成另一种功能的触发器。实现转换的关键是要找出被转换触发器的激励条件,也就是驱动方程。

例如:用D触发器来构成T触发器。

首先,分别写出D触发器和T触发器的状态方程:

$$Q^{n+1}=D$$

$$Q^{n+1}=T\overline{Q^n}+\overline{T}Q^n=T\oplus Q^n$$

然后,令$D=T\overline{Q^n}+\overline{T}Q^n=T\oplus Q^n$,即可得图5-29所示电路的T触发器。

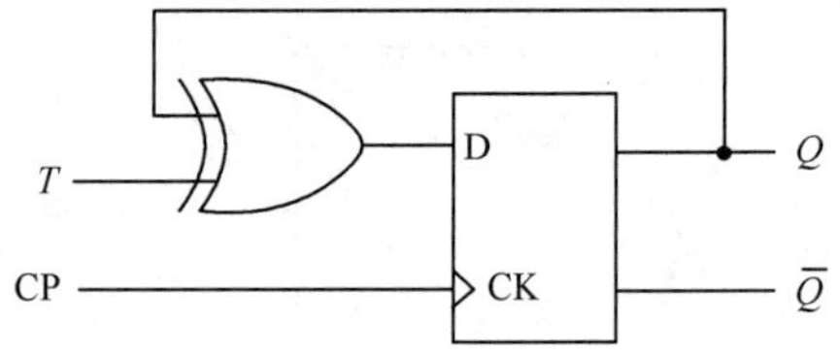

图5-29　用D触发器实现 T 触发器的逻辑功能

本 章 小 结

触发器逻辑功能的基本特点是可以保存 1 位二值信息。因此,触发器又称为半导体存储单元或记忆单元。

根据逻辑功能的不同,触发器可以分成 RS 触发器、JK 触发器、T 触发器、T′触发器以及 D 触发器等。触发器的逻辑功能可以用状态转移真值表、状态方程或状态转移图描述。

此外,根据电路结构形式的不同,触发器又可分为基本 RS 触发器、同步 RS 触发器、主从 RS 触发器以及边沿触发器等不同类型。

由于电路的结构形式不同,触发器的触发方式也不同,分别有电平触发、脉冲触发以及边沿触发等。不同触发方式的触发器在状态翻转过程中,具有不同的动作特点。因此,在选择触发器电路时不仅需要知道它的逻辑功能类型,还必须了解它的触发方式,只有这样才能做出正确的设计。

特别需要指出,触发器的电路结构形式和逻辑功能是两个不同的概念,两者没有固定的对应关系。同一种逻辑功能的触发器可以用不同的电路结构实现;同一种电路结构的触发器可以完成不同的逻辑功能。

习 题

5-1 画出题 5-1 图中由**与非门**组成的基本 RS 触发器输出端 Q、$\bar{Q}$ 的电压波形。输入端 $\bar{S}_D$、$\bar{R}_D$ 的电压波形如图所示。

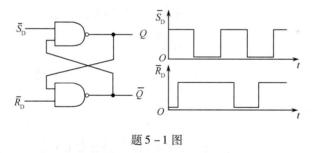

题 5-1 图

5-2 画出题 5-2 图中由**或非门**组成的基本 RS 触发器输出端 Q、$\bar{Q}$ 的电压波形。输入端 S_D、R_D 的电压波形如图所示。

5-3 分析题 5-3 图所示的由两个**与或非门**构成的基本触发器,写出其状态转移真值表、状态方程和状态转移图。

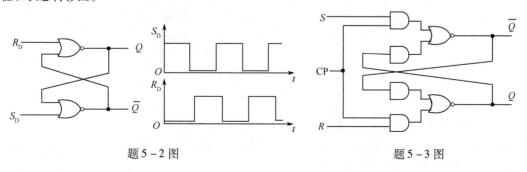

题 5-2 图　　　　　　　　　　　　题 5-3 图

5 – 4　在题 5 – 4 图所示电路中,若 CP、S、R 的电压波形如图中所示,试画出 Q 和 $\overline{Q}$ 端与之对应的电压波形。假定触发器的初始状态为 $Q = 0$。

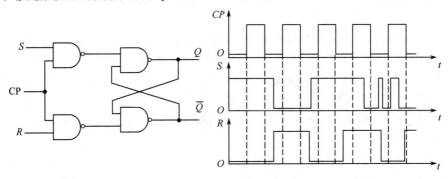

题 5 – 4 图

5 – 5　如果主从 RS 触发器各输入端的电压波形如题 5 – 5 图中所给出,试画出 Q、$\overline{Q}$ 端对应的电压波形。设触发器的初始状态为 $Q = 0$。

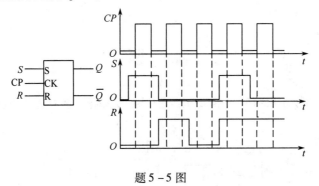

题 5 – 5 图

5 – 6　如果主从 RS 触发器的 CP、S、R、$\overline{R}_D$ 各输入端的电压波形如题 5 – 6 图所示,其中 $\overline{S}_D = 1$,试画出 Q、$\overline{Q}$ 端对应的电压波形。

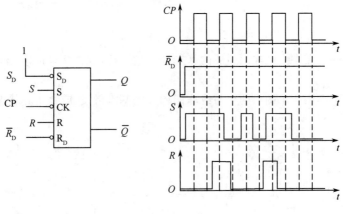

题 5 – 6 图

5 – 7　试证明题 5 – 7 图所示电路具有 JK 触发器的逻辑功能。

5 – 8　已知主从 JK 触发器输入端 J、K 和 CP 的电压波形如题 5 – 8 图所示,试画出 Q、$\overline{Q}$ 端对应的电压波形。设触发器的初始状态为 $Q = 0$。

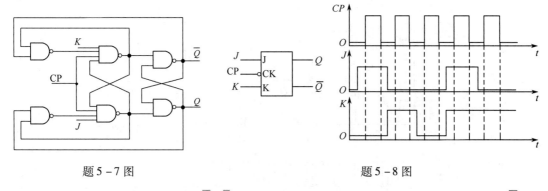

題 5 - 7 图　　　　　　　　　　　　　　　　題 5 - 8 图

5-9　如果主从 JK 触发器 CP、$\bar{R}_D$、$\bar{S}_D$、J、K 端的电压波形如题 5-9 图所示,试画出 Q、$\bar{Q}$ 端对应的电压波形。

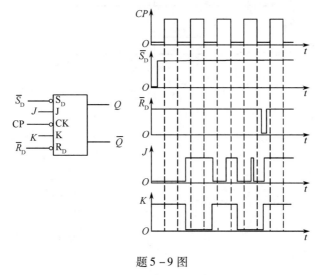

題 5 - 9 图

5-10　边沿(下降沿)触发的 JK 触发器输入端波形如题 5-10 图所示,试画出输出端 Q 的工作波形。

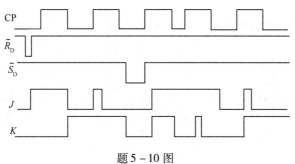

題 5 - 10 图

5-11　分别画出题 5-11 图(a)所示电路的工作波形。其输入波形如题 5-11 图(b)所示。

5-12　在题 5-12 图的主从 JK 触发器电路中,已知 CP 和输入信号 T 的电压波形如图所示,试画出触发器输出端 Q 和 $\bar{Q}$ 的电压波形。设触发器的起始状态为 $Q=0$。

5-13　试画出题 5-13 图所示电路输出端 Y、Z 的电压波形。输入信号 A 和 CP 的电压波形如图所示。设触发器的初始状态均为 $Q=0$。

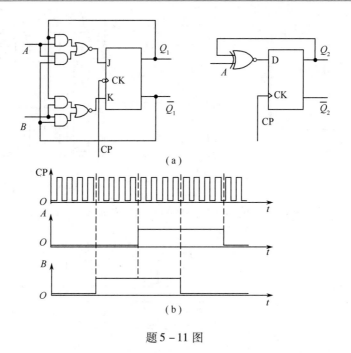

(a)

(b)

题 5 – 11 图

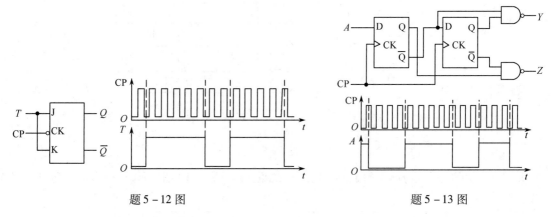

题 5 – 12 图　　　　　　　　　　　　　　题 5 – 13 图

5 – 14　试画出题 5 – 14 图所示电路中 Q_1 和 Q_2 的输出波形。

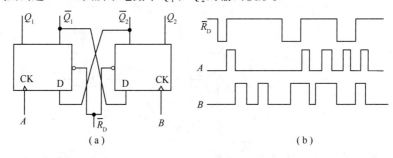

(a)　　　　　　　　　　　　　　　　(b)

题 5 – 14 图

5 – 15　试画出题 5 – 15 图所示电路中 Q_2 的输出波形。

5 – 16　在题 5 – 16 图(a)所示主从 JK 触发器电路中,CP 和 A 波形如题 5 – 16 图(b)所示,试画出 Q 端对应的输出波形,设初始状态为 0。

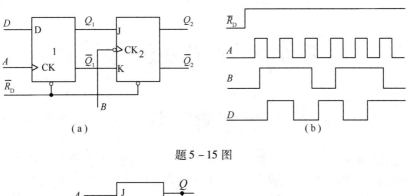

题 5 – 15 图

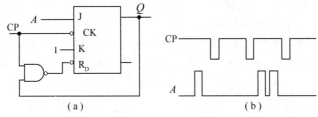

题 5 – 16 图

5 – 17 试画出题 5 – 17 图所示电路输出端 Q_2 的电压波形。输入信号 A 和 CP 的电压波形如题 5 – 13 图所示。假定触发器为主从结构,初始状态均为 $Q = 0$。

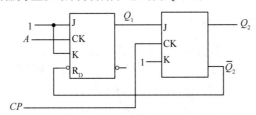

题 5 – 17 图

5 – 18 题 5 – 18 图所示为用 CMOS 边沿触发器和**异或**门组成的脉冲分频电路,试画出在一系列 CP 脉冲作用下 Q_1、Q_2 和 Z 端的输出波形。设触发器的初始状态均为 0。

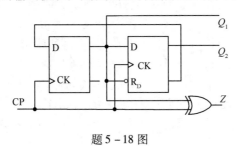

题 5 – 18 图

第6章　时序逻辑电路

6.1　概　　述

时序逻辑电路简称时序电路,它是数字电路中重要的一类逻辑电路,是数字系统中不可或缺的部分。本章主要讲述时序逻辑电路的主要特点、一般分析方法、设计方法;常用时序逻辑电路的有关基本概念、电路组成、工作原理、逻辑功能及其使用方法。常用的时序逻辑电路包括计数器、寄存器和序列信号发生器等。计数器是能累计输入脉冲个数的时序逻辑电路,它所能记忆脉冲的最大数目称为该计数器的模,用字母 N 表示。模为 N 的计数器也称为 N 分频器。计数器作为数字系统中一种基本的单元电路,广泛用于定时、分频、控制信号的产生等场合;寄存器是用于存放二进制数据或代码的时序逻辑电路。由于触发器能存储1位二进制数,所以由 K 个触发器可以构成 K 位寄存器。寄存器中存储的数据或代码在移位脉冲的作用下,实现左移或右移,这样的寄存器称为移位寄存器。移位寄存器广泛应用于寄存代码、数据的串行—并行转换、数据的运算及数据处理等场合;在数字系统中,经常需要一些特定的串行周期信号,在每个循环周期中,1和0的数码按照一定规律排列,这样的信号称为序列信号。产生序列信号的电路称为序列信号发生器,其广泛应用于雷达、通信和遥探等领域。

6.1.1　时序逻辑电路特点及组成

在时序电路中,任意时刻的输出信号不仅取决于当时的输入信号,而且还取决于输入信号作用前电路的状态,也就是还与初始状态及以前的输入有关。它一般由门电路和存储电路(或反馈支路)共同构成。因此,从结构上看,时序逻辑电路通常具有如下特点:

(1)电路通常包含组合电路和存储电路两部分。存储电路是时序电路的核心部分,是时序电路的必要组成部分,它一般由时钟控制的触发器构成。当触发器的触发脉冲到来时,存储电路的状态才会发生变化。

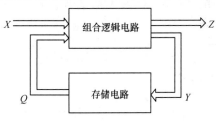

图 6 - 1　时序逻辑电路框图

(2)包含输出到输入的反馈回路。

图 6 - 1 所示为时序电路组成方框图。

图中, X 为输入信号, Z 为输出信号, Y 为存储电路的输入信号, Q 为存储电路的输出信号。$Z = f_1(X, Q)$ 称为输出方程,它表达输出信号与输入信号、状态变量的关系式。

$Y = f_2(X, Q)$ 称为驱动方程,它表达激励信号与输入信号、状态变量的关系式。

$Q^{n+1} = f_3(Y, Q^n)$ 称为状态方程,表达存储电路从现态到次态的转换关系式。

Q^n 为现态, Q^{n+1} 为次态。需要说明的是,并不是所有的时序电路都具有图 6 - 1 所示的完整形式。有些时序电路没有组合电路部分,有些时序电路没有输入信号,但它们仍然具有时序电路的基本特点。

6.1.2　时序逻辑电路分类

时序电路根据时钟不同,可以分为同步时序电路和异步时序电路两大类。在同步时序电路中,存储电路状态的变化都是在统一时钟脉冲作用下更新的。每来一个时钟脉冲,电路的状态只能改变一次。而在异步时序电路中,各存储器件的时钟脉冲不尽相同,电路中没有统一的时钟脉冲来控制存储器状态的变化。存储器件状态的变化有先有后,是异步进行的。

　　根据输出信号的特点,将时序逻辑电路分为米里(Meely)型和摩尔(Moore)型。如果输出信号不仅取决于存储电路的状态,而且还取决于输入变量,这种时序逻辑电路称为米里型。如果输出信号仅取决于存储电路的状态,则称为摩尔型。由此可见,摩尔型时序电路只不过是米里型电路的特例而已。

6.1.3　时序逻辑电路的表示方法

　　为了准确地描述时序电路的逻辑功能,常采用逻辑方程(包括存储器的驱动方程、状态转移方程及输出方程等)、状态转移表、状态转移图、时序图等方法。这些方法在本质上是相同的,但各有特点,相互之间可以转换。

6.2　时序逻辑电路的分析和设计方法

6.2.1　时序逻辑电路分析

　　时序逻辑电路的分析就是根据电路输入信号及时钟信号,分析电路状态和输出信号变化的规律,进而确定电路的逻辑功能。时序逻辑电路的分析方法与组合逻辑电路的分析方法类似,即根据给定的时序逻辑电路,分析出电路的逻辑功能。在分析之前,首先应判断时序逻辑电路是同步时序电路还是异步时序电路,即确定电路的类型。然后再找出电路的逻辑功能,也就是电路的输入变量、时钟信号发生改变时,其状态变量及输出变量对应的响应规律。时序逻辑电路分析与组合逻辑的分析也有区别:组合逻辑电路分析主要是根据已知电路,写出输出变量随输入信号变化的逻辑函数表达式,由真值表概括出电路的逻辑功能。时序逻辑电路分析主要利用状态转移表、状态方程、状态转移图、时序图等工具进行分析。

1. 同步时序逻辑电路分析

　　时序电路的逻辑功能是由其状态和输出信号的变化规律呈现出来的。所以,分析时序逻辑电路主要是列出电路状态转移表或画出状态转移图、工作波形图。下面通过一个例子来掌握时序逻辑电路分析的方法和步骤。

　　例 6－1　分析图 6－2 所示时序逻辑电路。

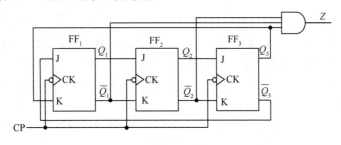

图 6－2　时序电路逻辑图

　　解　该电路由 3 个 JK 触发器和一个与门组成,同一时钟脉冲(CP)控制各触发器状态变化。因此,该电路为同步时序电路。具体功能分析步骤如下:

　　(1) 列出各级触发器的驱动方程。

$$J_1 = \overline{Q_3^n}, K_1 = Q_3^n$$
$$J_2 = Q_1^n, \quad K_2 = \overline{Q_1^n} \qquad\qquad (6-1)$$
$$J_3 = Q_2^n, K_3 = \overline{Q_2^n}$$

（2）将驱动方程代入触发器状态方程 $Q^{n+1} = J\overline{Q^n} + \overline{K}Q^n$，得到状态转移方程。

$$Q_1^{n+1} = J_1\overline{Q_1^n} + \overline{K_1}Q_1^n = \overline{Q_3^n}$$
$$Q_2^{n+1} = J_2\overline{Q_2^n} + \overline{K_2}Q_2^n = Q_1^n \qquad\qquad (6-2)$$
$$Q_3^{n+1} = J_3\overline{Q_3^n} + \overline{K_3}Q_3^n = Q_2^n$$

（3）列出电路的输出方程。

$$Z = \overline{Q_1^n}\,\overline{Q_2^n}Q_3^n \qquad\qquad (6-3)$$

触发器的驱动方程、状态转移方程和输出方程称为逻辑电路的逻辑方程或逻辑方程组。

（4）由状态转移方程和输出方程，列出电路的状态转移表，画出状态转移图和波形图。

状态转移表是将输入变量及存储电路的初始状态的取值（Q^n），代入状态转移方程和输出方程进行计算，求出存储器在 CP 脉冲作用下的次态（Q^{n+1}）和输出值。将得到的次态 Q^{n+1} 作为新的初态 Q^n，与此时的输入变量一起再代入状态转移方程和输出方程进行计算，得到存储电路在 CP 脉冲作用下新的次态。如此往复，将计算结果列成真值表的形式，就得到状态转移表。由状态转移表，可以画出电路在输入及脉冲信号作用下输出及状态之间转移关系，直观地显示出时序电路的状态转移情况。

由于该电路无输入，所以状态转移表只有现态 Q^n、次态 Q^{n+1} 和输出 Z。从初始状态出发（没有特殊说明，初始状态默认为 000），由式(6-2)计算得出状态转移表，如表 6-1 所列。

表 6-1　状态转移表

脉冲数	Q_3^n	Q_2^n	Q_1^n	Q_3^{n+1}	Q_2^{n+1}	Q_1^{n+1}	Z
1	0	0	0	0	0	1	0
2	0	0	1	0	1	1	0
3	0	1	1	1	1	1	0
4	1	1	1	1	1	0	0
5	1	1	0	1	0	0	0
6	1	0	0	0	0	0	1
无效	0	1	0	1	0	1	0
状态	1	0	1	0	1	0	0

在表 6-1 中，有 6 个状态反复循环，这 6 个状态为有效状态。而采用 3 个触发器有 $2^3 = 8$ 个状态。除这 6 个有效状态之外，还有另外 2 个状态（010,101）为无效状态或称为偏离状态。偏离状态能在脉冲信号作用下自动转入到有效序列的特性，称为具有自启动特性；不能进入有效循环状态称逻辑电路不具备自启动特性。

为了了解电路的全部工作状态转移情况，必须将偏离状态带入各触发器的状态转移方程式(6-2)和输出方程式(6-3)进行计算，得到完整的状态转移表。

根据状态转移表可以画出电路的状态转移图，如图 6-3 所示。在状态转移图中，圆圈内标明电路的各个状态，箭头指示状态的转移方向。箭头旁边标注状态转移前输入变量和输出变量值，将输入变量值写在斜线上方，输出变量值写在斜线下方。由于本例题中没有输入变量，因此斜线上方没有标注。

根据状态转移表和状态转移图,可以画出在一系列 CP 脉冲作用下的波形图,也称为时序图,如图 6-4 所示。从时序中可以看出,在脉冲 CP 作用下,电路的状态和输出波形随时间变化。时序图在数字电路的计算机模拟和实验测试中检查电路的逻辑功能非常有用。

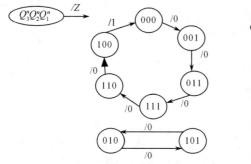

图 6-3　电路状态转移图

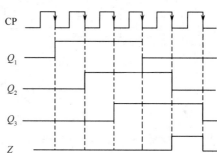

图 6-4　电路时序图

（5）分析该逻辑电路功能:该电路由 3 个 JK 触发器构成,有 6 个有效的循环状态,2 个无效状态。2 个无效状态在脉冲作用下,不能回到有效状态,即不具备自启动功能。因此,该电路是一个不具备自启动特性的六进制计数器(或 6 分频器)。

由上面的分析可知,同步时序逻辑电路分析一般步骤归纳如下:

（1）分析电路的组成,写出驱动方程(各个触发器输入端信号的逻辑表达式)。

（2）把得到的驱动方程代入相应触发器的状态转移方程,即可得到各触发器次态输出的逻辑表达式。

（3）根据电路结构写出输出方程,即时序电路各个输出信号的逻辑表达式。

（4）列出状态转移表,画状态转移图及时序图(波形图)。

（5）总结和概括时序电路的逻辑功能。

时序逻辑电路分析流程框图如图 6-5 所示。

图 6-5　时序逻辑电路分析步骤框图

2. 异步时序逻辑电路分析

在异步时序电路中,构成异步电路各触发器的时钟脉冲不是同一脉冲,各级触发器状态转移不是在同一时钟作用下同时发生转移。异步时序逻辑电路的分析过程与同步时序逻辑电路的分析过程基本相同。只是在分析异步时序电路时,需要注意分析各触发器的时钟脉冲,在表示异步时序电路状态方程时,应加入时钟输入方程。可见,分析异步时序电路要比分析同步时序电路复杂。

例 6-2　分析图 6-6 所示时序电路逻辑功能。

解　该电路由 3 个 JK 触发器和两个**与非门**组成,触发器 FF_1 与触发器 FF_2 的时钟都是 CP 脉冲,即 $CP_1 = CP_2 = CP$,下降沿触发。触发器 FF_3 的时钟是触发器 FF_2 的输出 Q_2,当 Q_2 由 1 向 0 跳变时刻,触发 FF_3,使触发器 FF_3 的状态 Q_3 转移。因此,触发器状态转移异步完成。具体分析过程如下:

（1）写出各触发器驱动方程。

$$J_1 = \overline{Q_3^n Q_2^n}, K_1 = 1$$

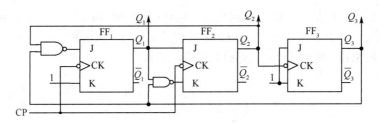

图 6 - 6　异步时序电路逻辑图

$$J_2 = Q_1^n, K_2 = \overline{Q_3^n Q_1^n} \tag{6-4}$$

$$J_3 = K_3 = 1$$

（2）将驱动方程代入触发器状态方程，同时标出它们各自的时钟方程。触发器逻辑符号 CP 端有圆圈为脉冲下降沿触发，没圆圈为脉冲上升沿触发，图 6-6 所示为脉冲下降沿触发。

$$Q_1^{n+1} = [J_1 \overline{Q_1^n} + \overline{K_1} Q_1^n] \cdot CP_1 \downarrow = \overline{Q_3^n Q_2^n} \cdot \overline{Q_1^n} \cdot CP \downarrow$$

$$Q_2^{n+1} = [J_2 \overline{Q_2^n} + \overline{K_2} Q_2^n] \cdot CP_2 \downarrow = [\overline{Q_2^n} Q_1^n + Q_3^n Q_2^n Q_1^n] \cdot CP \downarrow \tag{6-5}$$

$$Q_3^{n+1} = [J_3 \overline{Q_3^n} + \overline{K_3} Q_3^n] \cdot CP_3 \downarrow = \overline{Q_3^n} \cdot Q_2^n \downarrow$$

（3）由状态方程推出电路的状态转移表，如表 6 - 2 所列。

表 6 - 2　状态转移表

CP	Q_3^n	Q_2^n	Q_1^n	Q_3^{n+1}	Q_2^{n+1}	Q_1^{n+1}	CP$_3$	CP$_2$	CP$_1$
1	0	0	0	0	0	1	0	⊓↓	⊓↓
2	0	0	1	0	1	0	↑⊓↓	⊓↓	⊓↓
3	0	1	0	1	0	1	↑⊓↓	⊓↓	⊓↓
4	1	0	1	1	1	0	↑⊓↓	⊓↓	⊓↓
5	1	1	0	0	0	0	↑⊓	⊓↓	⊓↓
偏离状态	0	1	1	1	0	0	⊓↓	⊓↓	⊓↓
	1	0	0	1	0	1	0	⊓↓	⊓↓
	1	1	1	1	1	0	1	⊓↓	⊓↓

注意：在推导状态转移表时应注意异步时序电路的特点，各级触发器只有在它的 CP 端有下降沿输入信号时，才可能改变状态。

（4）由状态转移表画出逻辑电路的状态转移图和波形图分别如图 6-7 和图 6-8 所示。

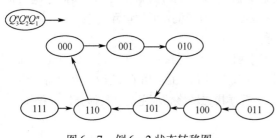

图 6 - 7　例 6 - 2 状态转移图

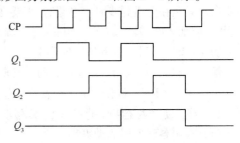

图 6 - 8　例 6 - 2 波形图

（5）由上述分析可得,图 6-6 所示的异步逻辑电路是可自启动的异步五进制计数器。

6.2.2　时序逻辑电路设计

第 4 章已经介绍了组合逻辑电路的设计。在熟悉组合逻辑电路设计及时序逻辑电路分析的基础上,本节对时序逻辑电路的设计方法及设计步骤进行介绍。同步时序电路设计与异步时序电路的设计步骤相同,本章重点介绍同步时序电路的设计步骤。

1. 同步时序逻辑电路设计

同步时序逻辑电路的设计有时也称为同步时序逻辑电路的综合,它是时序逻辑电路分析的逆过程,即根据特定的逻辑要求,采用最少的逻辑资源,设计出能实现其逻辑功能的时序逻辑电路。设计思路是:根据实际需要画出状态转移图,由状态转移图逆推出状态转移表。再由状态转移表推导出驱动方程和输出方程,依据这些方程就可以设计出符合要求的实际电路。下面举例说明同步时序电路设计。

例 6-3　设计一个 7 分频器电路。

解　（1）根据题意,7 分频器也可看成模 7 计数器,输入 7 个时钟,输出一个高电平。因此,分频器有 7 个状态,画出原始状态转移图如图 6-9 所示。

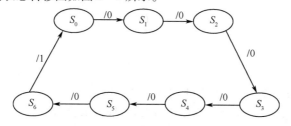

图 6-9　例 6-3 原始状态转移图

（2）由于原始状态转移图中无重复状态,已经是最简,因此无须化简。

（3）由状态数 M 与编码位数 n 之间的关系 $2^{n-1} < M \leqslant 2^n$,取状态编码位数 $n=3$。

若采用自然二进制编码,则 7 个状态分别为:$S_0 = 000, S_1 = 001, S_2 = 010, S_3 = 011, S_4 = 100, S_5 = 101, S_6 = 110$,由编码后的状态得到状态转移表,如表 6-3 所列。

表 6-3　状态转移表

Q_2^n	Q_1^n	Q_0^n	Q_2^{n+1}	Q_1^{n+1}	Q_0^{n+1}	Z
0	0	0	0	0	1	0
0	0	1	0	1	0	0
0	1	0	0	1	1	0
0	1	1	1	0	0	0
1	0	0	1	0	1	0
1	0	1	1	1	0	0
1	1	0	0	0	0	1

（4）根据状态转移表 6-3,可以作出次态的卡诺图和输出函数的卡诺图,如图 6-10 所示。

在状态转移表中 111 状态未出现(作偏离状态),卡诺图相应方格作任意项处理。对卡诺图化简,可以得到各触发器的状态转移方程及输出方程。

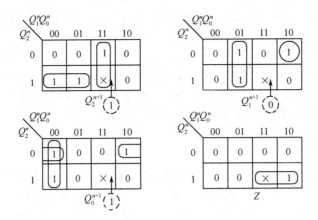

图 6 - 10　例 6 - 3 卡诺图

状态转移方程为

$$
\begin{cases}
Q_2^{n+1} = Q_1^n Q_0^n + \overline{Q_1^n} Q_2^n \\
Q_1^{n+1} = \overline{Q_2^n}\ \overline{Q_0^n} Q_1^n + Q_0^n \overline{Q_1^n} \\
Q_0^{n+1} = \overline{Q_1^n}\ \overline{Q_0^n} + \overline{Q_2^n}\ \overline{Q_0^n}
\end{cases}
\tag{6-6}
$$

输出方程为

$$
Z = Q_2^n Q_1^n \tag{6-7}
$$

确定状态转移方程后,需要检查电路是否具有自启动特性。如果电路不能自启动,一旦进入偏离状态,则电路进入死循环。如果出现这种情况,一般需要修改设计。其方法是,打断偏离状态的循环,使其某一偏离状态在时钟作用下转移到有效序列中去。因为在原设计时,偏离状态是作为任意项处理的,没有确定的转移方向。本例题中只有一个偏离状态 111,将偏离状态 111 代入状态转移方程,下一状态为 100。因此,一旦分频器受到干扰进入偏离状态,在时钟信号的作用下,分频器将从偏离状态进入循环体,具有自启动性能。如果本例题中偏离状态 111 不能回到有效循环体,则存在堵塞。可将 111 转移方向指向有效循环体内的任意状态,比如 101 状态。则将 Q_2^{n+1} 卡诺图中的 111 格变为 1,Q_1^{n+1} 卡诺图中的 111 格变为 0 格,Q_0^{n+1} 卡诺图中的 111 格变为 1 格。如图 6 - 10 中虚线所示。Q_2^{n+1}、Q_1^{n+1} 的化简不变,$Q_0^{n+1} = \overline{Q_1^n}\ \overline{Q_0^n} + \overline{Q_2^n}\ \overline{Q_0^n} + Q_2^n Q_1^n Q_0^n$。

若采用 JK 触发器,由状态转移方程:$Q^{n+1} = J \overline{Q^n} + \overline{K} Q^n$ 可得

$$
\begin{cases}
J_2 = Q_1^n Q_0^n, K_2 = Q_1^n \overline{Q_0^n} \\
J_1 = Q_0^n, K_1 = \overline{\overline{Q_2^n} \overline{Q_0^n}} \\
J_0 = \overline{Q_2^n Q_1^n}, K_0 = 1
\end{cases}
\tag{6-8}
$$

(5) 由式(6 - 7)及式(6 - 8)可画出具有自启动特性的 7 分频器,如图 6 - 11 所示。

由上述设计步骤可以归纳出时序逻辑电路的设计过程如图 6 - 12 所示。同步时序逻辑电路设计的一般步骤如下:

(1) 建立状态转移图和状态转移表。

将对时序逻辑电路的一般文字描述变成电路的输入、输出及状态关系的说明,进而形成原始状态转移图和状态转移表。因此,原始状态转移图和原始状态转移表是用图形和表格形式将设计要求描述出来,它是时序逻辑电路设计的关键一步,是设计后继步骤的依据。创建原始状态转移图和原始状

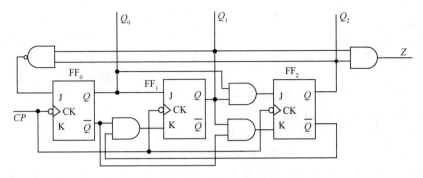

图 6 - 11　例 6 - 3 的逻辑图

态转移表时,要分清有多少种信息状态需要记忆,根据输入的条件和输出的要求确定各状态之间的关系,进而得到原始状态转移图和原始状态转移表。

（2）原始状态化简。

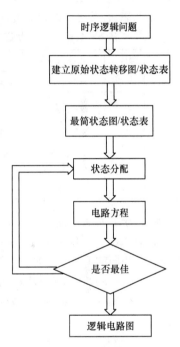

图 6 - 12　时序逻辑电路
设计过程图

在构成的原始状态转移图和原始状态转移表中,可能存在可以合并的多余状态,而状态个数的多少直接影响时序电路所需触发器数目。若这些多余状态不消除,势必增加电路成本及复杂性。因此,必须消除多余的状态,求得最小化状态转移表。状态合并或状态简化是建立在状态等价概念基础上的,所谓状态等价,是指在原始状态转移图中两个或两个以上状态,在输入相同的条件下,不仅两个状态对应输出相同,并且两个状态的转移效果也完全相同,这些状态称为等价状态,若 S_1 和 S_2 是等价的,记作 (S_1, S_2)。凡是等价状态都可以合并。

（3）状态编码。

对化简后的状态转移表进行状态赋值,称为状态编码或状态分配。把状态转移表中用文字符号标注的每个状态用二进制代码表示,得到简化的二进制状态转移表。编码的方案将影响电路的复杂程度。编码方案不同,设计出的电路结构也就不同。适当的编码方案,可以使设计结构更简单。状态编码一般遵循一定的规律,如采用自然二进制编码等。编码方案确定后,根据简化的状态转移图画出采用编码形式表示的状态转移图及状态转移表。

（4）选择触发器类型。

时序电路状态是用触发器的状态的不同组合来表示的。在选定触发器的类型后,需要确定触发器的个数及各触发器的激励输入。因为 n 个触发器共有 2^n 种状态组合,为了获得时序电路所需的 M 个状态,必须取 $2^{n-1} < M \leqslant 2^n$。根据最简化状态转移表中状态的个数,选定触发器类型及数量,列出激励函数表,并求出激励函数和输出函数表达式。

（5）画出逻辑电路图,检查自启动能力。

一般来说,同步时序逻辑电路设计按上面 5 个步骤进行。但是,对于某些特殊的同步时序逻辑电路,由于状态数量和状态编码方案都已给定,则上述设计步骤中的状态化简和状态编码就可以忽略,即可从第一步直接跳到第四步。

例 6 - 4　设计一个二进制序列信号检测电路。当串行输入序列中连续输入 3 位或 3 位以上的 1 时,检测电路输出为 1,其他情况输出为 0。

图 6-13　例 6-4 示意图

解　时序逻辑电路设计首先要分析题目功能要求,然后设置状态,画出状态转移图及逻辑电路图等。例题中串行输入数据用 X 表示。输出变量用 Z 表示,如图 6-13 所示。

设 S_0:检测器初始状态,即没有接收到 1,输入 $X=0$ 时的状态,此时输出为 0。

S_1:X 输入一个 1 以后检测器的状态,此时输出为 0。

S_2:X 连续输入两个 1 以后检测器的状态,此时输出为 0。

S_3:X 连续输入三个或三个以上 1 以后检测器的状态,此时输出为 1。

根据题意可作出状态转移图及状态转移表如图 6-14(a)及表 6-4(a)所示。从状态转移表 6-4(a)中可以看出,S_2 与 S_3 输出相同、下一状态也相同,为等价状态,因此可以将这两个状态合并成一个状态,合并之后的状态转移图如图 6-14(b)所示。

表 6-4(a)　原始状态转移表

$S(t)$	次态 $N(t)$		输出 Z	
现态	$X=0$	$X=1$	$X=0$	$X=1$
S_0	S_0	S_1	0	0
S_1	S_0	S_2	0	0
S_2	S_0	S_3	0	1
S_3	S_0	S_3	0	1

表 6-4(b)　状态转移表

X	Q_1^n	Q_0^n	Q_1^{n+1}	Q_0^{n+1}
0	0	0	0	0
0	0	1	0	0
0	1	0	×	×
0	1	1	0	0
1	0	0	0	1
1	0	1	1	1
1	1	0	×	×
1	1	1	1	1

由于最简状态转移图中只有 3 个状态,因此,应取触发器的位数为 2。2 位二进制数共有 4 种组合,即 00,01,10,11。那么用哪些代码表示这 3 种状态呢? 这就要遵循代码分配原则:当两个以上状态具有相同的下一状态时,它们的代码尽可能安排为相邻代码。相邻代码是指两个代码中,只有一个变量取值不同,其余变量均相同。如果取触发器 Q_1Q_0 的状态 00,01,11 分别代表 S_0,S_1,S_2,则可以画出状态分配后的状态转移表如 6-4(b)所列。

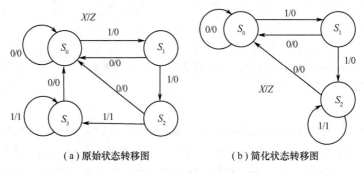

(a)原始状态转移图　　　　　(b)简化状态转移图

图 6-14　例 6-4 原始状态转移图及简化状态转移图

为了选择触发器和确定触发器的激励输入,由状态转移表出发,通过卡诺图化简(图 6-15),求出状态转移方程和输出方程,然后由状态转移方程确定触发器的激励输入。

经化简后,得到电路的状态方程及输出方程为

$$\begin{cases} Q_1^{n+1} = XQ_0^n \\ Q_0^{n+1} = X \end{cases} \tag{6-9}$$

$$Z = XQ_1^n$$

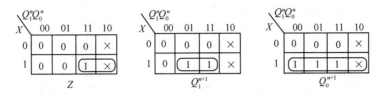

图 6-15　例 6-4 次态及输出卡诺图

若采用 JK 触发器,根据状态转移方程 $Q^{n+1} = J\overline{Q^n} + \overline{K}Q^n$,可以得出 $J_1 = XQ_0^n$, $K_1 = \overline{XQ_0^n}$, $J_0 = X$, $K_0 = \overline{X}$,如图 6-16 所示。

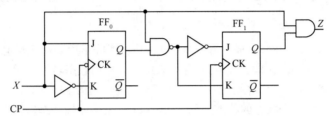

图 6-16　例 6-4 采用 JK 触发器逻辑电路

若采用 D 触发器,由状态转移方程 $Q^{n+1} = D$,则 $D_1 = XQ_0^n$, $D_0 = X$,如图 6-17 所示。

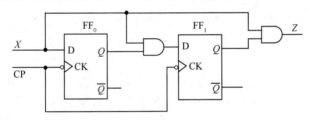

图 6-17　例 6-4 采用 D 触发器逻辑电路

在时序逻辑电路设计中,原始状态的化简初学者感觉比较困难,上例中没有将所有可能出现的原始状态均列出,而采用比较简单的方式表示原始状态。对于原始状态较多的时序逻辑电路设计,可采用隐含表法进行原始状态化简,通过对隐含表中所有状态的比较,可以确定它们之间是否等效,从而达到简化状态的目的。下面通过例题介绍这种方法。

例 6-5　已知原始状态转移表如表 6-5 所列,试写出它的最简状态转移表。

表 6-5　例 6-5 原始状态转移表

现态 $S(t)$	次态 $N(t)$		输出 $Z(t)$	
	$X = 0$	$X = 1$	$X = 0$	$X = 1$
A	C	B	0	1
B	F	A	0	1
C	D	G	0	0
D	D	E	1	0
E	C	E	0	1
F	D	G	0	0
G	C	D	1	0

解　例题给出在状态变量 X 分别取 0 和 1 时次态及输出的状态转移表,有 7 种现态。可采用隐含表法进行化简,一般化简分三步进行。

（1）作隐含表，寻找等价状态对，如表 6 - 6 所列。

表 6 - 6　例 6 - 5 隐含表

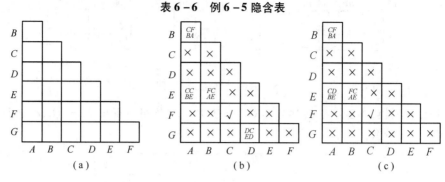

(a)	(b)	(c)

隐含表是一个直角三角形网格，横向和纵向格数相同，即等于原始状态转移表中的状态数减 1，纵向去头（即去掉 A），横向去尾（即去掉 G）。隐含表中的方格用状态名称来标注，即横向从左至右按原始状态转移表中的状态顺序依次标上第一个状态至倒数第二个状态的状态名称。纵向自上至下依次标上第二个状态至最后一个状态的状态名称。表6 - 6(a)就是原始状态转移表 6 - 5 所对应的隐含表。表中每个方格代表一个状态对，如左上角的方格代表状态对(AB)，右下角的方格代表状态对(FG)。通过对隐含表中所有状态对的比较，确定它们之间是否等效。比较结果用简明的方式填入相应的方格内，而比较的次序无关紧要，但不应遗漏。

对照例 6 - 5 的原始状态转移表，首先作出表 6 - 6(b)。两个状态进行比较时有 3 种情况：①原始状态转移表中，两个状态的输出不相同，则这两个状态不是等价状态，不能合并，则在对应的方格中填"×"。例如，$A - C$、$A - D$、$A - F$、$A - G$、$B - C$、$B - D$、$B - F$、$B - G$、$C - D$、$C - E$、$C - G$、$D - E$、$D - F$、$E - F$、$E - G$、$F - G$，各方格在表 6 - 6(b)中均填符号"×"。②在原始状态转移表中，比较任意两个状态，如果在任何输入条件下输出都相同，所对应的次态也相同，或者为原状态对，则这两个状态等价，可以合并，则在对应的方格中填"√"。例如，$C - F$，方格在表 6 - 6(b)中填符号"√"。③在原始状态转移表中，若两个状态在任何输入条件下输出都相同，但相应的次态在有些输入条件下不相同，则将这些次态对填入相应的方格中。例如，$A - B$、$A - E$、$B - E$、$D - G$ 各方格中填入相应的两对次态对，如表 6 - 6(b)所列。填入各次态对的方格，例如方格 $\begin{bmatrix} CF \\ BA \end{bmatrix}$ 中，表示 C、F 和 B、A 两对状态是状态 A 和 B 等价的隐含条件。现在进一步对表 6 - 6(b)中那些尚未确定是否等效的状态进行判别，即判断含有隐含条件的状态对是否满足等价条件。如果该状态对中的隐含条件有一个不满足等价条件，该状态对不是等价状态对，不能合并，则在表 6 - 6(b)中相应的方格内改填符号"×"。这样逐次逐格判断，直到将所有不等价的状态对都排除为止。表 6 - 6(b)中 $D - G$ 方格内的隐含条件为 D、C 和 E、D，由于状态 D 和 C 不等价，所以状态 D 和 G 不等价，则该方格内改填"×"符号，如表 6 - 6(c)所列。表 6 - 6(c)称为最简隐含表。由最简隐含表可以看出，凡是方格中记有符号"×"的状态对均为非等价状态对。记有符号"√"的状态对 CF 为等价状态对。又由于 A、B 两状态的隐含条件 $\begin{bmatrix} CF \\ BA \end{bmatrix}$，$A$、$E$ 两状态的隐含条件 $\begin{bmatrix} CC \\ BE \end{bmatrix}$，$B$、$E$ 两状态的隐含条件 $\begin{bmatrix} FC \\ AE \end{bmatrix}$ 均满足等价条件，所以，AB、AE、BE 3 个状态对均为等价状态。这样，就寻找出了原始状态转移表中所有的等价状态对，它们是(CF)、(AB)、(AE)、(BE)。

（2）根据等价状态的性质找出最大等价类。若已知等价状态对($S_1 S_2$)和($S_2 S_3$)，则状态对($S_1 S_3$)也为等价状态对，这种性质称为等价关系的传递性。若干个相互等价的状态组成一个等价状态类，简称等价类。例如，由($S_1 S_2$)、($S_2 S_3$)可以写出等价类($S_1 S_2 S_3$)。最大等价类就是不被任何别的等价类所包含的等价类。在原始状态转移表中,等价状态对为(CF)、(AB)、(AE)、(BE)。根据等价关系的传递性,等价状态对(AB)、(AE)、(BE)组成等价类(ABE)。(CF)也是等价类。由于(ABE)和(CF)互不包含在对方的等价类中,所以(ABE)和(CF)都是最大等价类。状态 D 和 G 不与任何其他状态等价,因此,它们本身也是一个最大等价类。所以,原始状态转移表 6－5 中的全部最大等价类为(ABE)、(CF)、(D)、(G)。寻找最大等价类也可采用作图法。如图 6－18 所示,将原始状态转移表 6－5 中所有状态以"点"的形式均匀地标在圆周上,然后将各等价状态对用直线相连。若干个顶点之间两两均有连线的组成最大多边形,此最大多边形的各顶点所代表的状态就组成一个最大等价类。所以,从图中看出,A、B、E 各顶点两两之间均有连线相连。因此,(ABE)组成一个最大等价类,(CF)也组成一个最大等价类。

选取最大等价类组成等价类集,等价类集同时具备最小、闭合和覆盖 3 个条件,简称为具有"最小闭覆盖"的等价类集。覆盖是指等价类集(包括最大等价类)中包含了原始状态转移表中的全部状态;闭合是指一个等价类(包含最大等价类)集合中,任一等价类的所有隐含条件都包含在该等价类集合中;最小是指满足覆盖和闭合的等价类集合中所含等价类的种类数最少。在本例中,由(ABE)、(CF)、(D)、(G)组成具有"最小闭覆盖"性质的等价类集。

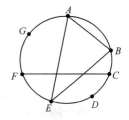

图 6－18　作图法确定
最大等价类

(3) 作出最简状态转移表。

将各等价类集中的状态合并,在本例中若令$(ABE) = S_0$、$(CF) = S_1$、$(D) = S_2$、$(G) = S_3$,对照原始状态转移表 6－5 可以写出最简状态转移表,如表 6－7 所列。

表 6－7　例 6－5 最简状态转移表

现态 $S(t)$	次态 $N(t)$		输出 $Z(t)$	
	$X = 0$	$X = 1$	$X = 0$	$X = 1$
S_0	S_1	S_0	0	1
S_1	S_2	S_3	0	0
S_2	S_2	S_0	1	0
S_3	S_1	S_2	1	0

综上所述,同步时序逻辑电路设计的主要过程,首先是正确理解功能要求,建立原始状态转移图(或原始状态转移表)。建立状态转移图时不要去考虑状态数的多少,而应将各种可能情况尽可能无遗漏地考虑周到。第二步是状态简化,找出等价状态加以合并后得到最简状态转移表。若原始状态转移图中状态数较多,用观察法化简难以得到最简状态转移图(或最简状态转移表),则采用隐含表法化简。第三步是状态分配(又称为状态编码)。先选用触发器数目,然后进行状态分配。第四步是触发器类型的选取,求出各触发器的激励函数和电路的输出方程。为此,应首先根据编码后的状态转移图,写出状态转换表,并利用卡诺图进行化简,求出激励函数和输出函数,然后画出电路图。只有这样,设计出来的时序电路才最简单。如果所设计出来的电路存在着偏离状态,还需检查电路能否自启动。若电路不能自启动,必须修改设计,直到电路能够自启动。

2. 异步时序电路设计

异步时序逻辑电路的设计方法与同步时序逻辑电路的设计方法相似,不同之处是异步时序逻辑电路的各个触发器状态转移不是同时进行的,所以需要考虑各个触发器时钟信号的选定。

下面通过一个具体例子说明异步时序逻辑电路的设计过程。

例 6－6　设计具有自启动功能的异步十进制减法计数器。

解 由题意可知,电路有10个有效状态,触发器的个数 n 要满足 $2^{n-1}<10\leqslant2^n$,因此需要4个触发器,状态变量有 Q_3^n,Q_2^n,Q_1^n,Q_0^n 共4个。状态转移表如表6-8所列。

表6-8 例6-6状态转移表

序号	Q_3^n	Q_2^n	Q_1^n	Q_0^n	Q_3^{n+1}	Q_2^{n+1}	Q_1^{n+1}	Q_0^{n+1}	十进制数	借位输出 B
0	0	0	0	0	1	0	0	1	0	1
1	1	0	0	1	1	0	0	0	9	0
2	1	0	0	0	0	1	1	1	8	0
3	0	1	1	1	0	1	1	0	7	0
4	0	1	1	0	0	1	0	1	6	0
5	0	1	0	1	0	1	0	0	5	0
6	0	1	0	0	0	0	1	1	4	0
7	0	0	1	1	0	0	1	0	3	0
8	0	0	1	0	0	0	0	1	2	0
9	0	0	0	1	0	0	0	0	1	0

由状态转移表可以画出状态转移图,如图6-19所示。接下来的工作就是选择触发器类型和各个触发器的时钟信号。为了方便选择各个触发器的时钟信号,可以画出电路的时序图,如图6-20所示。

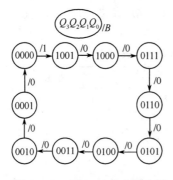

图6-19 例6-6状态转移图

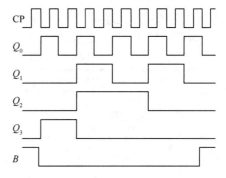

图6-20 例6-6时序图

异步时序逻辑电路选择触发器时钟信号的原则是:

(1) 触发器的状态需要翻转的时候,必须有时钟信号输入。

(2) 触发器的状态不需要翻转的时候,多余的时钟信号越少越好。

第 K 级触发器的时钟触发信号可以从计数脉冲以及第一级至第 $K-1$ 级触发器的输出信号中选取。根据上述两个原则及电路的时序图,选定第一个触发器的时钟信号为 CP,即计数器输入脉冲 $\mathrm{CP}_0=\mathrm{CP}$;第二个触发器在序号 2→3、4→5、6→7、8→9 时发生跳变,要求此刻有时钟下降沿到来,这时第一个触发器的输出 $\overline{Q_0}$ 有下降沿到来(Q_0 有上升沿产生),CP 脉冲也有下降沿到来,所以第二个触发器 Q_1 的时钟信号可以是 CP 也可以是第一个触发器输出 $\overline{Q_0}$(上升沿时用 Q_0),由时钟选取原则可知,选择 $\overline{Q_0}$ 作为第二个触发器的触发脉冲,$\mathrm{CP}_1=\overline{Q_0}$;第三个触发器 Q_2 在序号 2→3、6→7 时刻状态发生翻转,因此在这两个时刻要有触发脉冲到来。这时第二个触发器输出 $\overline{Q_1}$ 有下降沿到来,第一个触发器的输出 $\overline{Q_0}$ 有下降沿到来,CP 也有下降沿到来。由时钟选择原则,可以在 CP、$\overline{Q_0}$ 及 $\overline{Q_1}$ 中选择,因此选择 $\overline{Q_1}$ 作为第三个触发器的触发脉冲,$\mathrm{CP}_2=\overline{Q_1}$;第四个触发器在序号 0→1、2→3 两个时刻发生状态转移,在这两个时刻,第二个触发器及第三个触发器输出没有产生下降沿脉冲,而第一个触发器的输出 $\overline{Q_0}$ 在这两个时刻有下降沿脉冲产生,CP 脉冲也有下降沿脉冲产生,根据时钟脉冲选择原则,选择第一个触发器的输出 $\overline{Q}_0$ 作为第四个触发器的触发时钟，$CP_3 = \overline{Q}_0$。

根据各触发器的时钟信号，化简状态转移表，求出各级触发器在各自被触发时刻的状态转移情况，将不被触发时刻的转移状态作为任意态处理。例如：第一个触发器的输出 $\overline{Q}_0$（或 Q_0）下降（或上升）沿作为触发器 2 和触发器 4 的触发信号，在序号 0,2,4,6,8 这些时刻受计数脉冲触发后，$\overline{Q}_0$ 产生下降沿（Q_0 产生上升沿）触发信号。因此，在这些时刻可以作出触发器 2 和触发器 4 的状态转移，而在其余时刻，$\overline{Q}_0$ 不会产生下降沿，触发器 2 和触发器 4 不被触发，其状态转移可以作任意态处理，依此类推，于是得到简化的状态转移表，如表 6 - 9 所列。

表 6 - 9　简化的状态转移表

序号	Q_3^n	Q_2^n	Q_1^n	Q_0^n	Q_3^{n+1}	Q_2^{n+1}	Q_1^{n+1}	Q_0^{n+1}	十进制数	借位输出 B
0	0	0	0	0	1	×	0	1	0	1
1	1	0	0	1	×	×	×	0	9	0
2	1	0	0	0	0	1	1	1	8	0
3	0	1	1	1	×	×	×	0	7	0
4	0	1	1	0	0	×	0	1	6	0
5	0	1	0	1	×	×	×	0	5	0
6	0	1	0	0	0	0	1	1	4	0
7	0	0	1	1	×	×	×	0	3	0
8	0	0	1	0	0	×	0	1	2	0
9	0	0	0	1	×	×	×	0	1	0

画出电路的次态及输出卡诺图如图 6 - 21 所示。其中 $Q_3^n Q_2^n Q_1^n Q_0^n$ 等于 1010 ~ 1111 这 6 个状态为无效状态。

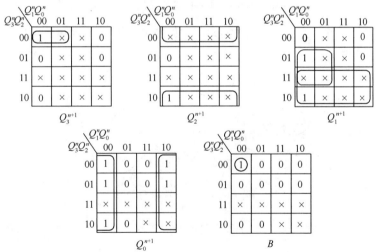

图 6 - 21　例 6 - 6 卡诺图

将卡诺图进行化简，可以得到电路的状态方程及输出方程：

$$\begin{cases} Q_3^{n+1} = \overline{Q}_3^n \ \overline{Q}_2^n \ \overline{Q}_1^n \cdot CP_3 \\ Q_2^{n+1} = \overline{Q}_2^n \cdot CP_2 \\ Q_1^{n+1} = \left[Q_3^n + Q_2^n \ \overline{Q}_1^n \right] \cdot CP_1 \\ Q_0^{n+1} = \overline{Q}_0^n \cdot CP_0 \end{cases} \qquad (6-10)$$

$$\begin{cases} Q_3^{n+1} = [\,\overline{Q}_2^n\,\overline{Q}_1^n\,\overline{Q}_3^n + 0 \cdot Q_3^n\,] \cdot \overline{Q}_0^n \downarrow \\ Q_2^{n+1} = [\,1 \cdot \overline{Q}_2^n + 0 \cdot Q_2^n\,] \cdot \overline{Q}_1^n \downarrow \\ Q_1^{n+1} = [\,(Q_3^n + Q_2^n)\overline{Q}_1^n + Q_3^n \cdot Q_1^n\,] \cdot \overline{Q}_0^n \downarrow \\ \qquad = [\,(\overline{\overline{Q}_3^n\,\overline{Q}_2^n})\overline{Q}_1^n + Q_3^n \cdot Q_1^n\,] \cdot \overline{Q}_0^n \downarrow \\ Q_0^{n+1} = (1 \cdot \overline{Q}_0^n + 0 \cdot Q_0^n) \cdot CP \downarrow \end{cases} \qquad (6-11)$$

$$B = \overline{Q}_3^n \cdot \overline{Q}_2^n \cdot \overline{Q}_1^n \cdot \overline{Q}_0^n$$

若采用 JK 触发器,由式(6-11)得到电路的驱动方程为

$$\begin{cases} J_3 = \overline{Q}_2^n\overline{Q}_1^n,\, K_3 = 1 \\ J_2 = K_2 = 1 \\ J_1 = \overline{\overline{Q}_3^n\,\overline{Q}_2^n},\, K_1 = \overline{Q}_3^n \\ J_0 = K_0 = 1 \end{cases} \qquad (6-12)$$

由驱动方程和输出方程,可以画出电路的逻辑图,如图6-22所示。

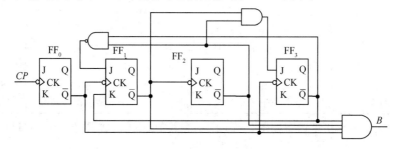

图6-22　例6-6十进制异步减法计数器电路图

将1010~1111这6个状态代入状态方程求得它们的次态,结果表明电路可以自启动。电路的状态转移图如图6-23所示。

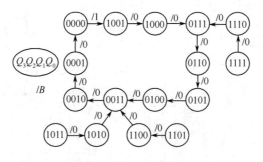

图6-23　例6-6状态转移图

6.3　常用时序逻辑电路

6.3.1　计数器

计数器是数字电路中最重要的一类时序逻辑电路,也是在集成电路中运用最广泛的时序逻辑电路。它的基本功能是统计输入脉冲的个数,从而实现计数、分频、定时、产生节拍脉冲、脉冲序列和数字运算等。计数器所能统计的脉冲个数的最大值称为模(用 N 表示)。按不同分类方法,计数器可分

为如下几类方式。

（1）根据计数脉冲引入方式的不同,计数器分为以下两类。

① 同步计数器:各级触发器的时钟由同一个外部时钟提供,触发器在外部时钟的边沿到来时翻转。

② 异步计数器:一部分触发器的时钟由另外的触发器提供,前级触发器的延迟会导致整个电路响应速度的降低。

（2）根据逻辑功能的不同,计数器分为以下几类:

① 加法计数器:每次翻转计数值加一,计满后从初始状态重新开始。

② 减法计数器:每次翻转计数值减一,减至最小值后从初始状态重新开始。

③ 可逆计数器:在使能端的控制下可以进行加/减选择的计数器。

（3）根据计数模值的不同,计数器分为以下几类:

① 二进制计数器:计数器的模值 N 和触发器个数 K 之间的关系是 $N = 2^K$。

② 十进制计数器:计数器的模为 10,由于用二进制数表示十进制数的 BCD 码有不同形式,因此会有不同的十进制计数器,通常采用 8421 BCD 码表示十进制数。

③ 任意进制计数器:计数器有一个最大模值,但是具体的计数模值可以在这个范围内通过使能端设定。

1. 同步计数器

同步计数器是将计数脉冲同时送入各级触发器,计数脉冲与时钟脉冲相同。在时钟的作用下各触发器的状态同时发生转移。因此,同步计数器工作速度较快,但是它需要较多的门电路,电路结构复杂。

1）二进制同步加法计数器

图 6 - 24 所示为一个用 JK 触发器构成的二进制模 16 同步加法计数器。

由图可知,该计数器由 4 个 JK 触发器组成。CP 是时钟信号,下降沿触发。$\overline{R}_D$ 端是置 0 端,在 $\overline{R}_D = 0$ 时,不管电路是什么状态,整个电路输出为 0,这一特性用于对电路初始化。

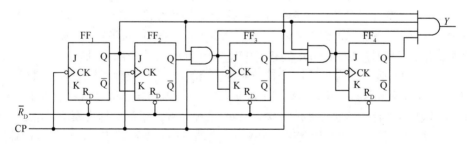

图 6 - 24　同步二进制加法计数器

由图 6 - 24 可以写出各级触发器的驱动方程和输出方程:

驱动方程

$$\begin{cases} J_1 = K_1 = 1 \\ J_2 = K_2 = Q_1^n \\ J_3 = K_3 = Q_1^n Q_2^n \\ J_4 = K_4 = Q_1^n Q_2^n Q_3^n \end{cases} \quad (6-13)$$

输出方程

$$Y = Q_1^n Q_2^n Q_3^n Q_4^n \qquad (6-14)$$

由式 $Q^{n+1} = J\overline{Q}^n + \overline{K}Q^n$ 得到各级触发器的状态转移方程为

$$
\begin{cases}
Q_1^{n+1} = \overline{Q_1^n} \\
Q_2^{n+1} = Q_1^n\overline{Q_2^n} + \overline{Q_1^n}Q_2^n \\
Q_3^{n+1} = Q_1^n Q_2^n\overline{Q_3^n} + \overline{Q_1^n Q_2^n}Q_3^n \\
Q_4^{n+1} = Q_1^n Q_2^n Q_3^n\overline{Q_4^n} + \overline{Q_1^n Q_2^n Q_3^n}Q_4^n
\end{cases} \qquad (6-15)
$$

由式(6-14)和式(6-15)可以列出状态转移表和状态转移图。分别如表6-10和图6-25所示。

表6-10 4位二进制计数器状态转移表

序号	现态 $S(t)$				次态 $N(t)$				输出
CP	Q_4^n	Q_3^n	Q_2^n	Q_1^n	Q_4^{n+1}	Q_3^{n+1}	Q_2^{n+1}	Q_1^{n+1}	Y
0	0	0	0	0	0	0	0	1	0
1	0	0	0	1	0	0	1	0	0
2	0	0	1	0	0	0	1	1	0
3	0	0	1	1	0	1	0	0	0
4	0	1	0	0	0	1	0	1	0
5	0	1	0	1	0	1	1	0	0
6	0	1	1	0	0	1	1	1	0
7	0	1	1	1	1	0	0	0	0
8	1	0	0	0	1	0	0	1	0
9	1	0	0	1	1	0	1	0	0
10	1	0	1	0	1	0	1	1	0
11	1	0	1	1	1	1	0	0	0
12	1	1	0	0	1	1	0	1	0
13	1	1	0	1	1	1	1	0	0
14	1	1	1	0	1	1	1	1	0
15	1	1	1	1	0	0	0	0	1

由表6-10可见,假设计数脉冲输入之前,由于清零信号 $\overline{R}_D$ 的作用,使各级触发器均为0状态,如序号"0"所示,那么在第1个计数脉冲下降沿作用后,计数器状态转移到0001状态,表示已经输入了1个计数脉冲。在第2个计数脉冲到来之前,计数器稳定于状态0001,如序号"1"所示。在第2个计数脉冲下降沿作用后,计数器状态由0001转移到0010,表示已输入了2个计数脉冲。在序号"15"时,计数器稳定状态为1111,表示已输入了15个计数脉冲。当第16个计数脉冲输入后,计数器由1111转移到0000,回到初始全0状态。这表示完成一次状态转移的循环,输出端输出一个脉冲, $Y=1$ 。以后每输入16个计数脉冲,计数器状态循环一次。因此,这种计数器通常也称为模16计数器,或称为4位二进制计数器。很明显,计数器从0000开始计数,它的不同状态可以表示已经输入的计数脉冲的数目,具有加法计数的功能, Y 为计数器的进位输出信号。状态转移图如图6-25所示。

画出计数器时序图如图6-26所示。

由电路的时序图可以看出,若计数输入脉冲的频率为 f_0 ,则 Q_1^n 、 Q_2^n 、 Q_3^n 、 Q_4^n 端输出脉冲的频率依次为 $f_0/2$ 、 $f_0/4$ 、 $f_0/8$ 、 $f_0/16$,针对计数器的这种分频功能,也将它称为分频器,并应用于一些需要降低工作频率的场合。一般来说,一个 2^n 模计数器,它的输出信号的频率就是 CP 的 $1/2^n$, n 是对应二进制码的位数。

2) 二-十进制同步加法计数器

虽然二进制计数器运算方便,但人们对二进制不如十进制熟悉,也不便于译码器输出,因此常使用二-十进制计数器。图6-27所示为一个带有自启动功能的二-十进制同步加法计数器,实现的

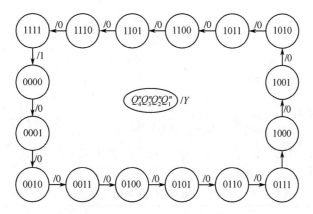

图 6 - 25　同步二进制加法计数器

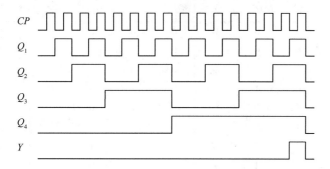

图 6 - 26　图 6 - 24 电路的时序图

功能是计数 0 ~ 9 的十个 8421 BCD 码。需要指出的是,由于模 $N = 10$, $2^3 < 10 < 2^4$。因此需要 4 个触发器才能完成计数。由于 4 个触发器最大的模为 16,所以有 6 个二进制码未进入正常的计数周期,这 6 种二进制码称为偏离状态。在设计电路时应使"非正常"的偏离状态进入"正常"的计数周期,使整个电路实现自启动功能。

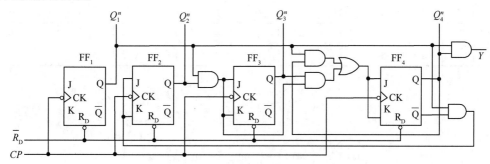

图 6 - 27　同步二 – 十进制加法计数器

对图 6 - 27 的分析如下:

驱动方程

$$\begin{cases} J_1 = K_1 = 1 \\ J_2 = K_2 = Q_1^n \overline{Q_4^n} \\ J_3 = K_3 = Q_1^n Q_2^n \\ J_4 = K_4 = Q_1^n Q_2^n Q_3^n + Q_1^n Q_4^n \end{cases} \qquad (6 - 16)$$

输出方程

$$Y = Q_1^n Q_4^n$$

状态转移方程

$$\begin{cases} Q_1^{n+1} = \overline{Q_1^n} \\ Q_2^{n+1} = Q_1^n \, \overline{Q_4^n} \, \overline{Q_2^n} + \overline{Q_1^n \, \overline{Q_4^n}} \, Q_2^n \\ Q_3^{n+1} = Q_1^n Q_2^n \overline{Q_3^n} + \overline{Q_1^n Q_2^n} \, Q_3^n \\ Q_4^{n+1} = (Q_1^n Q_2^n Q_3^n + Q_1^n Q_4^n) \overline{Q_4^n} + \overline{(Q_1^n Q_2^n Q_3^n + Q_1^n Q_4^n)} \, Q_4^n \end{cases} \qquad (6-17)$$

列出状态转移表和状态转移图如表6-11和图6-28所示。

表 6-11　二-十进制 8421 BCD 码计数器状态转移表

电路状态	序号 CP	现态 $S(t)$				次态 $N(t)$				等效十进制数	输出 Y
		Q_4^n	Q_3^n	Q_2^n	Q_1^n	Q_4^{n+1}	Q_3^{n+1}	Q_2^{n+1}	Q_1^{n+1}		
有效状态	0	0	0	0	0	0	0	0	1	0	0
	1	0	0	0	1	0	0	1	0	1	0
	2	0	0	1	0	0	0	1	1	2	0
	3	0	0	1	1	0	1	0	0	3	0
	4	0	1	0	0	0	1	0	1	4	0
	5	0	1	0	1	0	1	1	0	5	0
	6	0	1	1	0	0	1	1	1	6	0
	7	0	1	1	1	1	0	0	0	7	0
	8	1	0	0	0	1	0	0	1	8	0
	9	1	0	0	1	0	0	0	0	9	1
偏离状态	0	1	0	1	0	1	0	1	1	10	0
	1	1	0	1	1	0	1	1	0	11	1
	0	1	1	0	0	1	1	0	1	12	0
	1	1	1	0	1	0	1	0	0	13	1
	0	1	1	1	0	1	1	1	1	14	0
	1	1	1	1	1	0	0	1	0	15	1

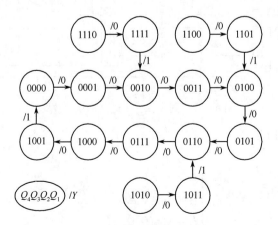

图 6-28　二-十进制同步加法计数器状态转移图

在计数器正常工作时,6 个偏离状态(1010,1011,1100,1101,1110,1111)是不会出现的,若计数器受到某种干扰,错误地进入到偏离状态后,计数器有可能不正常工作。因此,需要考察偏离状态在计数脉冲作用后是否能回到有效循环体内。将这些偏离状态作为当前状态(原状态)代入式(6 – 17),可以得到表 6 – 11 所示偏离状态转移表。例如电路由于干扰进入到 1100 状态,则经过一个计数脉冲作用后,下一状态为 1101,1101 仍为偏离状态,再经过一个计数脉冲作用,进入到 0100,0100 是有效状态,计数器已正常循环工作。画出计数器时序波形图,如图 6 – 29 所示。

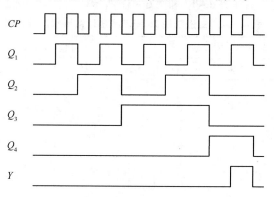

图 6 – 29 二 – 十进制同步加法计数器工作波形图

3）二进制同步减法计数器

对二进制模 16 同步加法计数器各级触发器输出端进行改进,就可以设计成同步减法计数器,如图 6 – 30 所示。对其进行分析如下:

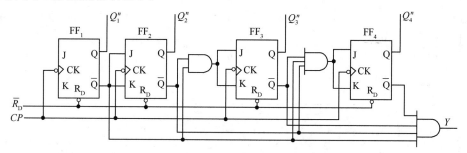

图 6 – 30 二 – 十进制同步减法计数器电路

驱动方程

$$\begin{cases} J_1 = K_1 = 1 \\ J_2 = K_2 = \overline{Q}_1^n \\ J_3 = K_3 = \overline{Q}_1^n \cdot \overline{Q}_2^n \\ J_4 = K_4 = \overline{Q}_1^n \cdot \overline{Q}_2^n \cdot \overline{Q}_3^n \end{cases} \tag{6 – 18}$$

输出方程

$$Y = \overline{Q}_1^n \ \overline{Q}_2^n \ \overline{Q}_3^n \ \overline{Q}_4^n \tag{6 – 19}$$

状态转移方程

$$\begin{cases} Q_1^{n+1} = \overline{Q_1^n} \\ Q_2^{n+1} = \overline{Q_1^n}\,\overline{Q_2^n} + Q_1^n Q_2^n \\ Q_3^{n+1} = \overline{Q_1^n}\,\overline{Q_2^n}\,\overline{Q_3^n} + \overline{\overline{Q_1^n}\,\overline{Q_2^n}}\,Q_3^n \\ Q_4^{n+1} = \overline{Q_1^n}\,\overline{Q_2^n}\,\overline{Q_3^n}\,\overline{Q_4^n} + \overline{\overline{Q_1^n}\,\overline{Q_2^n}\,\overline{Q_3^n}}\,Q_4^n \end{cases} \qquad (6-20)$$

状态转移表和状态转移图如表6-12和图6-31所示。

表6-12　二进制模16同步减法计数器状态转移表

序号	现态 $S(t)$				次态 $N(t)$				输出
CP	Q_4^n	Q_3^n	Q_2^n	Q_1^n	Q_4^{n+1}	Q_3^{n+1}	Q_2^{n+1}	Q_1^{n+1}	Y
0	1	1	1	1	1	1	1	0	0
1	1	1	1	0	1	1	0	1	0
2	1	1	0	1	1	1	0	0	0
3	1	1	0	0	1	0	1	1	0
4	1	0	1	1	1	0	1	0	0
5	1	0	1	0	1	0	0	1	0
6	1	0	0	1	1	0	0	0	0
7	1	0	0	0	0	1	1	1	0
8	0	1	1	1	0	1	1	0	0
9	0	1	1	0	0	1	0	1	0
10	0	1	0	1	0	1	0	0	0
11	0	1	0	0	0	0	1	1	0
12	0	0	1	1	0	0	1	0	0
13	0	0	1	0	0	0	0	1	0
14	0	0	0	1	0	0	0	0	0
15	0	0	0	0	1	1	1	1	1

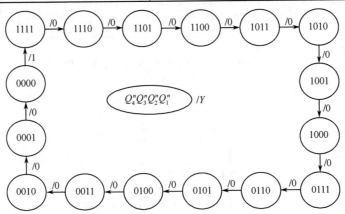

图6-31　二进制模16同步减法计数器状态转移图

减法器时序波形图如图6-32所示。

可以看出,二进制减法计数器编码的排列顺序是其对应序号转换成二进制数的补码。因此,把这种计数器也称为补码计数器。

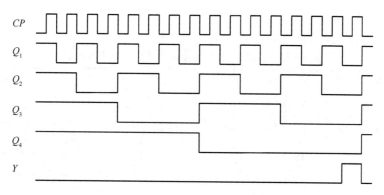

图 6 – 32　二进制模 16 同步减法计数器时序波形图

2. 异步计数器

异步计数器不同于同步计数器。构成异步计数器的各级触发器的时钟脉冲不一定都是计数输入脉冲,即一部分是计数输入脉冲,另一部分是其他触发器的输出信号。各级触发器的状态转移不是在同一时钟作用下同时发生转移的。因此,在分析异步计数器时,必须注意各级触发器的时钟信号。

与同步计数器相比,异步计数器的结构简单,由于计数输入脉冲 CP 不需要同时加到各个触发器的时钟输入端,这也使得信号源的负载比较小。由于各触发器是依次翻转的,因此异步计数器的速度比同步计数器低。随着位数的增加,延时也大大增加。由于时钟输入端可接入的信号选择范围比较广,因此设计方法多,设计过程相对烦琐。

例 6 – 7　分析图 6 – 33 所示异步计数器电路。

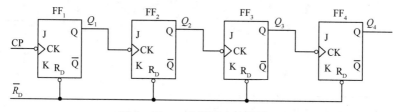

图 6 – 33　二进制异步计数器

解　电路由 4 级 JK 触发器构成,触发器 1 的时钟是计数输入脉冲 CP,触发器 2 的时钟是 Q_1^n,触发器 3 的时钟是 Q_2^n,触发器 4 的时钟是 Q_3^n,分析过程如下:

驱动方程
$$J_1 = K_1 = J_2 = K_2 = J_3 = K_3 = J_4 = K_4 = 1$$

时钟方程
$$\begin{cases} CP_1 = CP \\ CP_2 = Q_1^n \\ CP_3 = Q_2^n \\ CP_4 = Q_3^n \end{cases} \tag{6 – 21}$$

状态转移方程
$$\begin{cases} Q_1^{n+1} = \overline{Q}_1^n \cdot CP \downarrow \\ Q_2^{n+1} = \overline{Q}_2^n \cdot Q_1^n \downarrow \\ Q_3^{n+1} = \overline{Q}_3^n \cdot Q_2^n \downarrow \\ Q_4^{n+1} = \overline{Q}_4^n \cdot Q_3^n \downarrow \end{cases} \tag{6 – 22}$$

箭头↓代表下降沿触发。

由式(6-22)可以作出状态转移表,如表6-13所列。

表6-13　二进制模16异步加法计数器状态转移表

CP	Q_4^n	Q_3^n	Q_2^n	Q_1^n	Q_4^{n+1}	Q_3^{n+1}	Q_2^{n+1}	Q_1^{n+1}	CP_4	CP_3	CP_2	CP_1
0	0	0	0	0	0	0	0	1	0	0	⎍	⎍
1	0	0	0	1	0	0	1	0	0	⎍	⎍	⎍
2	0	0	1	0	0	0	1	1	0	1	⎍	⎍
3	0	0	1	1	0	1	0	0	⎍	⎍	⎍	⎍
4	0	1	0	0	0	1	0	1	1	0	⎍	⎍
5	0	1	0	1	0	1	1	0	1	⎍	⎍	⎍
6	0	1	1	0	0	1	1	1	1	1	⎍	⎍
7	0	1	1	1	1	0	0	0	⎍	⎍	⎍	⎍
8	1	0	0	0	1	0	0	1	0	0	⎍	⎍
9	1	0	0	1	1	0	1	0	0	⎍	⎍	⎍
10	1	0	1	0	1	0	1	1	0	1	⎍	⎍
11	1	0	1	1	1	1	0	0	⎍	⎍	⎍	⎍
12	1	1	0	0	1	1	0	1	1	0	⎍	⎍
13	1	1	0	1	1	1	1	0	1	⎍	⎍	⎍
14	1	1	1	0	1	1	1	1	1	1	⎍	⎍
15	1	1	1	1	0	0	0	0	⎍	⎍	⎍	⎍

从表中可以看出,触发器的状态转移必须有时钟下降沿到来。例如,当状态处于$Q_4Q_3Q_2Q_1$= 0111时,在下一计数脉冲输入后,第一级触发器的状态Q_1由1变为0,产生下降沿,触发第二级触发器,使第二级触发器Q_2由1变为0,Q_2产生下降沿,触发第3级触发器,使第三级触发器Q_3由1变为0,Q_3产生下降沿,触发第四级触发器,使第4级触发器由0变为1。这样,触发器的状态由0111变成1000。其余情况分析类似。当触发器的状态为1111时,在计数脉冲的作用下,各级触发器状态依次由1变为0,完成一次循环。状态转移图同二进制模16同步计数器,此处从略。

异步加法计数器时序波形图如图6-34所示。

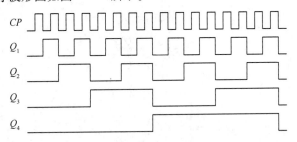

图6-34　二进制异步计数器工作波形图

例 6-8 分析图 6-35 所示异步电路。

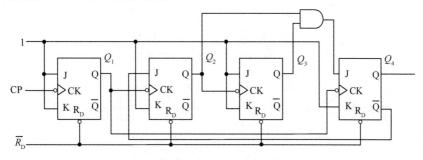

图 6-35 例 6-8 异步电路图

解 图 6-35 所示异步计数器电路由 4 级 JK 触发器构成。

驱动方程

$$\begin{cases} J_1 = K_1 = 1 \\ J_2 = \overline{Q}_4^n \quad K_2 = 1 \\ J_3 = K_3 = 1 \\ J_4 = Q_2^n Q_3^n \quad K_4 = 1 \end{cases} \qquad (6-23)$$

时钟方程

$$\begin{cases} CP_1 = CP \\ CP_2 = Q_1^n \\ CP_3 = Q_2^n \\ CP_4 = Q_1^n \end{cases} \qquad (6-24)$$

状态转移方程为

$$\begin{cases} Q_1^{n+1} = \overline{Q}_1^n \cdot CP \downarrow \\ Q_2^{n+1} = \overline{Q}_4^n \overline{Q}_2^n \cdot Q_1^n \downarrow \\ Q_3^{n+1} = \overline{Q}_3^n \cdot Q_2^n \downarrow \\ Q_4^{n+1} = Q_2^n Q_3^n \overline{Q}_4^n \cdot Q_1^n \downarrow \end{cases} \qquad (6-25)$$

由式(6-25)可以得出状态转移表,如表 6-14 所列,状态转移图如图 6-36 所示,工作波形如图 6-37 所示。假设当前状态 $Q_4^n Q_3^n Q_2^n Q_1^n = 0111$,在计数脉冲作用下,$Q_1^{n+1} = \overline{Q}_1^n$,$Q_1^n$ 由 1 变为 0,产生一个下降沿触发 Q_2,使 Q_2^n 由 1 变成 0,产生下降沿,使得 $Q_3^{n+1} = \overline{Q}_3^n = 0$。由于有 Q_1 下降沿,所以 $Q_4^{n+1} = Q_2^n Q_3^n \overline{Q}_4^n \cdot Q_1^n \downarrow = 1$,因此,计数器状态从 0111 转换到 1000。表 6-14 还列出了偏离状态的转移情况。

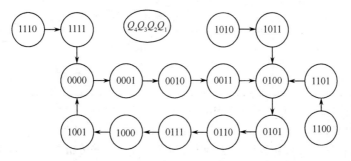

图 6-36 例题 6-8 状态转移图

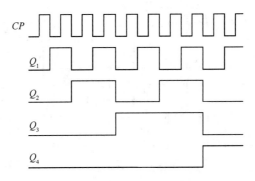

图 6 - 37　例 6 - 8 工作波形图

表 6 - 14　二 - 十进制 8421 BCD 码异步计数器状态转移表

CP	Q_4^n	Q_3^n	Q_2^n	Q_1^n	Q_4^{n+1}	Q_3^{n+1}	Q_2^{n+1}	Q_1^{n+1}	CP_4	CP_3	CP_2	CP_1
0	0	0	0	0	0	0	0	1	⬏	0	⬏	⬏⬎
1	0	0	0	1	0	0	1	0	⬏⬎	⬏	⬎	⬏⬎
2	0	0	1	0	0	0	1	1	⬏	1	⬏	⬏⬎
3	0	0	1	1	0	1	0	0	⬏⬎	⬏⬎	⬎	⬏⬎
4	0	1	0	0	0	1	0	1	⬏	0	⬏	⬏⬎
5	0	1	0	1	0	1	1	0	⬏⬎	⬏	⬎	⬏⬎
6	0	1	1	0	0	1	1	1	⬏	1	⬏	⬏⬎
7	0	1	1	1	1	0	0	0	⬏⬎	⬎	⬎	⬏⬎
8	1	0	0	0	1	0	0	1	⬏	0	⬏	⬏⬎
9	1	0	0	1	0	0	0	0	⬏⬎	0	⬎	⬏⬎
0	1	0	1	0	0	1	0	1	⬏	⬏	⬏	⬏⬎
1	1	0	1	1	0	1	0	0	⬏⬎	⬏	⬎	⬏⬎
0	1	1	0	0	1	1	0	1	⬏	⬏	⬏	⬏
1	1	1	0	1	0	1	0	0	⬏⬎	0	⬎	⬏⬎
0	1	1	1	0	1	1	1	1	⬏	1	⬏	⬏⬎
1	1	1	1	1	0	0	0	0	⬏⬎	⬎	⬎	⬏⬎

图 6 - 35 所示电路是一个十进制 8421 BCD 码异步加法计数器。10 个有效序列产生循环,偏离状态能自动转移到循环体内,所以该电路是一个具有自启动特性的模 10 异步计数器。

由以上例题分析可以看出,异步计数器的分析与同步计数器的分析方法、步骤都相同。由于异步计数器各级触发器的时钟不同,在描述各级触发器状态转移方程时,最好将时钟信号标出。对于同步计数器,由于时钟信号都是计数输入脉冲,所以可以不用标时钟信号。

3. 集成计数器的功能分析及应用

在实际中经常使用中规模的集成计数器,集成计数器分同步和异步两种,同步计数器的优点是速度快、功能多。异步计数器的优点是进制可调。由于集成计数器是出厂时已经定型的产品,编码不能改动且计数顺序通常是自然顺序。因此,在使用时需要设计电路接入计数器的清零端或者置数端使其正常工作。

中规模集成计数器的型号很多,表 6-15 所列为常见的一些型号,并对最常用的几款型号进行了分析。

表 6-15　常见集成计数器

种类	型号	进制	清除方式	预置方式	可逆计数	时钟触发方式
同步计数器	74LS160	BCD(10)	低电平异步清零	低电平同步预置	无	⎍↑
	74LS161	4 位二进制(16)	低电平异步清零	低电平同步预置	无	⎍↑
	74LS162	BCD(10)	低电平同步清零	低电平同步预置	无	⎍↑
	74LS163	4 位二进制(16)	低电平同步清零	低电平同步预置	无	⎍↑
	74LS190	BCD(10)	无清零端	低电平异步预置	加/减	⎍↑
	74LS191	4 位二进制(16)	无清零端	低电平异步预置	加/减	⎍↑
	74LS192	BCD(10)	高电平异步清零	低电平异步预置	双时钟	⎍↑ ⎍↑
	74LS193	4 位二进制(16)	高电平异步清零	低电平异步预置	双时钟	⎍↑ ⎍↑
异步计数器	74LS196	2/5/10	低电平异步清零	低电平异步预置	无	⎍↓
	74LS290	2/5/10	高电平异步清零	高电平异步预置	无	⎍↓
	74LS293	2/8/16	高电平异步清零	高电平异步预置	无	⎍↓

1) 集成同步计数器

集成同步计数器种类繁多,功能各异,其主要功能为:

(1) 实现可逆计数。实现可逆计数的方法有两种,即加减控制方式和双时钟方式。加减控制方式需要引入一个控制信号,通常称作 $U/\overline{D}$,当 $U/\overline{D}=1$ 时,进行加法计数,当 $U/\overline{D}=0$ 时,进行减法计数。另一种方式是双时钟方式,这样的计数器有两个时钟信号输入端 CP_+ 和 CP_-。当接入 CP_+ 时实现加法计数,另一时钟端 CP_- 置 0(或者置 1);当接入 CP_- 时实现减法计数,另一时钟端 CP_+ 置 0(或者置 1)。

(2) 预置功能。计数器的预置端一般用 LD 表示,不同的计数器预置方式会有所不同,分为同步预置和异步预置两种。同步预置是指接入有效的预置信号之后,计数器不是立即将预置信号传送到输出端,而是等下一个有效的时钟边沿到达时才将预置信号传送到输出端,实现预置功能。所谓同步,是指与时钟同步。异步预置是指不论何时接入有效的预置信号,计数器立即进行预置,每个触发器的输出就是预置值。

(3) 清除功能。清除功能也称复位功能(或清零功能),是指将计数器的状态恢复成全零状态,清零功能的实现也分同步清零和异步清零两种,同步清零需要等待下一个有效的时钟边沿,而异步清零不受时钟的控制。

(4) 进位功能。大部分同步计数器具有进位/借位功能,当加法计数器到达最大计数状态时,进位输出端会产生进位输出；当减法计数器到达最小计数状态时，借位输出端会产生借位输出。进位/借位输出的宽度都等于一个周期，相关的信息可以从芯片手册中查到。

2）集成同步二进制计数器74LS161

在实际生产的计数器芯片中，除具有计数功能电路外，还附加了一些控制电路，以增加电路的功能和使用的灵活性。图6-38所示为中规模集成的4位同步二进制计数器74LS161的引脚及逻辑符号图。

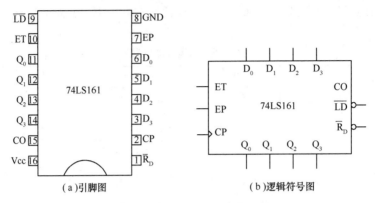

（a）引脚图   （b）逻辑符号图

图6-38   74LS161引脚及逻辑图

内部结构逻辑图如图6-39所示。在电路中除了具有二进制加法计数功能外，还具有预置数、保持和异步置零等附加功能。图中$\overline{LD}$为预置数控制端，D_4、D_3、D_2、D_1为数据输入端，CO为进位输出端，$\overline{R}_D$为异步置零（复位）端，EP和ET为工作状态控制端，其功能如表6-16所列。

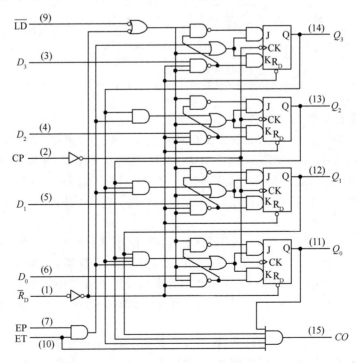

图6-39   4位二进制同步计数器74LS161逻辑图

表 6 - 16 74LS161 功能表

清零	预置	使能		时钟	预置数据				输出			
$\overline{R}_D$	$\overline{LD}$	EP	ET	CP	D_3	D_2	D_1	D_0	Q_3^n	Q_2^n	Q_1^n	Q_0^n
0	×	×	×	×	×	×	×	×	0	0	0	0
1	0	×	×	↑	D	C	B	A	D	C	B	A
1	1	0	1	×	×	×	×	×	保持			
1	1	×	0	×	×	×	×	×	保持,且 CO = 0			
1	1	1	1	↑	×	×	×	×	计数			

3）集成十进制计数器 74LS160

图 6-40 所示为中规模集成十进制计数器 74160 的引脚及逻辑图。该电路具有十进制加法计数、预置数、保持和异步清零等功能。图中 $\overline{LD}$ 为预置数控制端，D_3、D_2、D_1、D_0 为预置数据输入端，CO 为进位输出端，$\overline{R}_D$ 为异步清零（复位）端，EP 和 ET 为工作状态控制端，其功能同表 6-16。

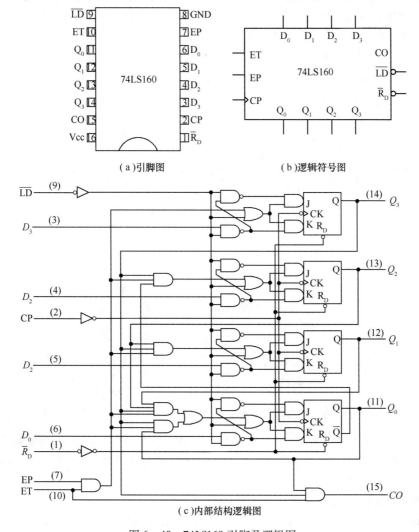

（a）引脚图　　　　　（b）逻辑符号图

（c）内部结构逻辑图

图 6 - 40　74LS160 引脚及逻辑图

4. 利用常用集成计数器组成任意模值计数器

常用的计数器芯片有十进制、十六进制、七进制、十四进制和十二进制等几种。如果需要其他进制的计数器时,只能利用常用集成计数器的一些附加控制端,扩展其功能组成任意模值计数器。若已有的计数器模值为 N,需要设计得到的计数器模值为 M。则有 $N < M$ 和 $N > M$ 两种情况,下面给出这两种情况分别采用异步清除功能和同步置数功能构成的计数器例子。

1) $N > M$ 计数器设计

采用 N 进制集成计数器实现 M 模值计数器时,设法使之跳越 $N - M$ 个状态,就可以实现 M 进制的计数器。若利用异步清除功能进行置零复位,当 N 进制计数器从全 0 状态 S_0 开始计数并接收了 M 个脉冲后,电路进入 S_M 状态。如果将 S_M 状态译码产生一个置零信号加到计数器的异步清零端,则计数器将立刻返回 S_0 状态。这样计数器就可以跳越了 $N - M$ 个状态从而实现 M 进制的计数器(或称为分频器)。由于是异步置零,电路一进入 S_M 状态后立刻被置成 S_0 状态,所以 S_M 状态仅在极短的瞬间出现,在稳定的状态循环中不包含 S_M 状态。

若采用同步置数功能实现 M 进制计数器,需要给 N 进制的计数器重复置入某个数值而跳越 $N - M$ 个状态,从而实现模值为 M 的计数器。置数操作可以在电路的任何状态下进行。对于同步计数器,它的置数端 $\overline{\text{LD}} = 0$ 的信号应从 S_i 状态译出,等到下一个时钟信号到来时,才将要置入的数据置入计数器中。稳定的状态中包含 S_i 状态。若是异步置数计数器,只要 $\overline{\text{LD}} = 0$ 的信号出现,立即将数据置入计数器中,不受时钟信号的控制,因此 $\overline{\text{LD}} = 0$ 的信号应从 S_{i+1} 状态译出。S_{i+1} 状态只在极短的瞬间出现,稳定状态不包含 S_{i+1} 状态。

例 6 - 9　试利用同步十进制计数器 74LS160 设计同步六进制计数器。74LS160 的逻辑图如图 6 - 40 所示,它的功能表与 74LS161 的功能表相同。

解　因为 74LS160 兼有异步置零和同步预置数功能,所以置零法和置数法均可采用。图 6 - 41 所示电路是采用异步置 0 法接成的六进制计数器。当计数器计到 $Q_3^n Q_2^n Q_1^n Q_0^n = 0110$(即 S_M)状态时,与非门 G 输出低电平信号,$\overline{R}_D = 0$,将计算器置 0,回到 0000 状态。电路的状态转移图如图 6 - 42 所示。

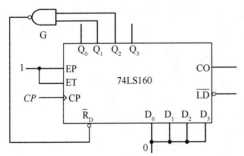

图 6 - 41　由 74LS160 组成的模 6 计数器

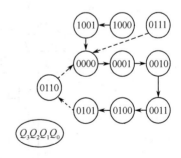

图 6 - 42　例 6 - 9 状态转移图

由于置 0 信号随着计数器被置 0 而立即消失,所以置 0 信号持续时间极短,因为触发器的复位速度有快有慢,则可能动作慢的触发器还未来得及复位,置零信号已经消失,导致电路误动作。因此,这种接法的电路可靠性不高。

为了克服这个缺点,通常采用图 6 - 43 所示的改进电路。图中的**与非门** G_1 起译码器的作用,当电路置入 0110 状态时,它输出低电平信号。**与非门** G_2 和 G_3 组成了基本 RS 触发器,以它 $\overline{Q}$ 端输出的低电平作为计数器的置 0 信号。

若计数器从 0000 状态开始计数,则第六个计数输入脉冲上升沿到达时计数器进入 0110 状态,G_1

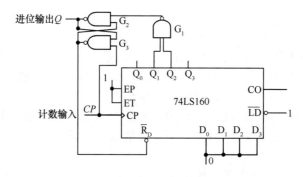

图 6 – 43　改进后电路

输出低电平,将基本 RS 触发器置 1,$\overline{Q}$ 端的低电平立刻将计数器清零。这时虽然 G_1 输出的低电平信号随之消失了,但基本 RS 触发器的状态仍保持不变,因而计数器的清零信号得以维持。直到计数脉冲回到低电平以后,基本 RS 触发器被置零,$\overline{Q}$ 端的低电平信号才消失。可见,加到计数器 $\overline{R}_D$ 端的清零信号宽度与输入计数脉冲高电平持续时间相等。同时,进位输出脉冲由 RS 触发器的 Q 端引出。这个脉冲的宽度与计数脉冲高电平宽度相等。在有的计数器产品中,将 G_1、G_2、G_3 组成的附加电路直接制作在计数器芯片上,这样在使用时就不用外接附加电路了。

　　例 6 – 10　应用 4 位二进制同步计数器 74LS161 实现模 8 计数器。74LS161 的逻辑图如图 6 – 39 所示,功能表如表 6 – 16 所列。

　　解　采用置数法设计模 8 计数器。采用置数法时可以从计数循环中的任何一个状态置入适当的数值而跳越 $N - M$ 个状态,得到 M 进制计数器。图 6 – 44(a) 的接法是用 $Q_3 Q_2 Q_1 Q_0 = 0111$ 状态译码产生 $\overline{LD} = 0$ 信号,下一个时钟信号到达时置入 0000 状态,从而跳过 1000 ~ 1111 这 8 个状态,得到八进制计数器。图 6 – 44(b) 的接法是用进位输出作为置入信号,置入数据 1000,这样,计数器跳过 0000 ~ 0111 这 8 个状态,从而实现模 8 计数器。

　　若采用图 6 – 44(b) 电路的方案,则可以从 CO 端得到进位输出信号。在这种接法下,是用进位信号产生 $\overline{LD} = 0$ 信号,下个时钟信号到来时置入 1000,每个计数循环都会在 CO 端给出一个进位脉冲。

　　由于 74LS161 的预置数是同步方式,即 $\overline{LD} = 0$ 以后,还要等下一个时钟信号到来时才置入数据,而这时 $\overline{LD} = 0$ 的信号已稳定建立,所以不存在异步清零法中因清零信号持续时间过短而可靠性不高的问题。

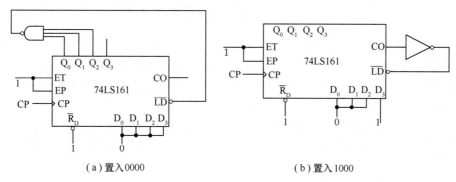

　　　　（a）置入 0000　　　　　　　　　　　　　　（b）置入 1000

图 6 – 44　用置数法将 74LS161 接成八进制计数器

2）$N < M$ 计数器设计

　　当 M 比 N 大时,一片计数器将无法完成计数任务。因此,需要多片计数器级联来构成 M 进制计数器。各片之间(或称为各级之间)的连接方式可分为串行进位方式、并行进位方式、整体置零方式和整体置数方式几种。例如一片 74LS161 可构成二进制至十六进制任意进制计数器,利用两片则可构成二进制至二百五十六进制之间的任意进制计数器,实际中应当根据需要灵活选用计数器芯片。下面仅以两级之间的连接为例说明这 4 种连接方式的原理。

(1) 若 M 可以分解为两个小于 N 的因数相乘,即 $M = N_1 \times N_2$,则可采用串行进位方式或并行进位方式将一个 N_1 进制计数器和一个 N_2 进制计数器连接起来,构成 M 进制计数器。串行进位方式中,以低位片的进位输出信号作为高位片的时钟输入信号。在并行进位方式中,以低位片的进位输出信号作为高位片的工作状态控制信号(计数器的使能信号),两片的时钟输入端同时接计数输入信号。

(2) M 不能分解为两个小于 N 的因数相乘,即 $M \neq N_1 \times N_2$,并行进位方式和串行进位方式就无法实现,必须采取整体置零方式或整体置数方式构成 M 进制计数器。整体置零方式就是首先将两片 N 进制计数器按最简单的方式接成一个大于 M 进制的计数器(例如 $N \times N$ 进制)。然后在计数器计为 M 状态时,译出异步置零信号 $\overline{R_D} = 0$,将两片 N 进制计数器同时置零。这种方式的基本原理和 $M < N$ 时置零法是一样的。

整体置数方式的原理与 $M < N$ 时的置数法类似。先将两片 N 进制计数器用最简单的连接方式接成一个大于 M 进制的计数器(例如 $N \times N$ 进制),然后在选定的某一状态下译出 $\overline{LD} = 0$ 信号,将两个 N 进制的计数器同时置入适当的数据,跳越多余的状态,获得 M 进制计数器,条件是采用这种接法要求已有的 N 进制计数器本身必须具有预置数功能。

例 6 - 11　分析图 6 - 45 所示由 74LS161 连接而成电路的逻辑功能。

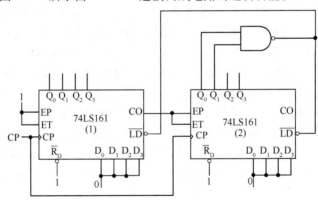

图 6 - 45　例 6 - 11 逻辑电路图

解　由图 6 - 45 可知,前级 74LS161(1)计数器的 EP、ET 端均接高电平,一直工作在计数状态,其进位端输出 CO 接入后级芯片 74LS161(2)的 EP、ET 端作为工作控制信号。当 74LS161(1)计数计满 16 个二进制码时,CO 输出 1。在下一个时钟周期的上升沿到来时触发后 74LS161(2)进入计数状态,同时 74LS161(1)计数器再次从开始计数,当计入 48 个脉冲时,74LS161(1)芯片的状态是 0000,后级芯片 74LS161(2)的状态是 0011。此时输出通过与非门控制两片芯片的置数端 $\overline{LD}$,产生反馈信号使整体置数。由于预置数端全部是低电平,因此整个系统的计数状态从 0000 再次开始,构成模 49 计数器。

例 6 - 12　试用两片 74LS160 构成二十九进制计数器。

解　29 不能分解成两个数之积,因此必须用整体置零或整体置数构成模 29 计数器。将两片十进制计数器 74LS160 按照图 6 - 46 所示进行连接,即用置零法实现了二十九进制计数器。

第一片的 EP、ET 接高电平,所以第一片一直工作在计数状态。以第一片的进位输出 CO 作为第二片的 EP 输入。当第一片计到 1001 时进位输出变为 1,在下一个时钟脉冲 CP 到来时使第二片进入

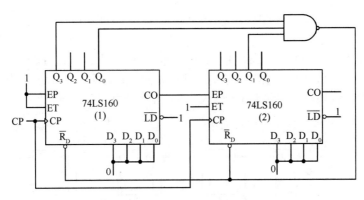

图 6-46　例 6-12 逻辑电路图—置零法

计数状态,计入 1,而第一片又从 0000 开始计数。当计入 29 个 CP 脉冲时,即第一片的 $Q_3Q_2Q_1Q_0 = $ 1001,第二片的 $Q_3Q_2Q_1Q_0 = 0010$ 时,输出通过与非门反馈给两片 740LS160 的 $\overline{R}_D$ 一个清零信号,从而使电路回到 0000 状态;$\overline{R}_D$ 信号也随之消失,电路重新从 0000 状态开始计数,这样电路就实现了二十九进制计数的功能。

　　清零法可靠性差,需要另外加触发器才能得到所需的清零及进位输出信号,所以常采用置数法以避免清零法的缺点,如图 6-47 所示。首先将两片 74LS160 接成百进制计数器。然后由电路 28 状态译码产生 LD = 0 信号同时加到两片 74LS160 上,在下个计数脉冲(第 29 个输入脉冲)到达时,将 0000 同时置入两片 74LS160 中,从而得到二十九进制计数器。

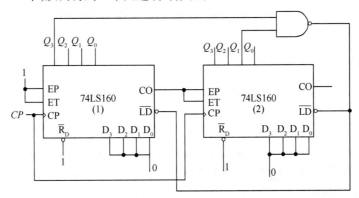

图 6-47　例 6-12 逻辑电路图—置数法

6.3.2　寄存器和移位寄存器

1. 寄存器

　　数字电路中,用来存放二进制数据或代码的电路称为寄存器。寄存器由具有存储功能的触发器组合构成。一个触发器可以存储 1 位二进制代码,存放 n 位二进制代码的寄存器,需用 n 个触发器构成。由于寄存器只要求存储 1 和 0,因此无论哪种触发方式的触发器都可以组成寄存器。为了控制信号的接收和清除,还必须有相应的控制电路与触发器配合工作,所以寄存器中还包含由门电路构成的控制电路。

　　按照功能的不同,寄存器分为基本寄存器和移位寄存器两大类。基本寄存器只能并行输入数据、并行输出数据。移位寄存器中的数据可以在移位脉冲作用下依次逐位右移或左移,数据可以并行输入—并行输出,也可以串行输入—串行输出,还可以并行输入—串行输出、串行输入—并行输出,十分灵活,用途广泛。

图 6-48 所示为由 D 触发器构成的 4 位寄存器,其中 $\overline{R_D}$ 为置零端,$D_0 \sim D_3$ 是信号输入端,$Q_0 \sim Q_3$ 是输出端。图中可以看出,接收数据时所有各位代码是同时并行输入,D 触发器中的数据是并行地出现在输出端,这种输入、输出方式称为并行输入—并行输出方式。

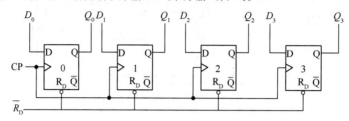

图 6-48 D 触发器构成的 4 位寄存器

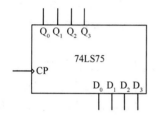

图 6-49 集成 4 位寄存器

状态方程为

$$\begin{cases} Q_0^{n+1} = D_0 \\ Q_1^{n+1} = D_1 \\ Q_2^{n+1} = D_2 \\ Q_3^{n+1} = D_3 \end{cases} \qquad (6-26)$$

从图 6-48 可以看出,在 CP 脉冲信号的作用下,寄存器将输入数据 $D_0 \sim D_3$ 寄存,通过输出端 $Q_0 \sim Q_3$ 输出,图 6-49 所示为相应集成 4 位数码寄存器 74LS75 的逻辑图。

2. 移位寄存器

为了增加使用的灵活性,在寄存器的电路中可以附加控制电路以实现异步置零、输出三态控制和移位等功能。其中,具有移位功能的寄存器称为移位寄存器,它是指寄存器里存储的代码在移位脉冲的作用下依次左移或右移的寄存器。根据输入输出信号的不同,移位寄存器分为串入—并出、串入—串出、并入—串出、并入—并出 4 种。利用移位寄存器可以实现串行—并行转换、数值运算以及数据处理等。下面从输入输出方式不同介绍移位寄存器。

1) 串入—并出移位寄存器

图 6-50 所示为由 4 级 D 触发器构成的 4 位串入—并出移位寄存器。

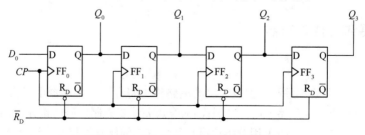

图 6-50 4 位串入—并出移位寄存器

第一个触发器 FF_0 的输入端用于接收信息,其他输入端均与前级触发器的输出端 Q 连接。在实际工作时,系统会有一段时间的延时,因为 CP 的上升沿到达各个触发器需要一定的时间。因此,在移存脉冲的作用下,当 FF_0 开始翻转时,其余后级触发器仍然按照原状态进行反转。以二进制码

$D_0 D_1 D_2 D_3 = 1011$ 为例,假设在第一个时钟周期到来时,1011 的最低位 1 输入触发器 FF_0,则其将 1 暂存,并且将其输出至下一级触发器 FF_1。当第二个 CP 上升沿到来时,触发器 FF_0 将暂存的二进制数 0,触发器 FF_1 暂存上一个脉冲周期从 FF_0 输入的最低位 1。随着时钟脉冲输入,各个触发器将依次开始工作。从整体看,总的效果相当于移位寄存器里原有代码依次向右移了一位(本书规定,串行数据从 $Q_0 \rightarrow Q_3$ 移动称为右移即由低位向高位移动,由 $Q_3 \rightarrow Q_0$ 移动称为左移即高位向低位移动)。

表 6-17 所列为 5 个时钟周期内各个触发器输出端的状态,假设初始状态为 0000。可以看出,在第五个周期时,可以将 $Q_3 \sim Q_0$ 一次性并行全部读出输入的数据,实现了数据的串—并转换。

表 6-17　触发器状态转移表

CP 顺序	D_0 状态	Q_0^n	Q_1^n	Q_2^n	Q_3^n
0	0	0	0	0	0
1	1	1	0	0	0
2	0	0	1	0	0
3	1	1	0	1	0
4	1	1	1	0	1

电路的状态方程为

$$\begin{cases} Q_0^{n+1} = D_0 \\ Q_1^{n+1} = Q_0^n \\ Q_2^{n+1} = Q_1^n \\ Q_3^{n+1} = Q_2^n \end{cases} \tag{6-27}$$

图 6-51 所示为串入—并出移位寄存器的输入输出波形(以 1011 为例)。

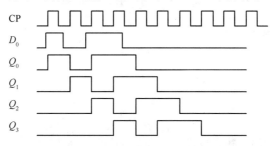

图 6-51　串入—并出移位寄存器时序图

值得注意的是,在二进制计算中,数据向高位/低位移位,就相当于乘/除运算,即数据每向高位/低位移一位,就相当于在原数据的基础上乘/除 2,每移 n 位,则相当于乘/除以 2^n。因此,移位寄存器通常也当做乘法/除法器使用,实现数值计算功能。

2)串入—串出移位寄存器

图 6-52 所示为由 4 级 D 触发器构成的 4 位串入—串出移位寄存器的逻辑图。

从图可以看到,串入—串出移位寄存器实现的功能是在时钟信号 CP 的作用下,经过 N 个周期(N 为触发器个数),将输入信号 D_0 在最后一个触发器输出,信号仅仅是延迟输出了 N 个移存脉冲的周期,延迟时间为

$$T_d = n \cdot T_{CP} \tag{6-28}$$

式中:T_{CP} 为移存脉冲的周期;n 为存储器的位数。

串入—串出移位寄存器的延时输出特性可以用于一些需要延时控制的场合。

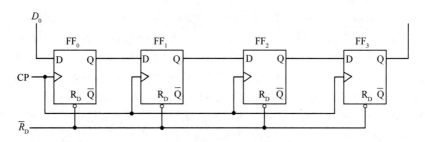

图 6 - 52 串入串出 4 位移位寄存器

由于串入—串出移位计数器的每一个触发器的作用都相当于使信号延迟一个周期,利用这个特性,可以使用移位寄存器来实现计数功能。

(1) 环形计数器。

将串入—串出移位寄存器的输出端 Q^n 反馈接入输入端,可以让信号在各个触发器之间循环行进,这就构成了最简单的环形计数器。图 6 - 53 所示为由移位寄存器构成的模 4 环形计数器,其中,反馈信号为

$$D_0 = Q_3^n \tag{6-29}$$

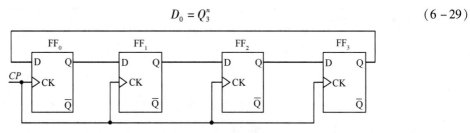

图 6 - 53 模 4 环形计数器

触发器的状态转移方程为

$$\begin{cases} Q_0^{n+1} = Q_3^n \\ Q_1^{n+1} = Q_0^n \\ Q_2^{n+1} = Q_1^n \\ Q_3^{n+1} = Q_2^n \end{cases} \tag{6-30}$$

根据式(6 - 30)可以列出其状态转移表和状态转移图,分别如表 6 - 18 和图 6 - 54 所示。

表 6 - 18 图 6 - 53 状态转移表

Q_3^n	Q_2^n	Q_1^n	Q_0^n	Q_3^{n+1}	Q_2^{n+1}	Q_1^{n+1}	Q_0^{n+1}
0	0	0	1	0	0	1	0
0	0	1	0	0	1	0	0
0	1	0	0	1	0	0	0
1	0	0	0	0	0	0	1
1	0	0	1	0	0	1	1
0	0	1	1	0	1	1	0
0	1	1	0	1	1	0	0
1	1	0	0	1	0	0	1
1	1	1	0	1	1	0	1

续表

Q_3^n	Q_2^n	Q_1^n	Q_0^n	Q_3^{n+1}	Q_2^{n+1}	Q_1^{n+1}	Q_0^{n+1}
1	1	0	1	1	0	1	1
1	0	1	1	0	1	1	1
0	1	1	1	1	1	1	0
0	1	0	1	1	0	1	0
1	0	1	0	0	1	0	1
0	0	0	0	0	0	0	0

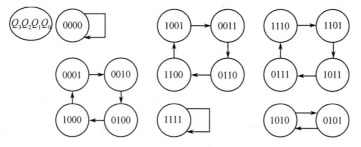

图 6-54 图 6-53 状态转移图

若规定 0001~1000 为有效循环,其余的都是无效循环。以上所有的计数循环都是彼此孤立的。一旦计数器进入无效循环,将保持无效循环计数,从而不能够转入有效循环。因此,该计数器不具备自启动功能。

为了确保环形计数器工作在有效循环内,可以对电路进行改进,使之具有自启动功能。将 $Q_0 \sim Q_2$ 的输出经由**或非**门反馈入 D_0 端,即可实现自启动功能,如图 6-55 所示。

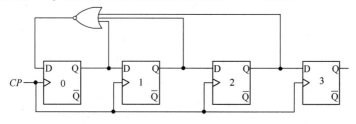

图 6-55 改进的环形计数器

状态方程

$$\begin{cases} Q_0^{n+1} = \overline{Q_0^n + Q_1^n + Q_2^n} \\ Q_1^{n+1} = Q_0^n \\ Q_2^{n+1} = Q_1^n \\ Q_3^{n+1} = Q_2^n \end{cases} \qquad (6-31)$$

状态转移图如图 6-56 所示。

在非自启动环形计数器的基础上,将反馈函数修改为

$$D_0 = \overline{Q_0^n + Q_1^n + Q_2^n + \cdots + Q_{N-2}^n}$$

通过门电路修改反馈输入端(N 是触发器个数),可以实现自启动功能。

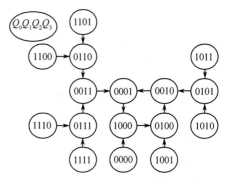

图 6-56 改进后状态转移图

(2)扭环形计数器。

由上面的分析知道,由触发器构成环形计数器时,有大量的电路状态被当作无效的状态而被弃掉。修改反馈输入端,不仅能够实现电路的自启动功能,而且也能提高电路状态的使用效率。

扭环形计数器就是最简单的可以提高状态利用率的环形计数器,它将移位寄存器的输出端$\overline{Q^n}$反馈接入输入端,构成扭环形计数器。图 6 - 57 所示为由 4 个 D 触发器构成的扭环形计数器,可以看到,它与普通的环形计数器区别在于它的反馈函数

$$D_0 = \overline{Q_3^n} \tag{6-32}$$

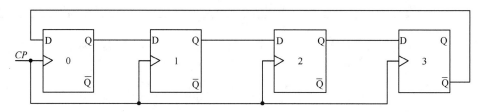

图 6 - 57　模 8 扭环形计数器

其状态方程与环形计数器仅仅在 D_0 端不同,列出其状态转移表和状态转移图如表 6 - 19 和图 6 - 58 所示。

表 6 - 19　图 6 - 57 状态转移表

Q_0^n	Q_1^n	Q_2^n	Q_3^n	Q_0^{n+1}	Q_1^{n+1}	Q_2^{n+1}	Q_3^{n+1}
0	0	0	0	1	0	0	0
1	0	0	0	1	1	0	0
1	1	0	0	1	1	1	0
1	1	1	0	1	1	1	1
1	1	1	1	0	1	1	1
0	1	1	1	0	0	1	1
0	0	1	1	0	0	0	1
0	0	0	1	0	0	0	0
1	0	1	0	1	1	0	1
1	1	0	1	0	1	1	0
0	1	1	0	1	0	1	1
1	0	1	1	0	1	0	1
0	1	0	1	0	0	1	0
0	0	1	0	1	0	0	1
1	0	0	1	0	1	0	0
0	1	0	0	1	0	1	0

由图可知,该计数器的计数状态被等分成两半,每个循环的模都是 8,即 2N。因此,只需规定其中一个为有效循环,则另一个就是无效循环。通常选择左边这个循环作为工作循环,因为在每次状态改变时,系统内只有一个触发器状态是改变的,这就避免了时序电路中的冒险现象。此外,扭环型计数器相对于普通环形计数器的优点在于它可使有效循环的计数模值加倍,即由 N 变为 2N。但由于计数循环的各个状态之间并不是按照常用编码规律排列的,如果需要顺序输出则需要增加译码电路。

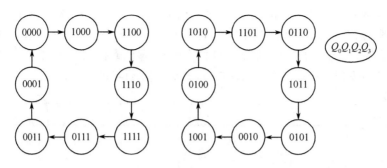

图 6-58　图 6-57 状态转移图

在这种连接方式下,扭环形计数器也是不能够自启动的,对反馈电路进行修改,能够得到可自启动的扭环形计数器,如图 6-59 所示,状态转移图如图 6-60 所示。

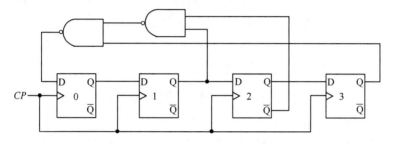

图 6-59　改进后的扭环形计数器

状态转移图

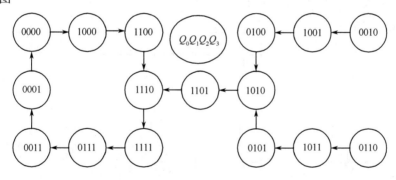

图 6-60　图 6-59 状态转移图

对状态转移图的分析可知,扭环型计数器的连接方式是 $D_0 = \overline{Q_{N-1}^n}$,而内部的各个触发器之间仍然是串行连接方式。

根据不同的需要,反馈信号的接入可以是多种多样的,在反馈环节加入其他的逻辑电路,能够构成实现其他特殊功能的环形计数器。

3）并入—串出移位寄存器

并行信号转为串行信号在通信系统中使用得较为广泛,由于许多微处理器都是并行输出数据,而通信系统的数据总线往往是串行的,这就要求数据必须通过并—串转换将数据从微处理器传送到数据总线上。

图 6-61 所示为一个 4 位的并入—串出移位寄存器的逻辑图。

为了实现数据的载入移位,需要附加不同门电路构成的外围电路,其中,$\overline{\text{LOAD}/\text{SHIFT}}$端用于控制电路载入数据或者进行数据移位,当 LOAD/$\overline{\text{SHIFT}}$ 为 1 时,各个触发器的第二个与门处于工作状态,此时,各个触发器在移位时钟脉冲的控制下,分别从 $D_0 \sim D_3$ 开始载入数据;而当 LOAD/$\overline{\text{SHIFT}}$ 为 0 时,各个触发器的第一个与门处于工作状态,此时电路处在移位寄存状态,由于各个触发器之间是串行连接,因此,数据在触发器中经过 N 个周期之后,由 Q_3 端串行输出。

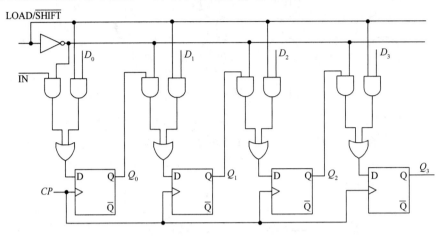

图 6 - 61　并入—串出移位寄存器逻辑图

4)并入—并出移位寄存器

将各个触发器的输出端改为并行状态,即每一个触发器都能够输出,则可以构成并入—并出移位寄存器,其工作原理与并入—串出寄存器基本一致,区别仅在于数据能够直接从多个端口一起输出,并入—并出工作方式常应用于微处理器内部,如图 6 - 62 所示。

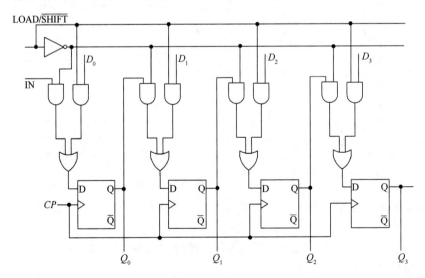

图 6 - 62　并入—并出移位寄存器逻辑图

3. 集成移位寄存器及应用

1)4 位双向移位寄存器 74LS194

在满足基本移位寄存器功能的基础上,集成的移位寄存器往往能够提供更多功能以完成更加复杂的应用。其中,双向移位寄存器 74LS194 是应用最为广泛的移位寄存器,它能够进行左/右移位控制,带有保持、复位等控制端,采用并行输入的方式,能够实现并行置数、异步清零等功能。

图 6-63 所示为 74LS194 的逻辑图,图 6-64 所示为 74LS194 逻辑符号图。

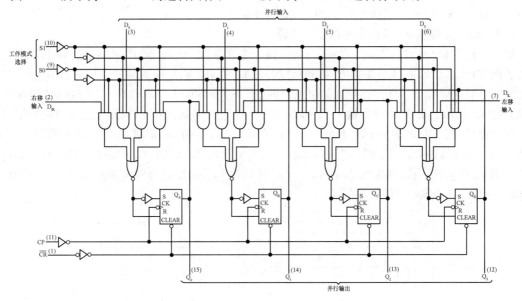

图 6-63 74LS194 逻辑图

图 6-64 中,$D_0 \sim D_3$ 是并行数据输入端,$Q_0 \sim Q_3$ 是数据输出端,D_{IR} 是右移工作时的数据输入端口,D_{IL} 是左移工作时的数据输入接口,S_0,S_1 作为工作方式控制端口,其输入电平决定了寄存器的工作状态。$\overline{CR}$ 是清零端,只有当它为高电平时,芯片才正常工作,否则整个芯片将强制置零。

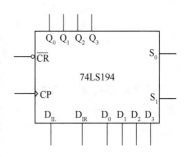

图 6-64 74LS194 逻辑符号图

表 6-20 所列为 74LS194 的详细工作状态。当 $\overline{CR}$ 为 1,即寄存器处于正常工作状态,$S_1 S_0 = 00$ 时,时钟脉冲 CP 的触发沿(对于 74LS194 来说是上升沿)到来后,寄存器内部的数据状态将保持不变,输出也不改变。当 $S_1 S_0 = 01$ 时,寄存器将采取右移的工作方式,缺位的数据将由 D_{IR} 端输入得到;当 $S_1 S_0 = 10$ 时,寄存器的工作状态是左移,缺位的数据从 D_{IL} 端输入得到,而当 $S_1 S_0 = 11$ 时,寄存器将并行从 $D_0 \sim D_3$ 输入端读取数据。

表 6-20 74LS194 功能表

CP	$\overline{CR}$	S_1	S_0	D_{IL}	D_{IR}	D_0	D_1	D_2	D_3	Q_0^{n+1}	Q_1^{n+1}	Q_2^{n+1}	Q_3^{n+1}	工作状态
×	0	×	×	×	×	×	×	×	×	0	0	0	0	清零
0	1	×	×	×	×	×	×	×	×	Q_0^n	Q_1^n	Q_2^n	Q_3^n	保持
↑	1	1	1	×	×	A	B	C	D	A	B	C	D	置数
↑	1	0	1	×	1	×	×	×	×	1	Q_0^n	Q_1^n	Q_2^n	右移
↑	1	0	1	×	0	×	×	×	×	0	Q_0^n	Q_1^n	Q_2^n	右移
↑	1	1	0	1	×	×	×	×	×	Q_1^n	Q_2^n	Q_3^n	1	左移
↑	1	1	0	0	×	×	×	×	×	Q_1^n	Q_2^n	Q_3^n	0	左移
×	1	0	0	×	×	×	×	×	×	Q_0^n	Q_1^n	Q_2^n	Q_3^n	保持

2）74LS194 的应用

一片 74LS194 能够实现 4 位二进制码的寄存和移存功能,高于 4 位数据的寄存,移存可以通过级联方式实现,例 6-13 给出了两片 74LS194 构成的级联例子。

例 6-13　分析图 6-65 所示电路逻辑功能。

解　两片 74LS194 工作在同步状态下,共用同一个计数脉冲 CP。同时 $\overline{CR}$,S_1、S_0 端并联,工作状态也相同,前级芯片 C_1 的末位输出 Q_3 接到后级芯片 C_2 的 D_{IR} 端,后级芯片的首位输出 Q_0 接入前级芯片的 D_{IL} 端,这样 C_1,C_2 的两个 4 位输出端即构成了一个整体的 8 位输出端。当寄存器处于右移工作状态时,C_1 的输出端 Q_3 将数据输入 C_2 的 D_{IR} 端,相当于 C_2 开始右移工作,最左边缺位的数据由 C_1 的输出端 Q_3 填充。因此,从整体上看是一个 8 位右移移位寄存器,而前级芯片 C_1 的右移输入端 D_{IR} 则成为整个寄存器的 D_{IR}。反过来,当寄存器处于左移状态时,前级芯片 C_1 的最右边缺位的数据由 C_2 的输出端 Q_0 填充,整个寄存器处于左移状态,后级芯片 C_2 的 D_{IL} 成为整个寄存器的 D_{IL}。因此,图 6-65 为两片级联构成 8 位移位寄存器。

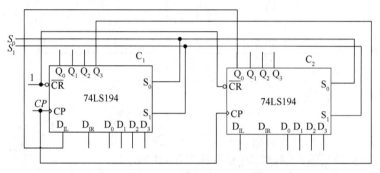

图 6-65　例 6-13 逻辑电路

74LS194 不仅能够与集成寄存器级联实现位扩展功能,也能够与其他集成芯片共同构成系统,实现复杂的功能,例 6-14 所示为由 1 个全加器和 3 个 74LS194 构成的串行累加器的实例。

例 6-14　分析图 6-66 所示电路逻辑功能。

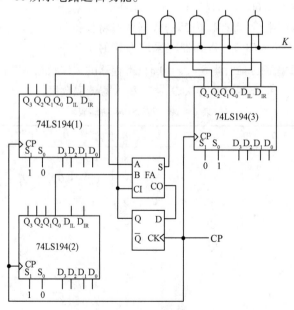

图 6-66　例 6-14 逻辑电路

解 首先在加法运算之前,令移位寄存器 74LS194(1) 和 74LS194(2) 的 $S_1S_0 = 11$,即从置数端读取输入数据,假设 74LS194(1) 置入的数据位 $A_3A_2A_1A_0$,74LS194(2) 置入的数据是 $B_3B_2B_1B_0$。然后令 $S_1S_0 = 10$,使 74LS194(1) 和 74LS194(2) 实现左移。当第一个脉冲触发沿到来时,74LS194(1) 将 A_0,74LS194(2) 将 B_0 送入加法器进行二进制加法运算,进位由加法器的进位输出端 CO 送入 D 触发器中,运算结果存入移位寄存器 74LS194(3) 的 D_{IR} 端。第二个脉冲触发沿到来时,送入加法器的是由 74LS194(1) 输出的 A_1 和由 74LS194(2) 输出的 B_1。同时,74LS194(3) 的 D_{IR} 端输入 $A_0 + B_0$ 的结果右移一位,此时 D_{IR} 端输入的是 $A_1 + B_1$,CO 端输出的是 $A_1 + B_1$ 的进位结果。以此类推下去,当第 4 个脉冲触发沿到来后,74LS194(1) 和 74LS194(2) 中的 4 位二进制码已经移送完毕,而运算结果也存入移位寄存器 74LS194(3)。此时 74LS194(3) 中的数据分别为 $A_3 + B_3$,$A_2 + B_2$,$A_1 + B_1$,$A_0 + B_0$ 的结果,进位结果保存在 D 触发器中。计算结果通过 $Q_3 \sim Q_0$ 输出,而进位端的结果也从 D 触发器输出至与门。通过输入一个取数脉冲 K,从与门中一次性并行取得 $A_3A_2A_1A_0 + B_3B_2B_1B_0$ 的结果及进位结果。该电路实现的功能是将集成移位寄存器 74LS194(1) 和 74LS194(2) 中的二进制数逐位相加,并且将结果并行输出。

3)其他集成移位寄存器

除 74LS194 外还有许多功能各异的集成移位寄存器,在应用时可以根据实际问题灵活选用。图 6-67 所示为具有 JK 输入的移位寄存器 74LS195。J 和 K 是两个移位信号控制输入端,使用时将 J 与 K 连在一起,则等价于 D 触发器的输入方式。由于只有一组移位输入信号,因此 74LS195 只能进行右移操作,表 6-21 所列为 74LS195 的功能表。其中,CR 是清零端,低电平有效。$SH/\overline{LD}$ 端是移位/置数控制端,低电平时,移位寄存器从输入端口 $D_3D_2D_1D_0$ 置数,高电平时进行移位操作。74LS195 有两个串行输出端 Q_3^n 和 $\overline{Q_3^n}$,即可以提供最后一级的反向输出,这有利于灵活搭建反馈电路。

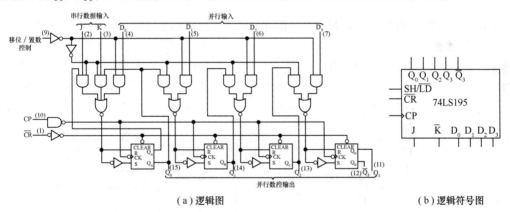

(a)逻辑图 (b)逻辑符号图

图 6-67 集成移位寄存器 74LS195 逻辑图

表 6-21 74LS195 功能表

$\overline{CR}$	$SH/\overline{LD}$	J	$\overline{K}$	Q_0	Q_1	Q_2	Q_3	功 能
0	×	×	×	0	0	0	0	清零
1	0	×	×	D_0	D_1	D_2	D_3	置数
1	1	0	1	Q_0	Q_0	Q_1	Q_2	移位(右移)
1	1	0	0	0	Q_0	Q_1	Q_2	移位(右移)
1	1	1	1	1	Q_0	Q_1	Q_2	移位(右移)
1	1	1	0	$\overline{Q_0}$	Q_0	Q_1	Q_2	移位(右移)

4）用集成移位寄存器实现任意模值 M 的计数器

移位寄存器的状态转移是按移存规律进行的。因此,构成任意模值的计数器的状态转移必然符合移存规律,一般称为移存型计数器。常用的移存型计数器有环形计数器和扭环形计数器。

图 6 - 68 所示为应用 4 位移位寄存器 CT54195 构成的环形计数器。CT54195 的功能表与 74LS195 相同,如表 6 - 21 所列。当移位/置入($SH/\overline{LD}$)控制端为低电平时,执行同步并行置入操作,当移位/置入为高电平时,执行右移操作。由图 6 - 68 可见,并行输入信号 $D_0D_1D_2D_3 = 0111$,输出 Q_3 反馈接至串行输入端。这样,在时钟作用下其状态转移表如表 6 - 22 所列。首先在启动信号作用下,实现并入操作,使 $Q_0Q_1Q_2Q_3 = 0111$,以后执行右移操作,实现模 4 计数。

这种移存型计数器,每一个输出端轮流出现 0(或 1),称为环形计数器。由于其没有自启动特性,所以外加启动信号。如果将输出 $\overline{Q_3}$ 反馈接至串行输入端,则可得到如表6 - 23所列的状态转移,能实现模 8 计数。一般 n 位移位寄存器可实现模值 n 的环形计数器及模值 $2n$ 的扭环形计数器。

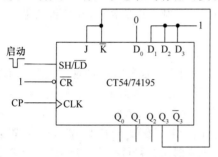

图 6 - 68　移位寄存器构成的环形计数器

表 6 - 22　环形计数器

Q_0^n	Q_1^n	Q_2^n	Q_3^n
0	1	1	1
1	0	1	1
1	1	0	1
1	1	1	0

表 6 - 23　扭环形计数器

Q_0^n	Q_1^n	Q_2^n	Q_3^n
0	1	1	1
0	0	1	1
0	0	0	1
0	0	0	0
1	0	0	0
1	1	0	0
1	1	1	0
1	1	1	1

采用移位寄存器 $SH/\overline{LD}$ 控制端,选择合适的并行输入数据值和适当的反馈网络,可以实现任意模值 M 的同步计数器(分频器)。

例 6 - 15　应用 CT54195 4 位移位寄存器,实现模 12 同步计数。

解　图 6 - 69 所示为 CT54195 构成的模 12 计数器。并行数据输入全部为 0,由 Q_3 作为串行数据输入 $\overline{K}$,$\overline{Q_3}$ 作为 J 输入。$SH/\overline{LD} = \overline{Q_2Q_1Q_0}$,在时钟 CP 作用下,其状态转移如表 6 - 24 所列。

表 6 - 24　状态转移表

Q_3^n	Q_2^n	Q_1^n	Q_0^n	$SH/\overline{LD}$	Q_3^{n+1}	Q_2^{n+1}	Q_1^{n+1}	Q_0^{n+1}
0	0	0	0	1	0	0	0	1
0	0	0	1	1	0	0	1	0
0	0	1	0	1	0	1	0	1
0	1	0	1	1	1	0	1	0
1	0	1	0	1	0	1	0	0
0	1	0	0	1	1	0	0	1
1	0	0	1	1	0	0	1	1
0	0	1	1	1	0	1	1	0
0	1	1	0	1	1	1	0	0
1	1	0	0	1	1	0	0	1
1	0	0	1	1	0	0	1	1
0	1	1	1	0	0	0	0	0

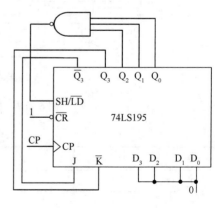

图 6 - 69　移位寄存器构成的模 12 计数器

如果要构成其他模值计数器时,只需改变并行输入数据即可,其他结构不变。表 6 - 25 所列为实现各种不同模值的并行输入数据。

采用移位寄存器和译码器可以构成程序计数器(分频器)。图 6 - 70 所示为由 3 线—8 线译码器和 2 片移位寄存器 CT54195 构成的程序计数器。图中片 1 为 3 线—8 线译码器,它用来编制分频比。所需分频比由 CBA 来确定。片 2 和片 3 为集成移位寄存器。改变片 1 的输入地址 CBA,可改变分频比。

表 6 – 25　不同模值输入数据

计数模值	D_3	D_2	D_1	D_0
1	0	1	1	1
2	1	0	1	1
3	1	1	0	1
4	0	1	1	0
5	0	0	1	1
6	1	0	0	1
7	0	1	0	0
8	1	0	1	0
9	0	1	0	1
10	0	0	1	0
11	0	0	0	1
12	0	0	0	0
13	1	0	0	0
14	1	1	0	0
15	1	1	1	0

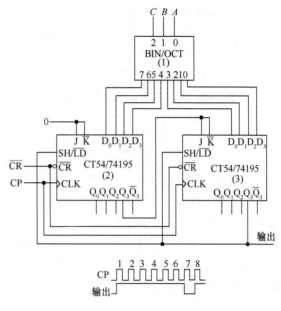

图 6 – 70　逻辑电路及时序图

6.3.3　序列信号发生器

在通信、雷达、遥测遥感、数字信号传输和数字系统的测试中,往往需要用到一组具有特殊性质的串行数字信号,这种由 1、0 数码按一定顺序排列的周期信号称为序列信号。产生这种信号的电路称为序列信号发生器。序列信号发生器的构成方法有多种,本节重点介绍移存型序列信号发生器和计数型序列信号发生器。

1. 移存型序列信号发生器

由图 6 – 71 所示的结构可以看出,移存型序列信号发生器一般是由移位寄存器和组合反馈电路两部分构成。

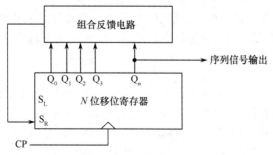

图 6 – 71　移存型信号发生器框图

其中,移位寄存器的结构和模式是固定不变的,因此在分析应用以及设计时,应当把重点放在反馈电路上。下面以一个用 D 触发器构成的移位寄存器搭建的序列信号发生器为例,分析移存型序列信号发生器并进行设计。

例 6 – 16   分析图 6 – 72 所示序列信号发生器。

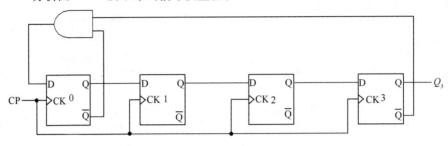

图 6 – 72   例 6 – 16 逻辑电路

解   从图中可以看出,4 个 D 触发器构成串行结构的移位寄存器,而 D_0 的输入是由 $\overline{Q_0^n}$ 和 $\overline{Q_3^n}$ 通过与门反馈接入,其驱动方程为 $D_0 = \overline{Q_3^n}\,\overline{Q_0^n}$。

任选一个状态如 $Q_3^n Q_2^n Q_1^n Q_0^n = 1101$ 来分析,由逻辑图可知,数据是由低位向高位移存的,而补入的低位信号来自与门的反馈信号,$D_0 = \overline{Q_3^n}\,\overline{Q_0^n} = 0$,因此补 0,结果是 1010。以此类推,直到出现状态的循环,列出循环状态的状态转移表如表 6 – 26 所列,该电路能输出 10100 序列位号且具备自启动功能。

考虑到信号序列的长度,若保证能够循环产生所需信号,则至少需要考虑前后两个循环的状态,每个序列长度为 5,则两个序列为 1010010100,由于移位寄存器电路中有 4 个 D 触发器,因此,每一个时钟脉冲内系统能够暂存的状态有 4 位,用 4 位二进制码将序列信号分组,每一个周期右移一位,分组结果如下:

1010010100
1010
  0100
    1001
      0010
       0101

表 6 – 26   状态转移表

Q_3^n	Q_2^n	Q_1^n	Q_0^n	D_0
1	1	0	1	0
1	0	1	0	0
0	1	0	0	1
1	0	0	1	0
0	0	1	0	1
0	1	0	1	0
1	0	1	0	0

从状态转移表可以看出,输出端 Q_3 能够周期性的输出序列信号 10100。

通过对例 6 – 16 的分析可以找出移存型序列信号发生器设计的一般方法:

(1) 首先根据序列信号的长度,确定最少触发器的数目 n,对于计数型序列信号发生器,n 满足如下关系

$$2^{n-1} < M \leqslant 2^n \tag{6 – 33}$$

式中,M 为计数器的模,对于移存型序列信号发生器而言,如果 M 指的是序列长度的话,M 和 n 的关系并不一定满足,但是在设计时可以参照式(6 – 33)进行初始的确定。

(2) 通过分组,验证触发器数目 n 是否满足需要。具体方式是:对于给定的序列信号,按照 n 位一组,依次后移一位的方式进行分组,总共取到序列结尾为止,共 M 组,M 为序列长度。假设 M 组二进制码都不重复,则说明 n 个触发器可用。如果 M 组二进制码中有重复的,则说明电路不能够用 n 个触发器搭建完成,则尝试 $n+1$ 位一组的方式进行分组,直到 M 组二进制码中没有重复的情况,则此

时的 $n+1$ 就是所需触发器的个数。

（3）按照所得的 M 组二进制码编写序列信号发生器的状态转移表，状态转移表中最后一列表示的应该是反馈信号，也就是当前触发器的下一状态，即反馈信号 D_0。

（4）根据状态转移表求反馈函数 D_0 并进行化简，一般需要使用卡诺图化简。

（5）检查电路自启动状态，画出逻辑图。

例 6 – 17 设计产生 00010111……00010111 的序列信号发生器。

解 根据给定序列信号，得到序列信号的循环长度为 $M=8$。由 $2^n \geqslant M$ 知，至少需要 3 位移位寄存器。从该循环码的起始位置依次取 3 位码（000），接着从第二位开始依次取 3 位码（001），再从第三位开始依次取 3 位码（010），……，构成 8 个状态码：000、001、010、101、011、111、110、100。反馈信号 D_0 的取值是从序列信号中去掉前 n 位之后 M 位数码。例如产生 0001011100010111……序列信号，循环长度为 $M=8$，需要寄存器 3 个，即码元位数 $n=3$，则 $D_0=10111000$。由这 8 个状态码构成的状态转移表和状态转移图分别如表 6 – 27 和图 6 – 73 所示。

表 6 – 27　状态转移表

CP	Q_2^n	Q_1^n	Q_0^n	D_0
0	0	0	0	1
1	0	0	1	0
2	0	1	0	1
3	1	0	1	1
4	0	1	1	1
5	1	1	1	0
6	1	1	0	0
7	1	0	0	0

由于状态转移符合移存规律，因此需要设计第一级激励信号，其他级寄存器的输入是上一级寄存器的输出。采用 D 触发器构成移位寄存器，对图 6 – 74 卡诺图进行化简可得出 D_0。

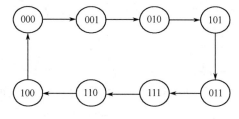

图 6 – 73　状态转移图

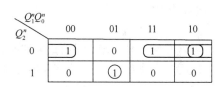

图 6 – 74　例 6 – 17 卡诺图

$$D_0 = \overline{Q_1^n} Q_0^n Q_2^n + Q_1^n \overline{Q_2^n} + \overline{Q_2^n}\ \overline{Q_0^n} \tag{6 – 34}$$

序列信号发生器电路如图 6 – 75 所示。

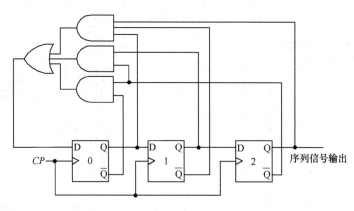

图 6 – 75　例 6 – 17 逻辑电路图

如果根据给定的序列信号画信号的状态转移表时,可能出现上一状态与下一状态相同的情况。在没有外加控制信号的情况下无法用电路实现,设计中只有通过增加位数 n 的办法,直到得到 M 个独立的状态构成循环为止。当然,增加的位数越多,电路的偏离状态越多。

例 6 – 18　用中规模逻辑器件设计序列信号发生器,产生如下序列 100111 100111。

解　(1)确定移位寄存器位数,由于序列长度为6,因此首先考虑使用3位移位寄存器。

(2)对序列信号进行分组:

```
100111100111
100
  001
    011
     111
      111
       110
```

从分组情况可以看出,其中出现了两个 111 状态。因此,采取3位移位寄存器不能够满足设计需要,考虑使用4位,分组情况如下:

```
100111100111
1001
  0011
    0111
      1111
        1110
          1100
```

此时可以发现,6种状态中没有重复状态,因此确定 $n = 4$。

(3) 设反馈信号为 F_0,当移位寄存器右移时,Q_0^n 中的信号移到 Q_1^n,F_0 的信号移到 Q_0^n,于是可以画出状态转移表。例如 $Q_3^n Q_2^n Q_1^n Q_0^n = 1001$ 时,在脉冲信号的作用下,移位寄存器实现右移,$Q_3^n Q_2^n Q_1^n Q_0^n = 001F_0$,下一个状态为 0011,所以 $F_0 = 1$。当 $Q_3^n Q_2^n Q_1^n Q_0^n = 0011$ 时,下一个状态为 $Q_3^n Q_2^n Q_1^n Q_0^n = 0111$,所以 $F_0 = 1$。于是画状态转移表如表 6 – 28 所列。

画出反馈函数 F_0 的卡诺图(图 6 – 76),并且化简,得

$$F_0 = \overline{Q_3^n} + \overline{Q_1^n}$$

表 6 – 28　状态转移表

Q_3^n	Q_2^n	Q_1^n	Q_0^n	F_0
1	0	0	1	1
0	0	1	1	1
0	1	1	1	1
1	1	1	1	0
1	1	1	0	0
1	1	0	0	1

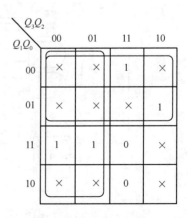

图 6 – 76　例 6 – 18 卡诺图

（4）检查自启动情况。

根据以上的结果,可以画出状态完整的状态转移图,如图 6-77 所示。

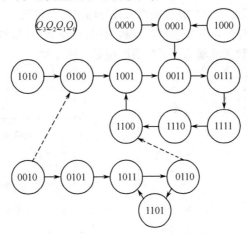

图 6-77　例 6-18 状态转移图

可以看到,电路产生了一个无效循环,因此电路不具备自启动功能。所以,需要修改电路设计。其中心思路就是在无效循环和有效循环中建立联系,将无效循环引入有效循环,对于本电路来说,若对于 0110 状态,在 $F_0 = 1$ 时转移到 1101,在 $F_0 = 0$ 时,转移到 1100。因此,可以将 0110 状态转移到 1100 状态（即:0110→1100 此时 $F_0 = 0$）,0010→0100,此时 $F_0 = 0$ 修改过的状态转移图如图 6-78 所示。

根据图 6-78 状态转移图化简反馈函数 F_0 的卡诺图如图 6-79（a）所示。所得到的反馈信号的状态方程变为

$$F_0 = \overline{Q}_3^n Q_0^n + \overline{Q}_1^n$$

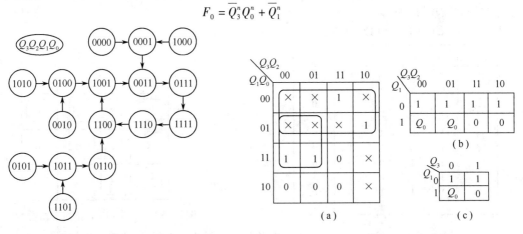

图 6-78　例 6-18 修改之后的状态转移图　　　　图 6-79　例 6-18 卡诺图

若采用 4 选 1 数据选择器实现反馈函数 F_0,将 Q_0 作为记图变量,得到降维卡诺图如图 6-79（b）、（c）所示。

（5）画出逻辑图（图 6-80）。

2. 计数型序列信号发生器

与移存型序列信号发生器相比,计数型序列信号发生器电路结构比较复杂,但是有一个很大的优

点,即能够同时生成多种序列组合。计数型序列信号发生器是在计数器的基础上附加反馈电路构成的,而且计数长度 M 同计数器的模值 M 是一样的。因此在设计序列信号发生器时,先要设计一个模 M 的计数器,然后再按照计数器的状态转换关系来设计输出组合电路。

图 6-81 所示为计数型序列信号发生器的结构简图,可以看出,虽然电路本身比较复杂,但是计数型序列信号发生器的状态设置和输出序列的更改相对比较方便。

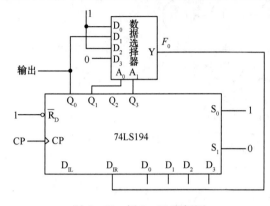

图 6-80 例 6-18 逻辑图

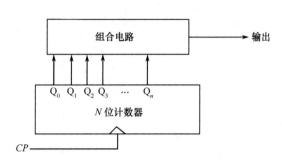

图 6-81 计数型序列信号发生器的结构图

计数型序列信号发生器的设计方法与移存型设计方法有类似之处。首先需要确定所需触发器的位数,列出状态转移表并化简,检查自启动特性等。但是,由于电路的输出位于组合输出电路,因此在设计时,可以根据需要灵活掌握。

例 6-19 使用中规模逻辑器件,设计序列为 1101000101 的计数型信号发生器。

解 由于序列长度 $M=10$,因此,首先需要选用一个模 10 计数器,考虑使用 74LS161,选择 0110→1111 状态循环。因此,需要将进位信号和置数端连接,然后根据需要,列出真值表,如表 6-29 所列,其卡诺图如图 6-82 所示。

表 6-29 例 6-19 输出真值表

CP	Q_3^n	Q_2^n	Q_1^n	Q_0^n	F
0	0	1	1	0	1
1	0	1	1	1	1
2	1	0	0	0	0
3	1	0	0	1	1
4	1	0	1	0	0
5	1	0	1	1	0
6	1	1	0	0	0
7	1	1	0	1	1
8	1	1	1	0	0
9	1	1	1	1	1

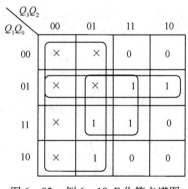

图 6-82 例 6-19 F 化简卡诺图

画卡诺图并化简如图 6-83 所示,化简结果如下:

状态转移方程

$$F = \overline{Q_1^n} Q_0^n + Q_2^n Q_0^n + \overline{Q_3^n}$$

(1)后级输出电路选择使用 8 选 1 数据选择器,电路逻辑图如图 6-84 所示。

(2)若后级输出电路采用门电路,电路逻辑图如图 6-85 所示。

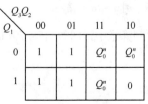

图 6-83 例 6-19 以 Q_0^n 为

记图变量降维卡诺图

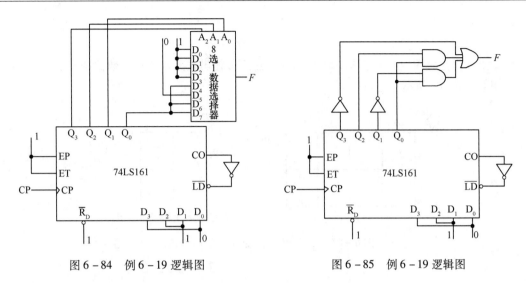

图 6 - 84　例 6 - 19 逻辑图　　　　　　　　　　图 6 - 85　例 6 - 19 逻辑图

计数型序列信号发生器最大的优点是同时能够生产多个序列,下面用一个例子来说明该电路的特性。

例 6 - 20　用中规模逻辑器件产生两个序列信号:

(1) 10101,10101;

(2) 11011,11011。

解　两个序列长度都是 5,因此,首先需要一个模 5 计数器,采用 74LS161 或 74LS160 均可以实现,本例采用 74LS161。选取计数循环为 011,100,101,110,111。

列出真值表如表 6 - 30 所列。

表 6 - 30　例 6 - 20 真值表

序号	Q_2^n	Q_1^n	Q_0^n	Y_1	Y_2
0	0	1	1	1	1
1	1	0	0	0	1
2	1	0	1	1	0
3	1	1	0	0	1
4	1	1	1	1	1

画卡诺图,化简结果如图 6 - 86 所示。

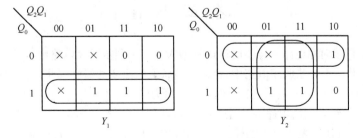

图 6 - 86　例 6 - 20 卡诺图

输出方程：

$$Y_1 = Q_0^n \qquad Y_2 = \overline{Q_0^n} + Q_1^n$$

将输出方程化简，以 Q_0^n 为记图变量（图 6 – 87），后级输出选用双 4 选 1 数据选择器 74LS153，电路逻辑图如图 6 – 88 所示。

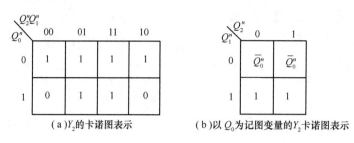

     （a）Y_2 的卡诺图表示   （b）以 Q_0 为记图变量的 Y_2 卡诺图表示

图 6 – 87   以 Q_0^n 为记图变量化简 Y_2 卡诺图

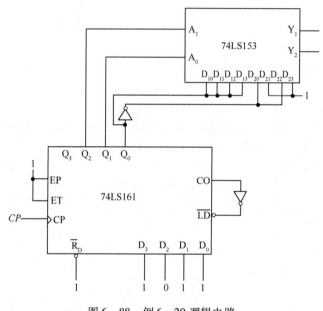

图 6 – 88   例 6 – 20 逻辑电路

序列信号发生器的分析、设计体现了多种逻辑电路的综合应用，读者在学习中体会掌握。

本 章 小 结

时序电路分为同步时序电路和异步时序电路两大类。在同步时序电路中有统一的时钟脉冲，使所有的触发器同步工作。在异步时序电路中，存储电路状态的改变与时钟异步。由于异步时序电路存在竞争冒险，所以同步时序电路的应用比异步时序电路更为广泛。

时序逻辑电路与组合逻辑电路在功能上的不同点是：时序逻辑电路在任一时刻的输出不仅取决于该时刻的输入，而且还依赖于过去的输入。其电路结构包含有组合逻辑电路和存储电路两部分，从组合逻辑电路输出经存储电路回到组合逻辑电路的回路间至少存在着一条反馈支路。时序逻辑电路与组合逻辑电路除在逻辑功能及电路结构上不同之外，在描述方法、分析方法和设计方法上也明显有区别于组合逻辑电路。

通常用于描述时序电路逻辑功能的方法有状态转移方程、驱动方程和输出方程、状态转移表、状态转移图和时序图等几种。在分析时序电路时，一般是从电路图写出状态转移方程、驱动方程和输出方程。在时序逻辑电路设计时，从方程组出发最后画出逻辑图。状态转移表和状态转移图的特点是使电路的逻辑功能一目了然，这也是在得到了方程组以后还要画出状态转移图或列出状态转移表的原因。时序图的表示方法便于进行波形观察，在实验调试中方便应用。

由于具体时序电路千变万化，它们的种类不胜枚举。本章主要介绍了寄存器、移位寄存器、计数器和序列信号发生器等几种常用电路。在最常用的计数器、移位寄存器等通用性强的时序组件中，状态数的预置方式有异步预置和同步预置两类。在异步预置方式中，只要预置信号有效，则组件立刻进入预置状态。在同步预置方式中，则要在预置信号有效条件下，在随后出现的时钟脉冲协助下才能完成预置功能。清零方式有异步清零和同步清零。在异步清零方式中，只要是清除信号有效，组件即被清零。在同步清零方式中，在清除信号有效之后，由随后出现的时钟脉冲作用才完成清零功能。

本章主要介绍了时序逻辑电路的工作原理、分析方法、设计方法以及常用时序电路等内容。从基本的同步时序逻辑电路、异步时序逻辑电路，到寄存器、移位寄存器，到各式各样的计数器，再到序列信号发生器，系统全面地讲述了最常见的各种类型的时序逻辑电路。并采用典型的例子讲述了同步时序逻辑电路和异步时序逻辑电路的分析及设计步骤。

习　题

6－1　时序逻辑电路与组合逻辑电路相比较，有什么相同点和不同点？

6－2　分析时序电路的基本步骤是什么？

6－3　分析题6－3图所示的时序电路。

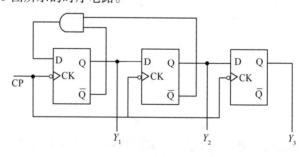

题 6－3 图

6－4　分析题6－4图所示时序电路，写出驱动方程、状态转移方程和输出方程，画出状态转移图。

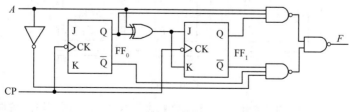

题 6－4 图

6－5　电路和输入波形如题6－5图所示，画出输出端 F 的波形。

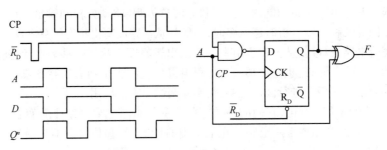

题 6 - 5 图

6 - 6　画出题6-6图所示电路在 CP 脉冲作用下,Q_0、Q_1 和 F 的波形。

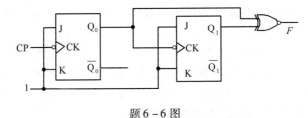

题 6 - 6 图

6 - 7　分析题6-7图所示时序电路,画出状态转移图,并说明电路的逻辑功能。

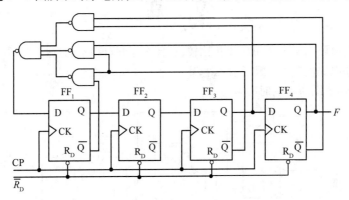

题 6 - 7 图

6 - 8　分析题6-8图时序电路的逻辑功能,写出电路的驱动方程、状态方程和输出方程,画出电路的状态转移图,说明电路能否自启动。

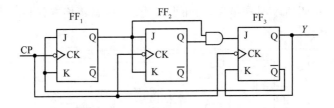

题 6 - 8 图

6 - 9　分析题6-9图所示时序电路,画出电路状态转移表和状态转移图,说明电路的逻辑功能。

6 - 10　试分析如题6-10图所示逻辑电路的逻辑功能。

6 - 11　分析如题6-11图所示移存型计数器,画出状态转移图。

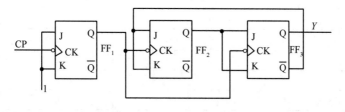

题 6-9 图

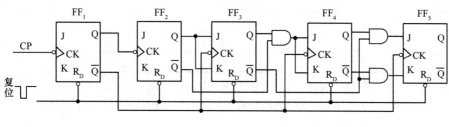

题 6-10 图

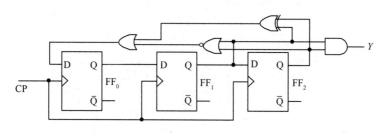

题 6-11 图

6-12　如何利用 JK 触发器构成单向移位寄存器？

6-13　采用 74LS193 4 位二进制可加减计数器分别构成模 13 加法计数器和模 9 减法计数器。

6-14　用 JK 触发器设计一个模 7 同步计数器。

6-15　已知触发器的状态方程为 $Q^{n+1} = M \oplus N \oplus Q^n$，要求：

（1）用 JK 触发器实现该触发器；

（2）用该触发器构成模 4 同步计数器。

6-16　用 D 触发器和门电路设计一个十一进制计数器，并检查设计的电路能否自启动。

6-17　试用 74LS195 或 74LS194 构成 12 位右移计数器。

6-18　设计一个可控同步计数器，M_1、M_2 为控制信号，要求：当 $M_1M_2 = 00$ 时，维持原状态。当 $M_1M_2 = 01$ 时，实现模 2 计数。当 $M_1M_2 = 10$ 时，实现模 4 计数。当 $M_1M_2 = 11$ 时，实现模 8 计数。

6-19　已知同步时序电路状态转移表如题 6-19 表所列，用 JK 触发器实现这个电路。

6-20　对题 6-20 表状态进行简化，并设计其时序电路。

题 6-19 表

次态/输出 \ 输入 现态	X	
	0	1
S_0	$S_1/0$	$S_3/0$
S_1	$S_2/0$	$S_0/0$
S_2	$S_3/0$	$S_1/0$
S_3	$S_0/1$	$S_2/1$

题 6 − 20 表

$S(t)$	$N(t)$		$Z(t)$	
	$X = 0$	$X = 1$	$X = 0$	$X = 1$
A	B	H	0	0
B	E	C	0	1
C	D	F	0	0
D	G	A	0	1
E	A	H	0	0
F	E	B	1	1
G	C	F	0	0
H	G	D	1	1

6 − 21　设计一个可变模计数器,当控制信号 $M = 1$ 时实现模 12 计数,当 $M = 0$ 时实现模 7 计数。

6 − 22　分析题 6 − 22 图所示电路,请画出在 CP 作用下 f_0 的输出波形,并说明 f_0 与时钟 CP 之间的关系。

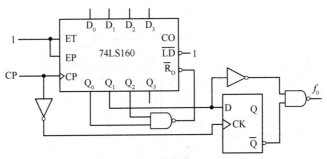

题 6 − 22 图

6 − 23　分析题 6 − 23 图所示计数电路,说明计数器的功能,列出状态转移表。

6 − 24　试用中规模集成十六进制同步计数器 CT54161,接成一个模 13 的计数器,可附加必要的门电路。

6 − 25　设计一个字长为 5 位(包括奇偶校验位)的串行奇偶校验电路,要求每当收到 5 位码是奇数个 1 时,就在最后一个校验位时刻输出 1。

6 − 26　设计一个串行数据检测电路,当连续出现 4 个或 4 个以上的 1 时,检测输出信号为 1,其他情况输出信号为 0。

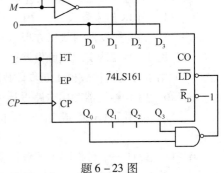

题 6 − 23 图

6 − 27　试设计一同步计数器,列出其状态转移表并画出状态转移图和电路逻辑图。计数器具有如下功能:

(1) 计数器具有两个控制端 X_1 和 X_2,X_1 用于控制计数器的模值,X_2 用于控制计数器的增减。

(2) 若 $X_1 = 0$,则计数器进行七进制计数。$X_1 = 1$ 时,则进行八进制计数。

(3) 若 $X_2 = 0$,则进行递增计数;若 $X_2 = 1$,则进行递减计数。

(4) 设置一个进位(借位)输出端。

6 − 28　在题 6 − 28 图所示电路中,若两个移位寄存器中的原始数数据分别为 $A_3A_2A_1A_0 = 1001$,$B_3B_2B_1B_0 = 0011$,试问经过 4 个 CP 信号作用后,两个寄存器中的数据如何变化,这个电路完成什么功能。

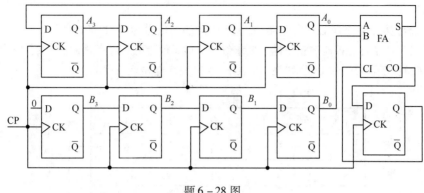

题 6 – 28 图

6 – 29　分析题 6 – 29 图所示计数器电路,说明这是多少进制的计数器。

6 – 30　分析题 6 – 30 图所示计数器电路,画出电路的状态转移图,说明这是多少进制的计数器。

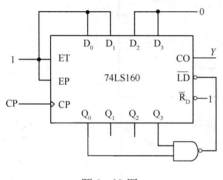

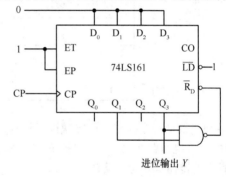

题 6 – 29 图　　　　　　　　　　　　题 6 – 30 图

6 – 31　题 6 – 31 图所示电路是可变进制计数器。试分析当控制变量 A 为 1 和 0 时电路各为多少进制计数器。

6 – 32　试分析题 6 – 32 图所示计数器电路的分频比(即 Y 与 CP 的频率之比)。

6 – 33　用同步十进制计数器 74LS160 设计一个 365 进制的计数器。要求各位间为十进制关系,允许附加必要的门电路。

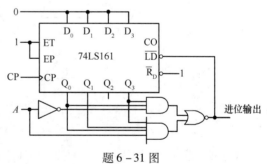

题 6 – 31 图

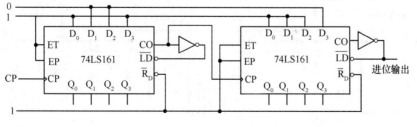

题 6 – 32 图

6 – 34　设计一个数字钟电路,要求能用 7 段数码管显示从 0 时 0 分 0 秒到 23 时 59 分 59 秒之间的任一时刻。

6 – 35　设计一个序列信号发生器电路,使之在一系列 CP 信号作用下能周期性地输出

"0010110111"的序列信号。

6-36 设计移存型序列信号发生器,要求产生的序列信号为"1111001000"。

6-37 设计一个灯光控制逻辑电路。要求红、绿、黄3种颜色的灯在时钟信号作用下按题6-37表规定的顺序转换状态。表中的1表示"亮",0表示"灭",要求电路能自启动。

题6-37表

CP	红	黄	绿
0	0	0	0
1	1	0	0
2	0	1	0
3	0	0	1
4	1	1	1
5	0	0	1
6	0	1	0
7	1	0	0

6-38 设计一个控制步进电动机三相六状态工作的逻辑电路。如果用1表示电动机绕组导通,0表示电动机绕组截止,则3个绕组ABC的状态转移图如题6-38图所示。M为输入控制变量,当M=1时为正转,M=0时为反转。

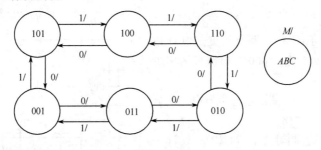

题6-38图

6-39 题6-39图所示为是两片 CT54161 中规模集成电路组成的计数器电路,试分析该计数器的模值是多少,列出其状态转移表。

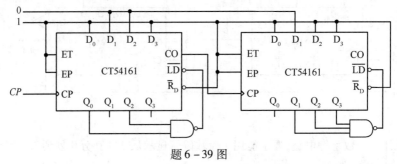

题6-39图

第 7 章　半导体存储器

7.1　概　　述

半导体存储器用集成工艺制成,主要以半导体器件为基本存储单元,每一个存储单元对应唯一的地址代码,可以用来存放一位或多位二进制信息。半导体存储器主要分为只读存储器(Read Only Memory,ROM)和随机存储器(Random Access Memory,RAM)。两者的区别在于 RAM 是可读、可写的存储器,可以随机地写入或读出数据,用于存放一些临时性的数据;而 ROM 的主要功能是能反复读取所存储的内容,但不能随意更改,常用来存放永久性的、不变的信息。本章将系统介绍这两种重要的半导体存储器的结构和特点。

7.2　半导体存储器基础

7.2.1　半导体存储器的分类

存储器按照半导体制造工艺可分为双极型和 MOS 型存储器。双极型半导体存储器以双极型触发器为基本存储单元,访问速度快,但功耗较大、价格较高、工艺复杂,主要用于大容量存储系统中(如在计算机中用做主存储器)。MOS 型半导体存储器芯片采用 MOS 工艺制造,以 MOS 触发器或电荷存储结构为基本存储单元。相比双极型存储器而言,MOS 型存储器功耗低、集成度高、成本低,但速度比双极型存储器慢。

存储器按照应用角度可分为随机存储器(RAM)和只读存储器(ROM)。RAM 是可读、可写的存储器,用于存放一些临时性的数据。其最大的优点是读写方便,使用灵活。但是断电后,随机存取存储器内存储的数据会丢失,所以也称为易失性存储器。按照存储原理不同,RAM 又包括静态存储器(Static Random Access Memory,SRAM)和动态存储器(Dynamic Random Access Memory,DRAM)两种。相比较而言,DRAM 结构简单、集成度高、速度慢,SRAM 则恰好相反。

ROM 常用来存放永久性的、不变的信息(如某些系统程序、字符库、不需要修改的数据表等),因为其内容只能随机读出而不能写入,断电后信息不会像 RAM 一样丢失。也称为非易失性存储器。

7.2.2　半导体存储器的主要技术指标

1. 存储容量

存储容量是指存储器能够容纳的二进制信息的多少。存储器中的一个基本存储单元能存储 1 个 bit 的信息,也就是可以存入一个 0 或一个 1,所以存储容量就是存储器所包含的基本存储单元的总数。例如,一个有 16384 个基本存储单元的存储器,若每次可以读(写)二值码的个数是 16,那么存储容量可以表示成"容量 = 1024 × 16(位) = 16384(位)"。显然,存储容量越大,所能存储的信息越多。

2. 存取时间

存取时间是指存储器完成一次数据存取所用的平均时间(以纳秒为单位),通常用读(或写)周期来描述,即连续两次读取(或写入)操作所间隔的最短时间。具体来讲,从一次读操作命令发出到该操作的完成,将数据读入数据缓冲寄存器的时间就是存储器的存取时间。该技术指标反映了存储器的工作速度。高速存储器的存取时间仅有 10ns 左右。需要注意的是,存取时间和存储周期(连续启动两次读操作所需间隔的最小时间)从严格意义上来说是不一样的。通常存储周期略大于存取时间。

3. 功耗

存储器功耗是指存储器在正常工作时所消耗的电功率。该技术指标反映了存储器耗电的多少,同时也反映了其发热的程度。通常,半导体存储器的功耗和存取速度有关,存取速度越快,功耗也越大。因此,在保证存取速度前提下,存储器的功耗越小越好。

4. 可靠性

可靠性一般指存储器对周围电磁场、温度和湿度等的抗干扰能力。存储器的可靠性用平均故障间隔时间(Mean Time Between Failures,MTBF)来衡量。MTBF 可以理解为两次故障之间的平均时间间隔。MTBF 越长,可靠性越高,存储器正常工作能力越强。

7.3　只读存储器(ROM)

只读存储器内部存储的信息通常由生产厂家用掩膜光刻的方法生产出来,在正常工作状态下只能从中读取数据,不能快速地随时修改或重新写入数据。只读存储器按照数据写入方式特点不同,可以分为固定 ROM 和可编程 ROM。

7.3.1　固定 ROM

固定 ROM 的内容是由生产厂家按用户要求在生产过程中写入芯片,但写入后不能修改。固定 ROM 主要由地址译码器和存储阵列两部分组成,其基本结构如图 7-1 所示。图中,$A_0 \sim A_{n-1}$ 为 n 位地址输入线,对应于 $W_0 \sim W_{2^n-1}$ 共 2^n 条译码输出线(也称作字线)。根据译码器的工作原理,当给定一个地址输入码时,译码器只有一个输出 W_i 被选中,这个被选中的线可以在存储阵列中取得 m 位的二进制信息(称为一个字),通过数据输出线 $D_0 \sim D_{m-1}$(也称为位线)输出。对于有 n 条地址输入线、m 条位线的 ROM,其存储阵列的存储容量可以表示成 $2^n \times m$。

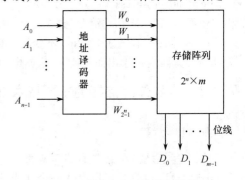

图 7-1　固定 ROM 的基本结构

下面以容量为 $2^2 \times 4$ 位的固定 ROM 为例说明 ROM 的工作原理。如图 7-2 所示,电路由二极管构成,A_1A_0 表示存储器的地址输入,通过地址译码将 A_1A_0 所代表的 4 个不同地址(即 00,01,10 和 11)分别译成 W_0、W_1、W_2 和 W_3 等 4 条字线。根据译码器的工作原理,每输入一个地址,地址译码器的字线输出 W_0、W_1、W_2 和 W_3 中将有一根线为高电平,其余为低电平。其对应的真值表如表 7-1 所列。

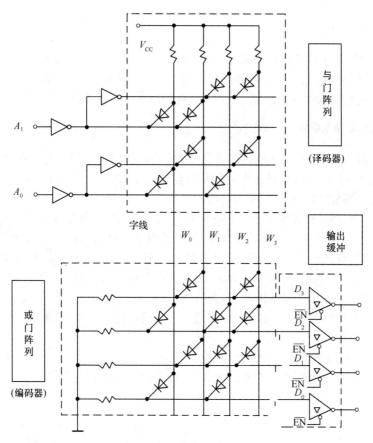

图 7 – 2　用二极管构成的容量为 $2^2 \times 4$ 位的固定 ROM

表 7 – 1　地址译码器真值表

A_1	A_0	W_0	W_1	W_2	W_3
0	0	1	0	0	0
0	1	0	1	0	0
1	0	0	0	1	0
1	1	0	0	0	1

由表 7 – 1 可以写出对应的表达式

$$W_0 = \overline{A_1}\,\overline{A_0} \qquad W_1 = \overline{A_1}A_0 \qquad W_2 = A_1\overline{A_0} \qquad W_3 = A_1A_0$$

当字线 W_0、W_1、W_2 和 W_3 中某根线上输出高电平信号时，都会在位线 D_3、D_2、D_1 和 D_0 输出一个 4 位二进制代码。输出与地址译码器输出端字线以及地址译码器输入的逻辑关系为

$$D_3 = W_1 + W_3 = A_0 \qquad\qquad D_2 = W_0 + W_2 + W_3 = \overline{A_0} + A_1$$
$$D_1 = W_1 + W_2 + W_3 = A_1 + A_0 \qquad D_0 = W_0 + W_2 = \overline{A_0}$$

这 4 条字线和 4 条位线，共有 16 个交叉点，每个交叉点即是一个存储单元，共有 $4 \times 4 = 16$ 个存储单元。当交叉点处接有二极管时，表示该单元相当于存储 1 信息。相反，交叉点处没有二极管时，表示该单元相当于存储 0 信息。例如，当地址译码器输入为 $A_1A_0 = 01$ 时，字线 W_1 输出高电平，其他为低电平，则该字线上信息就从相应的位线上读出，$D_3D_2D_1D_0 = 1010$。

输出端的三态门作为缓冲器，通过使能端实现对输出的三态控制，其作用是提高带负载能力，将输出的高、低电平变换为标准的逻辑电平。

7.3.2 可编程 ROM

固定 ROM 的存储内容是在制造时存入的,用户无法根据实际使用情况加以改变。为了提高 ROM 使用的灵活性,必须设计出内容可以由用户来定义的 ROM 产品,也就是使 ROM 在使用中具有可编程性。满足这种要求的器件称为可编程只读存储器。它主要有以下 4 种类型:

1. 一次性可编程 ROM

一次性可编程 ROM(Programmable Read Only Memory,PROM)是在固定 ROM 基础上发展起来的,总体结构与固定 ROM 类似,不同的是存储单元和输出电路。PROM 具体又可以分为熔丝型和结破坏型两种。但无论是哪种结构,都只能编程一次。

图 7-3 所示为 2×2 熔丝型 PROM 的存储矩阵结构示意图。每个存储单元由一个 MOS 管和一根熔丝组成。出厂时,每一根熔丝都与位线相连,熔丝用熔点很低的合金或很细的多晶硅导线制成。当熔丝没有熔断时,被字线选中的 MOS 管处于导通状态,使位线处于低电平,再经输出缓冲器反相后,输出高电平。因此,存储单元相当于存 1;反之,当熔丝熔断时,MOS 管处于截止状态,使位线处于高电平,输出缓冲器反相后输出低电平。因此,存储单元相当于存 0。用户在使用时只需根据程序的需要,利用编程写入器对选中的基本存储电路通以合适的电流,将熔丝烧断即可。需要注意的是,熔丝一旦熔断,不可恢复。

除了上面所介绍的熔丝型 PROM 外,还有结破坏型 PROM。两者的主要区别是存储单元:熔丝型 PROM 的存储单元由 MOS 管和熔丝组成,而结破坏型 PROM 的存储单元是由一对二极管组成,如图 7-4 所示。

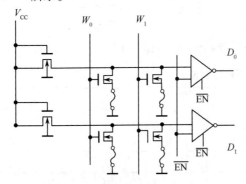

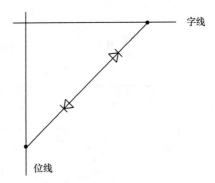

图 7-3 熔丝型 PROM 的结构图　　　图 7-4 结破坏型 PROM 的存储单元

正常工作时,这对二极管处于截止状态,存储的信息为 0,即未编程的结破坏型 PROM 存储的信息为全 0。用户在使用时只需根据程序的需要,对于需要写入 1 的存储单元,在其位线加以 100 ~ 150mA 电流将相应存储单元的反接二极管的 PN 结击穿短路即可。

无论是熔丝型 PROM 还是结破坏型 PROM 都只能编程一次,编程后不能再修改,不能满足研制过程中需要经常修改存储器内容的场合,使用不够灵活,有一定的局限性。

为了便于研究工作,实现各种 ROM 程序方案,克服一次性编程的局限性,必须制造可反复写入和擦除数据的 ROM 产品,这就是可擦除的可编程只读存储器,其在物理结构上是 MOS 型结构。目前,根据擦除芯片内已有信息的方法不同,可分为紫外线擦除 PROM、电擦除 PROM 和快闪存储器等类型。

2. 紫外线擦除 PROM

紫外线擦除 PROM(Erasable Programmable Read Only Memory,EPROM)是一种可以进行多次擦除和改写操作的 ROM。它与 PROM 的总体结构相似,只是采用了不同的存储单元。初期的 EPROM 元件采用的是浮栅雪崩注入 MOS,但它的缺点是集成度低,用户使用不方便,速度较慢,因此很快被性能和结构更好的叠栅型 MOS管(Stacked-gate Injection MOS,SIMOS)取代,其结构图如图 7 - 5所示。它是一个 N 沟道增强型 MOS 管,有控制栅 G_c 和浮置栅 G_f两个栅极。控制栅控制读出和写入,浮置栅保存注入电荷。正常工作时,栅极加 +5V 电压,该 SIMOS 管不导通,只能读出所存储的内容,不能写入信息;当用紫外线照射 SIMOS 管时,浮置栅上的电子获得足够多的光子能量而穿过绝缘层回到衬底中,芯片又恢复到编程前的状态,即将其存储内容擦除。

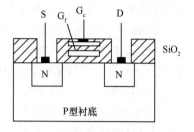

图 7 - 5　SIMOS 的结构图

EPROM 芯片封装出厂时所有存储单元的浮栅均无电荷,可认为全部存储了 1。用户需编程时,必须在 SIMOS 管的漏级和源级之间加上较高的电压(约 25V),同时在控制栅上加高压正脉冲(50ms 宽的 25V 正脉冲),就能够向浮置栅注入电荷,相当于向存储单元写入 0。而原来没有注入电荷的浮栅仍然存储信息 1。当高电压去掉后,由于浮栅被密封在 SiO_2 绝缘层中,电子很难泄漏,所以单元内的数据可长期保存。将所有需写入 0 的单元全部依次操作,便完成了编程工作。该项工作实际上是用专用编程器自动完成的。

常用的 EPROM 集成片有 2716(2K×8 位)、2732(4K×8位)、2764(8K×8 位)、27128(16K×8 位)等。它们的存储单元都采用了 SIMOS 管,电路结构相同,仅仅是存储容量有差别。下面以 2716 芯片为例说明 EPROM 集成片的基本工作原理。2716 芯片的管脚排列图如图 7 - 6 所示。

该电路的存储矩阵为 128×128 方阵,地址码 $A_0 \sim A_{10}$ 共11 位。其中,7 位用于行地址译码器,4 位用于列地址译码器。$\overline{OE}$ 为输出允许端,低电平有效。$\overline{CE}/PGM$ 为功率/编程控制端,它的功能是在芯片不工作时使电路处于功耗下降方式。读出时,寻址后存储矩阵即可输出数据,但是需要由 $\overline{OE}$和 $\overline{CE}/PGM$ 信号来确定是否输出到外部数据总线上。假如要改写内容,先用擦除机将原有内容擦去后再写新内容。

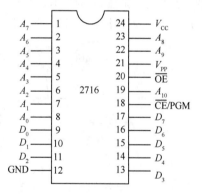

图 7 - 6　2716 芯片的管脚图

2716 芯片共有 5 种工作方式,分别是读出、维持、编程、编程禁止和编程校验方式,具体如表 7 - 2所列,下面的 3 种方式用户可以用微机、编程器和有关软件自动完成编程。

表 7 - 2　2716 的工作方式

工作方式	$\overline{CE}/PGM$	$\overline{OE}$	V_{PP}	输出 D
读出	0	0	+5V	数据输出
维持	1	×	+5V	高阻浮置
编程	⊓	1	+25V	数据写入
编程禁止	0	1	+25V	高阻浮置
编程校验	0	0	+25V	数据输出

3. 电擦除 PROM(Electrically Erasable Programmable ROM,E²PROM)

EPROM 必须使用紫外线来擦除存储的信息,并且是对整个芯片进行的,不能只擦除个别单元或个别位,擦除时间较长,且擦写均需离线操作,使用起来不方便。因此,能够在线擦写的 E²PROM 芯片近年来得到广泛应用,日常生活中各种 IC 卡的存储芯片大多采用的是串行 E²PROM 芯片。

E²PROM 采用金属—氮—氧化硅(MNOS)工艺生产,不要借助紫外线照射,只需在高电压脉冲或在工作电压下就可以进行擦除。而且,E²PROM 具有对单个存储单元在线编程的能力,芯片封装简单,对硬件线路没有特殊要求,操作简便,信息存储时间长。因此,E²PROM 给需要经常修改程序和参数的应用场合带来了极大的方便。

E²PROM 的存储单元使用了一种称为浮栅隧道氧化层 MOS 管(Floating gate Tunnel Oxide,FLO-TOX)。FLOTOX 管的剖面示意图如图 7-7 所示。它也有两个栅极,上面有引出线的栅极为擦写栅,下面无引出线的栅极是浮栅。与 SIMOS 管的不同之处在于浮置栅与漏区之间有一厚度为 8μm 的绝缘薄层,这个区域称为隧道区。

当控制栅加足够高的正电压而漏极接地时,将在隧道区产生强电场,驱动一定量的电子通过绝缘层进入浮置栅,使浮置栅获得负电荷(这一现象称为隧道效应)。反之,将控制栅接地而漏极上加一适当的正电压时,将会使浮置栅放电。正是 FLOTOX 管具有上述特性,才使 E²PROM 获得电可擦电可写的性能。

E²PROM 的存储单元的电路如图 7-8 所示。它具有两个 MOS 管,其中 T_1 为普通 N 沟道增强型 MOS 管,称为选通管,T_2 为 FLOTOX 管。加选通管 T_1 的目的是提高擦、写的可靠性,并保护隧道区超薄的氧化层。浮栅注入电子是利用隧道效应进行的,根据浮栅上是否注入电子来定义 0 和 1 状态。

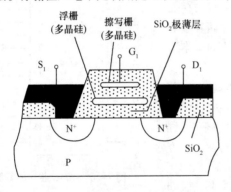

图 7-7　FLOTOX 管的剖面示意图

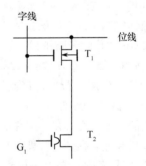

图 7-8　存储单元

当字线为高电平时,T_1 管导通。如果 T_2 管的浮置栅上没有负电荷,则 T_2 管也导通。然后在擦写栅 G_1 加上 21V 正脉冲,就可以在浮栅与漏极区之间的极薄绝缘层内出现隧道,通过隧道效应,使电子注入浮栅。正脉冲过后,浮栅将长期存积这些电子电荷,定义为 1 状态;如果 T_2 管的浮置栅上有负电荷,则 T_2 管截止,浮上的电子通过隧道返回衬底,则浮栅上就没有注入电子,定义为 0 状态。在擦除 E²PROM 中的内容时,擦写栅和待擦除单元的字线上加上大约 20V 的正脉冲,漏极接低电平,即可使存储单元回到写入 0 前的状态,完成擦除操作。

早期 E²PROM 芯片都需用高电压脉冲进行编程和擦写,由专用编程器来完成。但目前绝大多数 E²PROM 集成芯片都在内部设置了升压电路,使擦、写、读都可在 +5V 电源下进行,不需要编程器。想要改写 E²PROM 的内容非常方便,并且可以在线编程。擦写共需时间在几百纳秒到几十毫秒之间,存储内容的保存时间达 20 年以上,而改写次数高达 1 万次以上。

4. 快闪存储器

E^2PROM 的每个存储单元用了两只 MOS 管,限制了 E^2PROM 集成度的提高。快闪存储器(Flash Memory)是 20 世纪 80 年代末逐渐发展起来的一种新型半导体存储器,是新一代电信号擦除的可编程 ROM。它既吸收了 EPROM 结构简单、编程可靠的优点,又保留了E^2PROM的隧道效应擦除的快捷特性,具有集成度高、容量大、成本低和使用方便等特点。

图 7 - 9 所示为 Flash Memory 采用的叠栅 MOS 管的结构示意图。它的叠栅 MOS 管的结构与图 7 - 5 所示的 SIMOS 管十分相似。它们之间最大的区别是浮置栅与衬底间氧化层的厚度不同(在 EPROM 中,这个氧化层的厚度一般为 30 ~ 40nm,而在快闪存储器中为 10 ~ 15nm)。此外,由于叠栅 MOS 管的浮栅与源区的重叠部分是由源区的横向扩散形成的,面积极小,有利于产生隧道效应。

Flash Memory 的存储单元如图 7 - 10 所示。在读出状态下,字线上加 +5V 的电压,如果浮置栅没有充电,则叠栅 MOS 管的阈值电压较低,管子导通,位线上输出低电平,经输出缓冲电路反相后输出数据为 1;如果浮置栅充有电荷,则叠栅 MOS 管的阈值电压较高,管子截止,位线上输出高电平,经输出缓冲电路反相后输出数据为 0。

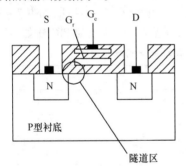

图 7 - 9　叠栅 MOS 管的结构示意图

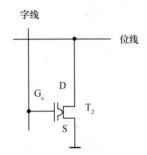

图 7 - 10　存储单元

Flash Memory 的写入方法与 EPROM 相同,即利用雪崩注入的方法使浮栅充电。Flash Memory 的擦除方法是利用隧道效应来完成的。但是由于有的芯片是将所有叠栅 MOS 管的源极连在一起,或者有的芯片是分段将源极连在一起的,所以擦除时是将全部存储单元的内容同时擦除,不具有字擦除的功能。

快闪只读存储器自问世以来,由于其具有集成度高、容量大、成本低、使用方便等优点引起了普遍关注,应用日益广泛,如用于数码相机、MP3、数字式录音机等。

7.3.3　ROM 的应用

ROM 的地址译码器是**与**逻辑阵列,位线与字线间的逻辑关系是**或**逻辑关系。因此,位线与地址码之间是**与或**逻辑关系。也就是说最小项译码器相当一个**与**矩阵,ROM 矩阵相当一个**或**矩阵,整个存储器 ROM 是一个**与**阵列加上一个**或**阵列组成,图 7 - 11 所示为输入为两变量的固定 ROM 的阵列图。可以用 ROM 实现任何组合逻辑函数,实际上实现方法很简单,只要列出该函数的真值表,以最小项相**或**的原则,即可直接画出存储矩阵的阵列图。

通常用 ROM 实现逻辑函数的步骤如下:

(1) 根据逻辑函数的输入、输出变量个数确定合适的 ROM 芯片。

(2) 列出真值表或卡诺图。

(3) 对 ROM 进行编程,画出阵列图。

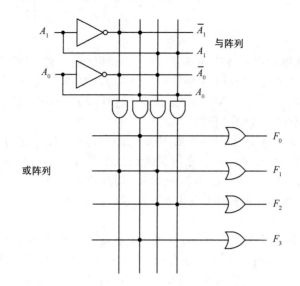

图 7 – 11　ROM 阵列图

例 7 – 1　试用 PROM 将 4 位二进制码 $B_3 B_2 B_1 B_0$ 转换成循环码 $G_3 G_2 G_1 G_0$,如表 7 – 3 所列。

解　(1)选择 16×4 位的 PROM 实现码型转换,未编程的 16×4 位的 PROM 如图7 – 12所示。

表 7 – 3　二进制码转换成循环编码的真值表

B_3	B_2	B_1	B_0	G_3	G_2	G_1	G_0
0	0	0	0	0	0	0	0
0	0	0	1	0	0	0	1
0	0	1	0	0	0	1	1
0	0	1	1	0	0	1	0
0	1	0	0	0	1	1	0
0	1	0	1	0	1	1	1
0	1	1	0	0	1	0	1
0	1	1	1	0	1	0	0
1	0	0	0	1	1	0	0
1	0	0	1	1	1	0	1
1	0	1	0	1	1	1	1
1	0	1	1	1	1	1	0
1	1	0	0	1	0	1	0
1	1	0	1	1	0	1	1
1	1	1	0	1	0	0	1
1	1	1	1	1	0	0	0

(2)画出编程后的阵列图,如图7 – 13所示。

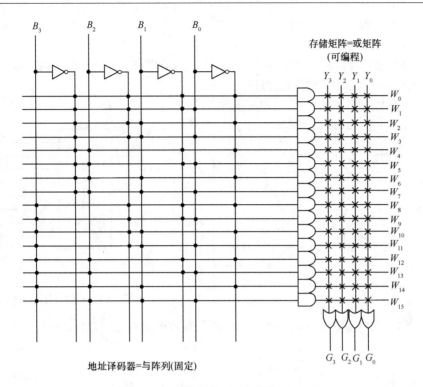

图 7 – 12 未编程的 16 × 4 位的 PROM

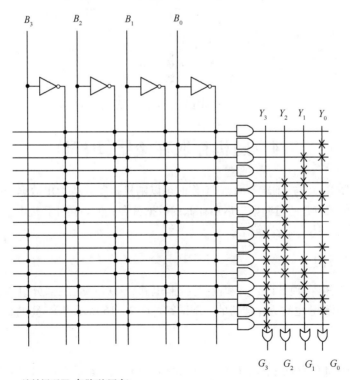

图 7 – 13 编程后的阵列图

例7-2 试用 ROM 设计全加器。

解 (1)选择 8×2 位的 PROM 实现全加器。

(2)列出全加器的真值表,如表7-4所列。其中 A, B 分别表示两个加数,C 表示低位向本位的进位,F 表示本位和,CO 表示本位向高位的进位。

(3)画出编程后的阵列图,如图7-14所示。

表7-4 全加器的真值表

A	B	C	F	CO
0	0	0	0	0
0	0	1	1	0
0	1	0	1	0
0	1	1	0	1
1	0	0	1	0
1	0	1	0	1
1	1	0	0	1
1	1	1	1	1

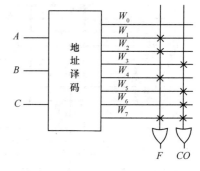

图7-14 一位全加器简化阵列图

ROM 在波形发生电路中也有应用,图7-15所示为 ROM 波形发生器的示意图。

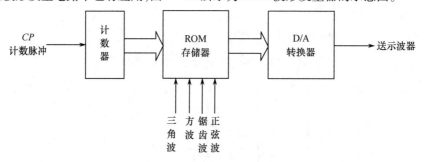

图7-15 ROM 波形发生器示意图

7.4 随机存取存储器(RAM)

随机存取存储器 RAM 与 ROM 不同,在工作时可以随机地写入或读出数据,它的最大优点是读、写方便,使用灵活,但缺点是一旦断电以后所存储的数据就会丢失。在计算机中主要用来存放用户程序、计算的中间结果以及与外存交换信息。

7.4.1 RAM 的结构

RAM 主要由存储矩阵、地址译码器和读/写控制电路(I/O 电路)三部分组成。其中存储矩阵是存储器的主体,另外两部分也称为存储器的外围电路。图7-16所示为 RAM 的结构框图。

1. 存储矩阵

与 ROM 相似,RAM 的存储矩阵也是存储单元的集合体。存储矩阵是存储器中存储信息的部分,由大量的基本存储单元组成。每个存储单元能存放一位二进制信息(1 或 0),在 I/O 读写电路的控制下,可以写入信息也可以读出所存储的数据。

存储矩阵中存储单元排列成矩阵的形式,通常由若干个存储单元构成一个字,每个字具有一个唯

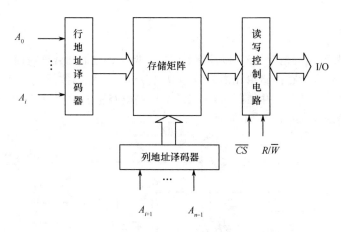

图 7 – 16　RAM 的结构框图

一的地址(为了便于信息的存取,给同一存储体内的每个存储单元赋予一个唯一的编号,该编号就是存储单元的地址)。这样,对于容量为 2^n 个存储单元的存储矩阵,需要 n 条地址线对其进行编址。若每个单元存放 N 位信息,则需要 N 条数据线传送数据,芯片的存储容量就可以表示为 $2^n \times N$ 位。

2. 地址译码器

存储矩阵中的每一个字单元均有唯一地址。字单元的地址是用二进制代码来表示的,称为地址码。RAM 中的地址译码器对地址总线发来的 n 位地址信号进行译码,经译码产生的选择信号可以唯一地选中存储体中的某一存储单元,在读/写控制电路的控制下可对该单元进行读/写操作。

存储器中的地址译码主要有两种方式,即单译码方式和双译码方式。单译码方式也就是只用一个译码电路对所有地址信息进行译码,一根译码输出选择线对应一个存储单元。单译码方式比较简单,但是只适用于小容量的 RAM,当存储器的存储容量很大时,地址译码器输出的字线将会非常多,译码器的电路结构也变得十分复杂,这在集成电路制造工艺上是不允许的。为了减少集成电路内部布线,应该选择双译码方式(把 n 位地址线分成两部分,产生一组行选择线和一组列选择线分别进行译码)。这里以图 7 – 17 为例介绍双译码方式。256×4 位的 RAM 存储矩阵中,256 个字需要 8 位地址码 $A_7 \sim A_0$ 进行编码($2^8 = 256$)。其中高 3 位 $A_7 \sim A_5$ 用于列译码输入,输出为 $Y_0 \sim Y_7$,用 3 – 8 线译码器完成;低 5 位 $A_4 \sim A_0$ 用于行译码输入,输出为 $X_0 \sim X_{31}$,用 5 – 32 线译码器完成。例如,输入地址码 $A_7 \sim A_0 = 00100010$ 时,$Y_1 = 1$,$X_2 = 1$,选中了 X_2 和 Y_1 交叉的字单元,从而只对该单元进行数据的读/写操作。

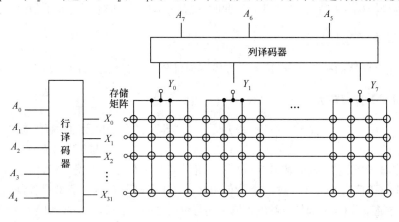

图 7 – 17　256×4 位的 RAM 示意图

3. 读/写控制电路

读/写控制电路接收相关控制信号,以控制数据的流向。存储器的数据流向包括读出与写入两种操作。数据读出是指将存放在存储单元内的数据取出并传送至外部数据线 I/O,数据写入则是将外部数据通过 I/O 传送至存储单元并加以保存。读/写控制电路主要包括读/写控制信号、输入 / 输出和片选控制 3 个主要部分,如图 7 – 18 所示。

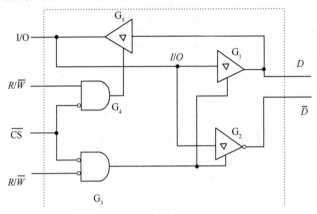

图 7 – 18   RAM 的读/写控制电路

(1)读/写控制信号($R/\overline{W}$)。访问 RAM 时,如果 $R/\overline{W} = 1$,此时被选中单元存储的数据被传送出来,完成读操作;相反,如果 $R/\overline{W} = 0$,则加在 I/O 端的数据被存入到所选中的存储单元,完成写操作。

(2)输入 / 输出(I/O)。RAM 通过 I/O 端与外界交换数据,I/O 既可以作为输出端(读),也可以作为输入端(写),由 $R/\overline{W}$ 控制线控制。I/O 端数据线的条数,与一个地址中所对应的位数相同,例如 HM6264 芯片的存储容量是 8K × 8 位,所以有 8 条 I/O 线。

(3)片选控制($\overline{CS}$)。由于受 RAM 的集成度限制,数字系统中的 RAM 一般要由多片组合而成,而系统每次读/写时,只能访问 RAM 中的一片或几片,为此在每片 RAM 上均加有片选端$\overline{CS}$,当某一片的片选线接入有效电平时,该片被选中,地址译码器的输出信号控制该片某个地址的 RAM 接通;当片选线接入无效电平时,则该片处于断开状态。

图 7 – 18 中,当存储器进行写操作时,片选信号$\overline{CS} = 0$,写控制信 $R/\overline{W} = 0$,此时三态门 G_1、G_2 打开,I/O 线上的数据以互补形式出现在内部数据总线 D 和 $\overline{D}$ 上,并写入被选中单元。存储器进行读操作时,片选信号$\overline{CS} = 0$,读控制信号 $R/\overline{W} = 1$,此时三态门 G_5 打开,内部总线 D 的信息送到 I/O 引脚上。

7.4.2   RAM 的存储单元

存储单元是存储器的核心部分,按工作方式不同可分为静态和动态两类。

1. 静态 RAM 存储单元

静态 RAM 中存储单元的结构如图 7 – 19 所示。虚线框中的存储单元为六管静态 RAM 存储单元,由 6 只 NMOS 管($VT_1 \sim VT_6$)组成。其中 VT_1 与 VT_2 构成一个反相器,VT_3 与 VT_4 构成另一个反相器,两个反相器的输入与输出交叉连接,构成基本 RS 触发器,用来存储一位二值数据。VT_1 导通、VT_3 截止时,存储单元相当于存储了 0;VT_3 导通、VT_1 截止时,存储单元相当于存储了 1。VT_5、VT_6 是控制门,由行地址译码器 X_i 线控制其导通或截止,从而控制触发器输出端与位线之间是否连接。VT_7 和 VT_8 是列存储单元公用控制门,由列地址译码器 Y_j 线控制其导通或截止,从而控制位线与数据线之间是否连接。

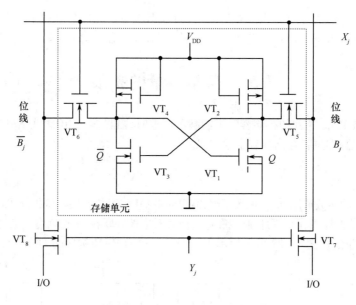

图 7 - 19　静态 RAM 的存储单元的结构图

　　静态 RAM 的特点是,数据由触发器记忆,只要不断电,数据就能永久保存,可靠性高,而且可以随时读出。其缺点在于使用管子较多,功耗大,集成度受到限制。

2. 动态 RAM 存储单元

　　动态 RAM 存储数据的原理是基于 MOS 管栅极电容的电荷存储效应。由于栅极电容的容量很小,而漏电流又不可能绝对为零,所以电容上存储的数据(电荷)不能长久保存,通常为数毫秒到数百毫秒。为避免存储信息的丢失,必须定期给电容补充电荷,这种操作称为刷新。常见的动态 RAM 存储单元有四管、三管和单管。其中单管的电路结构如图 7 - 20 所示。

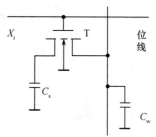

图 7 - 20　动态 RAM 的单管结构图

　　电容 C_s 中存储了 0 或 1 数据,T 为门控制,通过控制 T 的导通与截止,可以把数据从存储单元送至位线(作为输出时可以等效成一个输出电容 C_w,其值远大于 C_s)上或者将位线上的数据写入到存储单元。目前大容量动态 RAM 的存储单元普遍采用的是单管结构。

7.4.3　RAM 集成芯片 Intel 2114

　　Intel 2114 是 CMOS 静态 RAM,容量为 1K × 4 位,电源电压 + 5V,芯片引脚图如图 7 - 21 所示。因为存储字数 1K = 2^{10},所以有 $A_0 \sim A_9$ 共 10 个地址输入端,内部译码采用双译码方式,即 $A_3 \sim A_8$ 用于行地址译码输入,经行译码产生 64 根行选择线;$A_0 \sim A_2$ 和 A_9 用于列地址译码输入,经过列译码产生 16 根列选择线;每字有 4 位,因此有 4 条数据线 $I/O_0 \sim I/O_3$。也就是说,地址输入线 $A_0 \sim A_9$ 送来的地址信号分别送到行、列地址译码器,经译码后选中一个存储单元(有 4 个存储位)。另外,CS 是片选端,$R/\overline{W}$ 为读写控制端。

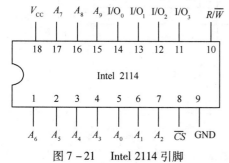

图 7 - 21　Intel 2114 引脚

　　当片选信号 $\overline{CS}$ = 0 且 $R/\overline{W}$ = 0 时,芯片内部的数据输入三态门打开,I/O 电路对被选中单元的 4 位进行写入;当 $\overline{CS}=0$ 且 $R/\overline{W}=1$ 时,数据输入三态门关闭,而数据输出三态门打开,I/O 电路将读出选中单元的 4 位信息送数据线;当 $\overline{CS}=1$ 时,不论 $R/\overline{W}$ 为何种状态,各三态门均为高阻状态,芯片不工作。

7.5 存储容量的扩展

当单片 ROM 或 RAM 芯片的存储容量不能满足要求时,需将多个 ROM 或 RAM 芯片组合起来形成容量较大的存储器,即进行存储器容量的扩展。

7.5.1 位扩展

如果一片 RAM 的字数够用,但是位数不够,需要对 RAM 实行位扩展。位扩展可以利用芯片的并联方式实现:将 RAM 的地址线、读 / 写控制线和片选信号对应地并联在一起,而各个芯片的数据输入 / 输出端作为字的各个位线。图 7-22 所示为用 4 片 1K×1 位的 RAM 构成的 1K×4 位 RAM 系统。

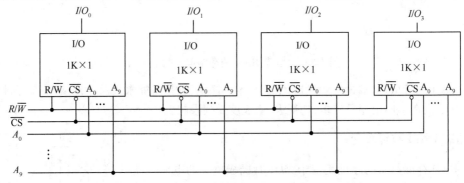

图 7-22 1K×1 位的 RAM 扩展成 1K×4 位 RAM 系统

7.5.2 字扩展

扩展字数需要增加地址线。可以利用外加译码器,控制存储器芯片的片选输入端来实现。原地址线、读 / 写控制线、输入 / 输出数据线并联共用。图 7-23 所示为将 4 片 8K×8 位的 RAM 扩展为 32K×8 位的存储器系统的示意图。

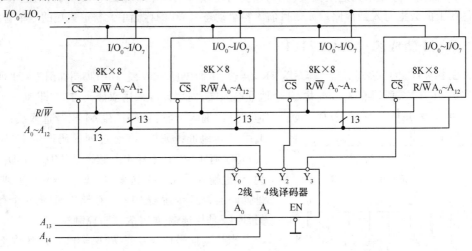

图 7-23 4 片 8K×8 位的 RAM 扩展成 32K×8 位的存储系统

7.5.3　字和位扩展

在实际应用中,往往会遇到字数和位数都需要扩展的情况。连接时可将芯片分成多个组,组内采用位扩展法,组间采用字扩展法。图 7-24 所示为用 1K×4 位 RAM 芯片构成 2K×8 位存储器的连接方法。图中将 4 片 2114 芯片分成了 2 组,每组 2 片。组内用位扩展法构成 1K×8 位的存储模块,2 个这样的存储模块用字扩展法连接便构成了 2K×8 位的存储器。

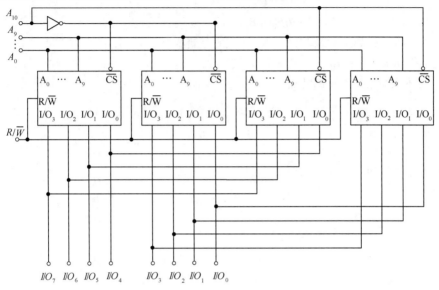

图 7-24　字位同时扩展连接图

本 章 小 结

半导体存储器是一种能存储大量数据或信息的半导体器件,已成为当今数字系统中不可缺少的组成部分,在数字通信、数据采集与处理、工业自动控制及人工智能等学科领域获得了广泛的应用。

半导体存储器可以用存储容量、存取时间、功耗、可靠性等技术指标作为衡量的标准。半导体存储器包含了多种类别,按照应用角度分为随机存储器 RAM 和只读存储器 ROM。相比较而言,RAM 读写方便,使用灵活,但断电后,其存储的数据会丢失;ROM 在正常工作状态下不能快速地随时修改或重新写入数据,但其存储的信息通常由工厂用掩膜光刻的方法生产出来,可以长久地保存。

当单片 ROM 或 RAM 芯片的存储容量不能满足要求时,可以进行存储器容量的扩展,共有 3 种方式,即位扩展、字扩展以及字和位同时扩展。

习　题

7-1　半导体存储器的技术指标有哪些?

7-2　ROM 和 RAM 在电路结构和工作原理上有何不同?

7-3　动态存储器和静态存储器在电路结构和读/写操作上有何不同?

7-4　一个 ROM 共有 10 根地址线和 4 根位线,则其存储容量是多少?

7-5　用容量为 16K×8 位存储器芯片构成 1 个 64K×8 位的存储系统,需要多少根地址线?多少根数据线?

    7 – 6   试用 16 × 4 位的 ROM 设计一种两个 2 位二进制数相乘的乘法器电路。

    7 – 7   试用 ROM 设计一个组合电路,用来产生下列一组逻辑函数。

$$\begin{cases} Y_1 = \bar{A}\,\bar{B}\,\bar{C}\,\bar{D} + \bar{A}B\,\bar{C}D + A\,\bar{B}C\,\bar{D} + ABCD \\ Y_2 = \bar{A}\,\bar{B}C\,\bar{D} + \bar{A}BCD + A\,\bar{B}\,\bar{C}\,\bar{D} + AB\,\bar{C}D \\ Y_3 = \bar{A}D + \bar{B}C \\ Y_4 = BD + \bar{B}\,\bar{D} \end{cases}$$

    7 – 8   试用 4K × 8 位的 RAM 接成 16K × 8 位的存储器。

    7 – 9   试用 4K × 4 位的 RAM 接成 8K × 8 位的存储器。

    7 – 10   简述电擦除 PROM 的特点。

第 8 章 可编程逻辑器件

数字系统中使用的数字逻辑器件经历了分立元件电路后,发展为集成电路。集成电路按功能可分为通用型和专用型两类。前面介绍的中小型集成电路属于通用型,它们的逻辑功能固定不变,比较简单。理论上可以用这些中小型的集成电路组成任何复杂的数字系统,但是组成的系统可能包含大量的芯片及芯片连接线,不仅功耗大、体积大,而且可靠性差。为改善性能,将所设计的系统做成一片大规模集成电路,这种为某种专门用途而设计的集成电路称为专用集成电路(Application Specific Integrated Circuit,ASIC)。专用集成电路一般用量较少,所以设计、制造成本较高,周期较长,为此出现了可编程逻辑器件。

可编程逻辑器件(Programmable Logic Device,PLD)作为通用器件生产,批量大、成本低,而它的逻辑功能可由用户通过对器件编程自行设定,而且可以多次编程。这样可以把一个数字系统集成在一片可编程逻辑器件上,而不必由芯片制造商设计和制造专用集成芯片,由 PLD 构成的专用电路体积小,电路可靠。

本章首先介绍可编程逻辑器件的基本结构、工作原理及分类,然后介绍目前复杂可编程逻辑器件中的现场可编程门阵列(Field Programmable Gate Array,FPGA)和高密度在系统可编程逻辑器件(In System Programming,ISP),最后介绍对 PLD 进行编程的软件和硬件描述语言(Very-High-Speed Integrated Circuit Hardware Description Language,VHDL)。

8.1 可编程逻辑器件(PLD)概述

可编程逻辑器件起源于 20 世纪 70 年代,是在专用集成电路 ASIC 的基础上发展起来的新型逻辑器件,是当今数字系统设计的主要硬件平台。其主要特点是完全由用户通过软件进行配置和编程,从而完成某种特定的功能,并且可以反复擦写。与通用逻辑器件相比,PLD 的优点是更多的逻辑电路可以"嵌"入更小的区域;如果需要对逻辑设计进行修改,不需要重新布线或替换元件;一般情况下,当人们对编程语言非常熟悉时,使用 PLD 比使用通用逻辑器件实现集成电路的速度更快。因此从 20 世纪 80 年代以来,PLD 发展非常迅速,它的出现增强了设计的灵活性,提高了工作效率。

8.1.1 可编程 ASIC 简介

可编程 ASIC 设计,即指用户通过对器件进行编程,使通用的半成品可编程器件成为用户自己的专用集成电路的过程。图 8-1 所示为 ASIC 的几种设计方法。

PLD 是作为一种通用集成电路生产的,它的逻辑功能按照用户对器件编程来确定。一般的 PLD 的集成度很高,足以满足设计一般的数字系统的需要。目前用 PLD 中的复杂可编程逻辑器件(Complex Programmable Logic Device,CPLD)和 FPGA 进行 ASIC 设计最为流行的方式。其实 PLD 和 ASIC 都是一个物理实体,但在集成电路行业一般用来泛指其对应的设计方法。简单来讲,PLD 设计是 ASIC 设计的一个子集。

图 8-1 ASIC 的设计方法

8.1.2　PLD 的发展和分类

1. PLD 的发展

可编程逻辑器件的发展可以划分为 4 个阶段：

第一阶段从 20 世纪 70 年代初到 70 年代中，PLD 只有简单的可编程只读存储器 PROM、紫外线可擦除只读存储器 EPROM 和电可擦除只读存储器 E^2PROM 3 种，由于结构的限制，它们只能完成简单的数字逻辑功能。

第二阶段从 20 世纪 70 年代中到 80 年代中，PLD 出现了结构上稍微复杂的可编程阵列逻辑(Programmable Array Logic，PAL)和通用阵列逻辑(Generic Array Logic，GAL)器件，能够完成各种逻辑运算功能。典型的 PLD 由**与**、**或**阵列组成，用**与或**表达式来实现任意组合逻辑和时序逻辑。这些早期的 PLD 器件的一个共同特点是可以实现速度特性较好的逻辑功能，但其过于简单的结构也使它们只能实现规模较小的电路。

第三阶段从 20 世纪 80 年代中到 90 年代末，Lattice、Xilinx 和 Altera 分别推出了与标准门阵列类似的 ISP、FPGA 和类似于 PAL 结构的扩展型 CPLD，提高了逻辑运算的速度，具有逻辑单元灵活、集成度高以及适用范围宽等特点，能够实现超大规模的电路，编程方式也很灵活，几乎所有应用门阵列、PLD 和中小规模通用数字集成电路的场合均可应用 FPGA 和 CPLD 器件。

第四阶段从 20 世纪 90 年代末到目前，出现了可编程片上系统(System On a Programmable Chip，SOPC)技术，这是 PLD 和 ASIC 技术融合的结果，涵盖了实时化数字信号处理技术、高速数据收发器、复杂计算以及嵌入式系统设计技术的全部内容。目前，基于 PLD 片上可编程的概念仍在进一步向前发展。

2. PLD 的分类

在实际应用中，PLD 可根据其结构、集成度以及编程方法进行分类。

1) 按**与**阵列和**或**阵列是否可编程分类

(1) **与**阵列固定、**或**阵列可编程的 PLD。最早的 PLD 产品可编程只读存储器 PROM 就是采用这种形式，能够较方便地实现多输入多输出组合函数，可以实现任何组合逻辑功能，而且由于它以最小项为基础，因此在设计中无需对函数化简。对于每一种可能的输入组合，就相应得到一组可以独立编程的输出，大大扩展了可编程逻辑的思想，减少了输入变量的引脚数，并能与 TTL 电路兼容。然而大多数逻辑函数并不需要使用输入的全部可能组合，因为其中许多组合是无效的或不可能出现的，这使得芯片利用率较低。

(2) **与**阵列和**或**阵列均可编程的 PLD。20 世纪 70 年代中期出现的现场可编程逻辑阵列器件(Field Programmable Logic Array，FPLA)采用了这种结构。此类 PLD 的**与**阵列采用部分译码方式，通过编程使其产生函数所需的乘积项，乘积项不一定是全部 n 个输入的组合。它的**或**阵列可编程，并通过选择所需要的乘积项相**或**，在输出端产生乘积项之和的函数。与 PROM 相比，它的优点在于阵列较小，使用灵活、速度高，容易设计，从而有效地提高了芯片利用率，缩小了系统体积。但存在的问题是制造工艺复杂，编程缺少高质量的支撑软件和编程工具，且价格较高，因而使用不广泛。

(3) **与**阵列可编程、**或**阵列固定的 PLD。80 年代出现的可编程阵列逻辑 PAL 和通用阵列逻辑 GAL 采用了这种结构。每个输出是若干个乘积项之和，其中乘积项的数目是固定的。这种结构不仅能实现大多数逻辑功能，而且提供了最高的性能和速度，是 PLD 目前发展的主流。

2) 按集成度分类

随着集成工艺的发展，PLD 的集成规模越来越大，集成度从几百门/片发展到几千门/片，甚至几百万门/片。据此,PLD 可分为简单可编程逻辑器件(Simple PLD,SPLD)和复杂可编程逻辑器件 CPLD 两大类。

(1) 简单可编程逻辑器件 SPLD。SPLD 通常指集成度小于 1000 门/片的 PLD。从 20 世纪 70 年代初期至 80 年代中期产生的 PLD,如 PROM、PLA、PAL 和 GAL 均属于此类。与中小规模集成电路相比,它有集成度高、速度快、设计灵活方便、设计周期短等优点,因此得到广泛的应用。但随着科学技术的发展,由于集成密度低,它已很难满足大规模以及超大规模集成电路在规模和性能上的要求。

(2) 复杂可编程逻辑器件 CPLD。CPLD 通常指集成度大于 1000 门/片的 PLD。20 世纪 80 年代中期以后产生的 CPLD 和 FPGA 都属于此类。

3) 按编程方法分类

(1) 掩膜编程。最初的 ROM 是由半导体生产厂家制造的,阵列中各点间的连线由厂家专门为用户设计的掩膜板制作,此种方法称为掩膜编程。其设计成本高,一般在批量生产中才有价值,所以它只用来生产存放固定数据、固定程序的 ROM 以及函数表、字符发生器等器件。

(2) 熔丝或反熔丝编程。熔丝编程器件在每个可编程的互连节点上都有熔丝开关。如果节点需要连接则保留熔丝,节点需要断开则用比工作电流大得多的电流烧断熔丝即可。由于熔丝一旦烧断便不能恢复导通,因此这种方法只能一次编程,而且熔丝开关占芯片面积较大,不利于提高器件集成度。

反熔丝编程器件以反熔丝开关作为编程元件。反熔丝开关的核心是介质,未编程时开关呈现很高的阻抗(例如可用一对反向串联的肖特基二极管构成),当编程电压加在开关上将介质击穿后(使一个二极管永久性击穿而短路),开关则呈现导通状态。

PROM 和 PAL 采用了熔丝编程工艺,Actel 公司的 FPGA 则采用了反熔丝编程工艺。

(3) 浮栅编程。浮栅编程器件采用了浮栅编程技术,包括紫外线擦除电编程的 EPROM 和电擦除电编程的 E^2PROM。它们都采用浮栅存储电荷的方法来保存数据。浮栅编程器件属于非易失可重复擦除器件,GAL、CPLD 大都采用这种工艺。

(4) SRAM 编程器件。SRAM 即静态存储器,又称配置存储器,用来存储决定系统逻辑功能和互连的配置数据。它属于易失元件,所以每次系统加电时,先要将储存在外部 EPROM 或硬盘中的编程数据加载到 SRAM 中去。采用 SRAM 技术可以方便地装入新的配置数据实现在线重置。Xilinx 的 FPGA 采用了这种技术。

8.2　PLD 的基本结构

在实际应用中,可编程逻辑器件 PLD 通常用来代替 SSI 以及 MSI 固定功能电路,它们可以在一个给定的设计中节约空间并减少设备数目和成本。

不同的 PLD 其内部结构各不相同,但一般包含与阵列、或阵列及起缓冲作用的输入逻辑、输出逻辑等几部分,如图 8-2 所示。输入逻辑电路由缓冲器组成,使输入信号具有足够的驱动能力,并可产生互补输入信号。与阵列、或阵列是电路的主体,主要用来实现逻辑函数。输出逻辑电路可提供不同的输出方式。每个输出数据是输入数据的与、或函数。

图 8-2　PLD 的基本结构

8.2.1　可编程阵列

所有的 PLD 都是由可编程阵列组成的。可编程阵列从根本上说是导线构成的导电网格。这些导线形成行和列,并且在每一个行列交叉点都有一个易熔的连接,即通过熔断金属丝等连接技术来实现逻辑 1 或逻辑 0。可编程阵列分为**与**阵列和**或**阵列。

1. 与阵列

与阵列由连接到可编程矩阵上的**与**门组成,在每一个交叉点都有易熔连接,如图 8 - 3(a)所示。**与**门可以通过烧断熔丝以消除来自输出函数的选择变量来进行编程。如图 8-3(b)所示,对于**与**门的每一个输入,只有一个熔丝完好无损,以将所需的变量连接到门输入上。具有易熔连接的**与**门阵列是一次性可编程的。

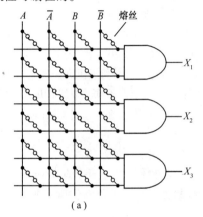
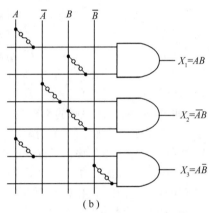

图 8-3　与阵列

由于存储器技术的发展,**与**阵列中的熔丝常用带有浮置栅的 E^2CMOS 管代替。就是说,**与**阵列的每一个交叉点都有一个可以电擦除电编程的浮置栅 MOS 管,通过编程控制 MOS 管的导通与截止,就像控制熔丝的通断一样实现逻辑函数。

2. 或阵列

或阵列由连接到可编程矩阵上的**或**门组成,在每一个交叉点都有易熔连接,如图 8 - 4(a)所示。和**与**阵列相似,这个阵列可以通过烧断熔丝以消除来自输出函数的选择变量来进行编程,如图 8 - 4(b)所示。对于**或**门的每一个输入,只会有一个熔丝完好无损,以将所需的变量连接到门输入上。同样一旦熔丝被烧断,就不能再连接在一起了。

通过可编程阵列可以实现逻辑函数 $X = AB + A\overline{B} + \overline{A}\,\overline{B}$,其电路如图 8 - 5 所示。

3. 可编程阵列的简化符号

可编程阵列可以用图 8 - 6 所示的简化符号来表示编程连接、固定连接和无连接。图中"熔丝"表示编程连接,"没有熔丝"表示无连接。

4. PLD 的基本原理

图 8 - 7 所示为由可编程**与**阵列和可编程**或**阵列构成的实现全加器的 PLD 表示方法。PLD 只要对图的上半部分的列线和行线交叉点进行连接,就可以在一列上实现任意三输入变量的乘积项(**与**

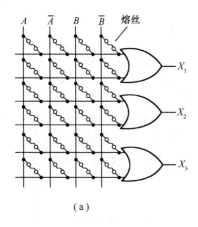

（a）

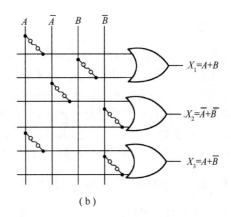

（b）

图 8 - 4 **或**阵列

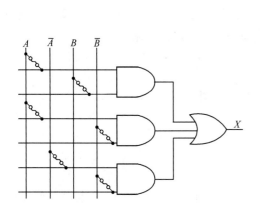

图 8 - 5 逻辑函数的 PLD 表示方法

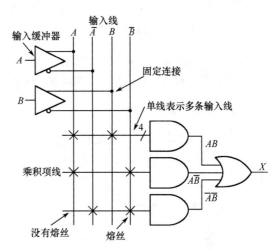

图 8 - 6 可编程阵列的简化符号

项），如 P_1；图的下半部分则可以在一行上实现任意乘积运算后的和（**或**项），如 S_i。而任意的三输入变量的组合逻辑都可以化为积之和的形式，即最小项之和。对列线和行线的交叉点进行连接，就是对器件编程，这就是 PLD 的基本原理。

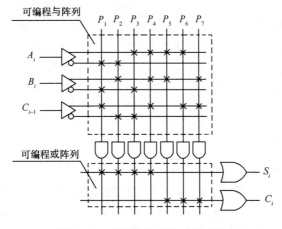

图 8 - 7 全加器的 PLD 表示方法

8.2.2　宏单元

宏单元（或逻辑单元）是 PLD 的最基本单元，每个宏单元由触发器、多路选择器、时钟资源等构成，不同产品对这种基本单元的叫法不同，如 LE，MC，CLB，Slices 等，但每个基本单元一般都包括实现组合逻辑和实现时序逻辑的两部分。宏单元和可编程逻辑阵列一起用来实现特定的组合逻辑和时序逻辑功能。Altera 的芯片，每个宏单元含一个触发器；Xilinx 的部分芯片，每个宏单元含两个触发器。一般不用"门"的数量衡量 PLD 的大小，而是用触发器的多少来衡量芯片的大小。如 10 万门的 Xilinx 的 XC2S100 有 1200 个 Slices，即含 2400 个触发器；5 万门的 Altera 的 1K50 则含 2880 个 LE，即 2880 个触发器。

8.2.3　简单可编程逻辑器件（SPLD）

SPLD 是 PLD 中最简单、出现最早的类型。一个 SPLD 可以替代几个通用 SSI 或 MSI 器件，以及它们之间的互连。

1. 可编程只读存储器 PROM

PROM 由一组用作译码器的固定连接与阵列和一个可编程**或**阵列组成，如图 8 - 8 所示。PROM 主要用作可访问存储器，而不用作逻辑设备。这是由固定**与**门所产生的限制所致。

2. 可编程逻辑阵列 PLA

PLA 是由可编程**与**阵列和可编程**或**阵列组成的 SPLD，如图 8 - 9 所示。PLA 能够克服 PROM 的限制。PLA 也被称为现场可编程逻辑阵列（FPLA），这是因为是处在现场的用户而不是生产商对其进行编程。

3. 可编程阵列逻辑 PAL

PAL 由可编程**与**阵列和具有输出逻辑的固定**或**阵列组成，如图 8 - 10 所示。PAL 是最常见的一次性可编程逻辑设备，并且由双极技术（TTL 或 ECL）实现。

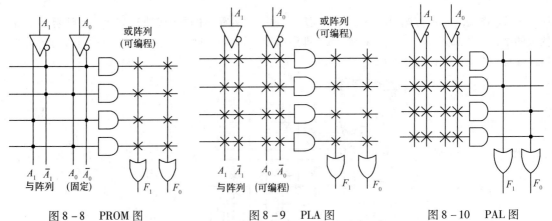

图 8 - 8　PROM 图　　　　　图 8 - 9　PLA 图　　　　　图 8 - 10　PAL 图

每种 PAL 器件有固定的输出和反馈结构，为适应各种组合逻辑电路和时序电路的设计要求，具有不同输出和反馈结构的 PAL 器件应运而生。根据输出和反馈方式的不同，PAL 一般可分为专用输出结构、可编程输出结构、寄存器输出结构、**异或**输出结构和运算选通反馈结构等几种类型。

PAL 输出结构的多样性使 PAL 器件的适用范围广泛，给设计带来了很大方便。但由于它采用熔丝工艺，编程后不能改写，而且不同输出结构的 PAL 对应不同型号的 PAL 器件，型号众多，且通用性差。为克服这些缺点,20 世纪 80 年代中期推出了 GAL 器件。

4. 通用阵列逻辑 GAL

GAL 具有一个可编程的**与**阵列和一个可编程逻辑输出的固定**或**阵列。GAL 器件在工艺上吸取 E^2PROM 的浮栅技术,在结构上采用输出逻辑宏单元,具有可擦除、可重新编程和可长期保存数据等优点,不仅完全兼容 PAL 器件,而且比 PAL 器件的功能更加全面。下面以 GAL16V8 为例介绍 GAL 器件的基本组成原理。图 8 − 11 所示为 GAL16V8 的结构图。

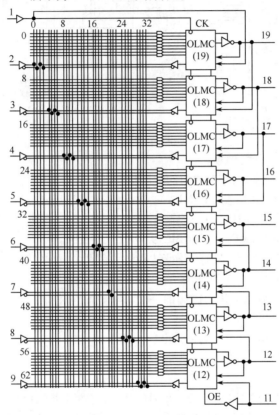

图 8 − 11　GAL16V8 结构图

它由输入缓冲器(左边 8 个缓冲器)、输出三态缓冲器(右边 8 个缓冲器)、**与**阵列、输出反馈/输入缓冲器(中间 8 个缓冲器)、输出逻辑宏单元 OLMC(其中包含**或**门阵列),以及时钟和输出选通信号缓冲器组成。GAL 器件的可编程**与**阵列和 PAL 器件相同,由 8×8 个**与**门构成;每个**与**门的输入端既可以接收 8 个固定的输入信号(2 ~ 9 引脚),也可以接收将输出端(12 ~ 19 引脚)配置成输入模式的 8 个信号。因此 GAL16V8 最多有 16 个输入信号、8 个输出信号。GAL 器件与 PAL 器件的主要区别在于它的每个输出端都集成一个输出逻辑宏单元。下面介绍 GAL 器件的输出逻辑宏单元。

1) 可编程输出逻辑宏单元 OLMC

GAL 的每一个输出端都对应一个输出逻辑宏单元 OLMC,它的结构如图 8 − 12 所示。

它主要由四部分组成:

(1) **或**阵列:一个 8 输入**或**门,构成了 GAL 的**或**门阵列。

(2) **异或**门:**异或**门用于控制输出信号的极性,8 输入**或**门的输出与结构控制字中的控制位 XOR(n) **异或**后,输出到 D 触发器的 D 端。通过将 XOR(n)编程为 1 或 0 来改变**或**门输出的极性;XOR(n)中

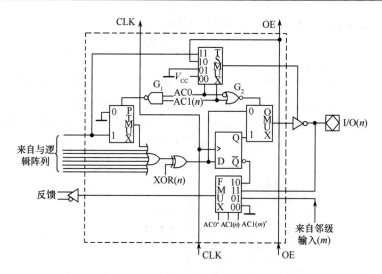

图 8 – 12　输出逻辑宏单元 OLMC

的 n 表示该宏单元对应的 I/O 引脚号。

（3）正边沿触发的 D 触发器：锁存**或**门的输出状态，使 GAL 适用于时序逻辑电路。

（4）4 个数据多路开关（数据选择器 MUX）。

表 8 – 1　AC0 和 AC1(n)对输出三态缓冲器的控制情况

① 乘积项数据选择器 PTMUX：用于控制来自**与**阵列的第一乘积项。除 OLMC12 和 OLMC19 两个输出逻辑宏单元外，PTMUX 的控制信号是结构控制字中控制位 AC0 和 AC1(n)的**与非**项。当 AC0·AC1(n) =1 时，第一乘积项作为**或**门的一个输入项。

控制信号		输出三态缓冲器的三态控制信号
AC0	AC1(n)	C
0	0	1(V_{CC})
0	1	0
1	0	OE
1	1	第一乘积项

② 三态数据选择器 TSMUX：用于选择输出三态缓冲器的选通信号。其 4 个数据输入端受 AC0 和 AC1(n)控制，TSMUX 的工作情况如表 8 – 1 所列。

③ 反馈数据选择器 FMUX：用于决定反馈信号的来源。它根据控制信号 AC0、AC1(n)和 AC1(m)的值，分别选择 4 路不同的信号反馈到**与**阵列的输入端。4 路不同的信号是：低电平、相邻 OLMC 的输出、本级 OLMC 输出和本级 D 触发器的输出 $\overline{Q}$。AC1(m)中的 m 表示邻级宏单元对应的 I/O 引脚号。

④ 输出数据选择器 OMUX：控制输出信号是直接由组合电路输出，或是经过寄存器（ D 触发器）输出。

表 8 – 2 所列为 5 种 OLMC 的配置情况。可以看出，在结构控制字同步位 SYN、控制位 AC0 和 AC1(n)的控制下可将 OLMC 设置成 5 种不同的功能组合。具体工作模式如图 8 – 13 所示。

表 8 – 2　OLMC 的功能组合

功　能	SYN	AC0	AC1(n)	XOR(n)	输出极性	备注
专用输入	1	0	1	—	—	1 和 11 脚为数据输入，三态门不通
专用输出	1	0	0	0	低电平有效	1 和 11 脚为数据输入，所有输出是组合的，三态门总是选通
				1	高电平有效	
选通组合型输出	1	1	1	0	低电平有效	1 和 11 脚为数据输入，所有输出是组合的，但三态门由第一乘积项选通
				1	高电平有效	

续表

功 能	SYN	AC0	AC1(n)	XOR(n)	输出极性	备注
时序电路中的组合型输出	0	1	1	0	低电平有效	1 脚接 CLK,11 脚接 OE,这个宏单元输出是组合的,但其余宏单元至少有一个输出是寄存的
				1	高电平有效	
寄存器型输出	0	1	0	0	低电平有效	1 脚接 CLK,11 脚接 OE
				1	高电平有效	

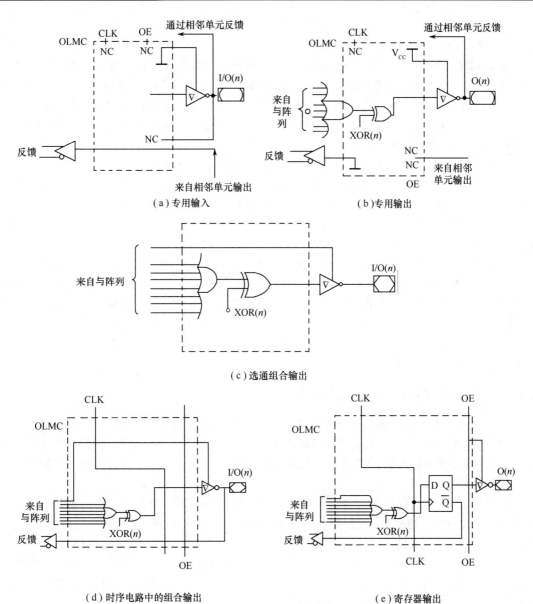

图 8-13 GAL 的 5 种工作模式图

2) 结构控制字

GAL16V8 的各种配置是由结构控制字来控制的。结构控制字如图 8 – 14 所示。图中 XOR(n) 和 AC1(n) 字段下面的数字分别表示它们控制该器件中各个 OLMC 的输出引脚号。

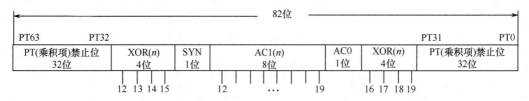

图 8 – 14　GAL16V8 的结构控制字

结构控制字各位功能如下:

(1) 同步位 SYN。该位用以确定 GAL 器件具有组合型输出能力还是寄存器型输出能力。当 SYN = 1 时,具有组合型输出能力;当 SYN = 0 时,具有寄存器型输出能力。此外,对于 GAL16V8 中的 OLMC(12) 和 OLMC(19),SYN 代替 AC0,$\overline{SYN}$ 代替 AC1(m) 作为 FUMX 的输入信号。

(2) 结构控制位 AC0。这 1 位对于 8 个 OLMC 是公共的,它与各个 OLMC(n) 各自的 AC1(n) 配合,控制 OLMC(n) 中的各个多路开关。

(3) 结构控制位 AC1。共有 8 位,每个 OLMC(n) 有单独的 AC1(n)。

(4) 极性控制位 XOR(n)。通过 OLMC 中间的**异或**门,控制逻辑操作结果的输出极性:XOR(n) = 0 时,输出信号 O(n) 低电平有效;XOR(n) = 1 时,输出信号 O(n) 高电平有效。

(5) 乘积项(PT)禁止位。共有 64 位,分别控制逻辑图中**与**门阵列的 64 个乘积项(PT0 ~ PT63),以便屏蔽某些不用的乘积项。通过对结构控制字的编程,便可控制 GAL 的工作方式。

GAL 器件利用输出逻辑宏单元 OLMC 改进了 PAL 的输出电路,使得 GAL 比 PAL 更加灵活多样。此外,GAL 用 E^2PROM 的浮栅隧道管取代了 PAL 中的熔丝的作用,它可以进行 100 次以上的多次编程。GAL 需利用专门的编程器进行编程,编程时可通过设置 GAL 的加密位来防止非法复制。

以上介绍的 PROM、PLA、PAL 和 GAL 等器件属于简单可编程逻辑器件,虽然它们各有特点,但它们的共同缺点是逻辑阵列规模小,每个器件仅相当于几十个等效门,设计较复杂电路时不适用,因此出现了复杂可编程逻辑器件。

8.2.4　复杂可编程逻辑器件(CPLD)

CPLD 是从 PAL 和 GAL 器件发展出来的器件。规模大、结构复杂,属于大规模集成电路范围,是一种用户根据各自需要而自行构造逻辑功能的数字集成电路。其基本设计方法是借助集成开发软件平台,用原理图、硬件描述语言等方法,生成相应的目标文件,通过下载电缆将代码传送到目标芯片中,实现设计的数字电路。

CPLD 比 SPLD 的内存大,可对更多复杂的电路编程。1 个 CPLD 和 2 个 ~ 64 个 SPLD 是等效的。CPLD 主要是由可编程逻辑宏单元(Macro Cell, MC)围绕中心的可编程互连矩阵单元组成。其中 MC 结构较复杂,并具有复杂的 I/O 单元互连结构,可由用户根据需要生成特定的电路结构,完成一定的功能。由于 CPLD 内部采用固定长度的金属线进行各逻辑块的互连,所以设计的逻辑电路具有时间可预测性,避免了分段式互连结构时序不完全预测的缺点。图 8 – 15 是 CPLD 的内部结构图。本章第 4 节将要介绍的在系统可编程 ISP 属于 CPLD。

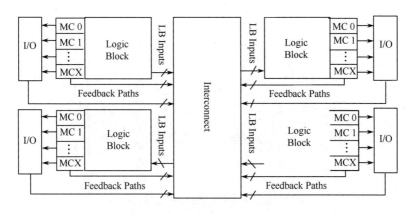

图 8 - 15　CPLD 的内部结构图

8.3　现场可编程门阵列（FPGA）

现场可编程门阵列 FPGA 是在 PAL、GAL、CPLD 等可编程器件的基础上进一步发展的产物，是一类高集成度的可编程逻辑器件，起源于美国的 Xilinx 公司。该公司于 1985 年推出了世界上第一块 FPGA 芯片。在这 20 多年的发展过程中，FPGA 的硬件体系结构和软件开发工具都在不断地完善，日趋成熟。从最初的 1200 个可用门，20 世纪 90 年代时几十万个可用门，发展到目前数百万门至上千万门的单片 FPGA 芯片。

FPGA 采用了逻辑单元阵列（Logic Cell Array，LCA）新概念，内部包括可编程逻辑块（Configurable Logic Block，CLB）、输入/输出模块（Input Output Block，IOB）和可编程互连资源（Interconnect Resource，ICR）三部分。用户可对 FPGA 内部的逻辑模块和 I/O 模块重新配置，以实现用户的逻辑。它还具有静态可重复编程和动态在系统重构的特性，使得硬件的功能可以像软件一样通过编程来修改。作为 ASIC 领域中的一种半定制电路，FPGA 既解决了定制电路的不足，又克服了原有可编程器件门电路数有限的缺点。使用 FPGA 来开发数字电路，可以大大缩短设计时间，提高系统的可靠性。当需要修改 FPGA 功能时，只需换一片 EPROM 即可。这样，对于同一片 FPGA，不同的编程数据可以产生不同的电路功能。因此，FPGA 的使用非常灵活。

FPGA 有多种配置模式：并行主模式为一片 FPGA 加一片 EPROM 的方式；主从模式可以支持一片 PROM 编程多片 FPGA；串行模式可以采用串行 PROM 编程 FPGA；外设模式可以将 FPGA 作为微处理器的外设，由微处理器对其编程。

8.3.1　FPGA 的基本结构

目前生产 FPGA 的公司主要有 Xilinx、Altera、Actel、Lattice、QuickLogic 等，生产的 FPGA 品种和型号繁多。尽管这些 FPGA 的具体结构和性能指标各有特色，但它们都有一个共同之处，即由逻辑功能块排成阵列，并由可编程的互连资源连接这些逻辑功能块，从而实现不同的设计。

典型的 FPGA 通常包含 3 类基本资源，即可编程逻辑块 CLB、可编程输入输出块 IOB 和可编程互连资源 ICR，基本结构如图 8 - 16 所示。

（1）可编程逻辑块是实现用户功能的基本单元，多个逻辑块通常规则地排成一个阵列结构，分布于整个芯片。

（2）可编程输入输出块完成芯片内部逻辑与外部管脚之间的接口，围绕在逻辑单元阵列四周。

（3）可编程内部互连资源包括各种长度的连线线段和一些可编程连接开关，它们将各个可编程

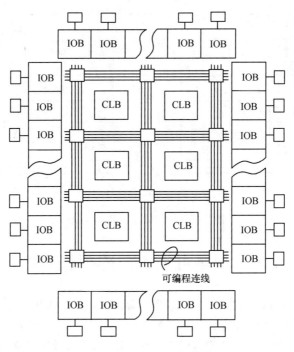

图 8 – 16　FPGA 的内部结构图

逻辑块或输入输出块连接起来,构成特定功能的电路。用户可以通过编程决定每个单元的功能以及它们的互连关系,从而实现所需的逻辑功能。

1. 可编程逻辑块 CLB

CLB 包含若干个较小的逻辑单元,典型的逻辑单元如图 8 – 17 所示,它包含一个查找表(Look Up Table,LUT)、关联逻辑和一个触发器。每个逻辑单元都含有一个四输入 LUT,可以用来产生与或函数表达式或者加法器和比较器等逻辑功能。可编程选择可以从 LUT 输出中选择组合功能,或者从触发器输出中选择时序功能。

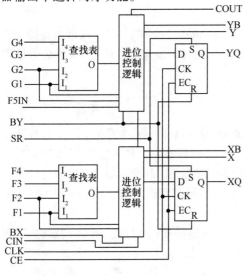

图 8 – 17　CLB 的内部结构

目前绝大部分 FPGA 都采用 LUT 技术,本质上就是一个 RAM。在 FPGA 中多使用四输入的 LUT,所以每一个 LUT 可以看成一个有 4 位地址线的 16 × 1 的 RAM。当用户通过原理图或硬件描述语言描述了一个逻辑电路以后,FPGA 开发软件会自动计算逻辑电路的所有可能的结果,并把结果事先写入 RAM,如图 8 – 18 所示。这样,每输入一个信号进行逻辑运算就等于输入一个地址进行查表,找出该地址对应的内容,然后输出即可。

LUT 利用数据选择器实现逻辑函数,2^n 选 1 的数据选择器可以实现 n 个输入变量的查找表,也就是可实现具有 n 变量的逻辑函数。

图 8 – 19 所示为利用数据选择器的查找表结构。由于是 16 选 1 的数据选择器,所以可以直接实现四变量逻辑函数。其中的随机存储器 RAM 用于存储 16 选

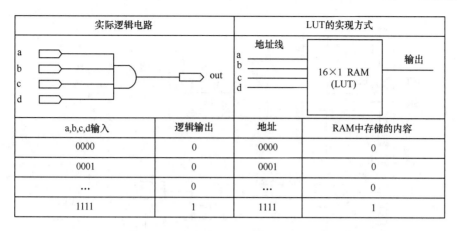

图 8-18　实际逻辑电路的 LUT 实现方式

1 数据选择器的数据信号,A、B、C、D 是输入逻辑变量,F 是输出。

可以用图 8-20 所示的查找表来实现如下逻辑函数:

$$F = \overline{A}\ \overline{B}C\overline{D} + \overline{A}BCD + A\overline{B}CD + AB\overline{C}D = \sum m(2,7,11,13)$$

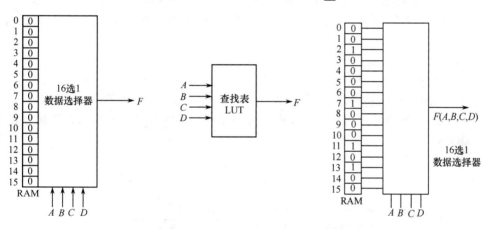

图 8-19　查找表结构　　　　　　　图 8-20　LUT 实现逻辑函数

2. 可编程输入输出块 IOB

IOB 是芯片与外界电路的接口部分,完成不同电气特性下对输入/输出信号的驱动与匹配要求,其示意结构如图 8-21 所示。外部输入信号可以通过 IOB 模块的存储单元输入到 FPGA 的内部,也可以直接输入 FPGA 内部。当外部输入信号经过 IOB 模块的存储单元输入到 FPGA 内部时,其保持时间(Hold Time)的要求可以降低,通常默认为 0。

为了便于管理和适应多种电器标准,FPGA 的 IOB 被划分为若干个组(bank),每个 bank 的接口标准由其接口电压 V_{CCO} 决定,一个 bank 只能有一种 V_{CCO},但不同 bank 的 V_{CCO} 可以不同。只有相同电气标准的端口才能连接在一起,V_{CCO} 电压相同是接口标准的基本条件。最先进的 FPGA 提供了十多个 I/O bank,能够提供灵活的 I/O 支持。

3. 可编程布线资源 ICR

ICR 由纵横分布在 CLB 阵列之间的金属线网络和位于纵横线交叉点上的可编程开关矩阵组成。

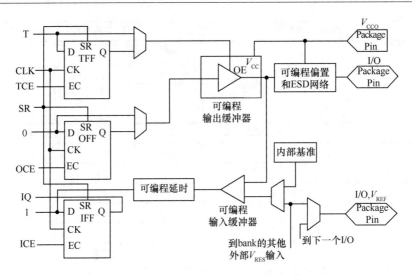

图 8-21　IOB 内部结构示意图

FPGA 中大量的连线资源是通过可编程开关矩阵实现互连的。用户通过编程决定每个单元的功能以及它们的互连关系,从而实现所需的逻辑功能。FPGA 芯片内部有着丰富的布线资源,根据工艺、长度、宽度和分布位置的不同,ICR 一般提供 3 种连接结构,即通用单/双长线连接、长线连接和全局连接。

(1) 通用单/双长线连接。主要用于 CLB 之间的连接,任意两点间的连接都要通过开关矩阵。它提供了相邻 CLB 之间的快速互连和复杂互连的灵活性,但传输信号每通过一个可编程开关矩阵,就增加一次时延。因此,FPGA 内部时延与器件结构和逻辑布线有关,它的信号传输时延不可确定。

如图 8-22 所示,通用单长线可以连接相邻的 CLB1 和 CLB4,通用双长线可以连接非相邻的 CLB2 和 CLB3,PSM 是可编程开关矩阵。

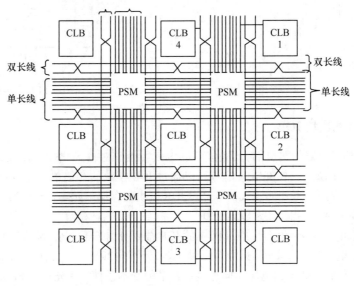

图 8-22　通用单/双长线连接结构

(2) 长线连接。在通用单/双长线的旁边还有 3 条从阵列的一头连到另一头的线段,称为水平长线和垂直长线。这些长线不经过可编程开关矩阵,信号延时时间小,长线主要用于长距离或多分支信号的传送。

（3）全局连接。8 条全局线贯穿器件,可达到每个 CLB。全局连接主要用于传送一些公共信号,如全局时钟信号、全局复位等公用控制信号。

除了上述构成 FPGA 基本结构的 3 种资源以外,随着工艺的进步和应用系统需求的发展,一般在 FPGA 中还可能包含以下可选资源:存储器资源(块 RAM、分布式 RAM);数字时钟管理单元(分频/倍频、数字延迟、时钟锁定);算数运算单元(高速硬件乘法器、乘加器);多电平标准兼容的 I/O 接口;高速串行 I/O 接口;特殊功能模块(以太网 MAC 等硬 IP 核);微处理器(PowerPC405 等硬处理器 IP 核)。

图 8－23 所示为 Xilinx 公司的 Spartan－II 系列的 FPGA 基本结构图,主要包括 5 个可配置部分:①可编程逻辑块:用于实现大部分逻辑功能;②在 CLBs 的四周分布着可编程的输入输出块:提供封装引脚与内部逻辑之间的连接接口;③丰富的多层互连结构的可编程连线;④片上的随机存取块状 RAM(Block RAM);⑤全数字式延迟锁相环(Delay Lock Loop,DLL)时钟控制块,与每个全局时钟输入缓冲器相连,该闭环系统确保时钟边沿到达内部触发器与其到达输入引脚同步,有效地消除时钟分配的延迟。

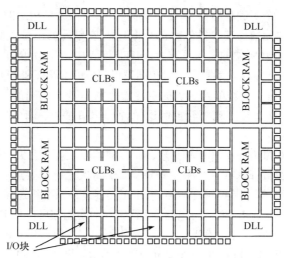

图 8－23　Spartan－II 系列 FPGA 结构图

8.3.2　编程数据的装载

FPGA 编程技术有 3 种,即 SRAM、反熔丝和 Flash。其中,SRAM 是应用范围最广的架构,主要因为它速度快且具有可重编程能力,而反熔丝 FPGA 只具有一次可编程(One Time Programmable,OTP)能力,基于 Flash 的 FPGA 是 FPGA 领域比较新的技术,也能提供可重编程功能。

1. 基于 SRAM 的 FPGA 器件

这类产品是基于 SRAM 结构的可再配置型器件,FPGA 是由存放在片内 SRAM 中的程序来设置其工作状态的,因此工作时需要对片内的 SRAM 进行编程。上电时要将配置数据读入片内 SRAM 中,配置完成就可进入工作状态。掉电后 SRAM 中的配置数据丢失,FPGA 内部逻辑关系随之消失。这种基于 SRAM 的 FPGA 可以反复使用。

2. 反熔丝 FPGA

采用反熔丝编程技术的 FPGA 内部具有反熔丝阵列开关结构,其逻辑功能的定义由专用编程器根据设计实现所给出的数据文件,对其内部的反熔丝阵列进行烧录,从而使器件实现相应的逻辑功能。这种器件的缺点是只能一次性编程;优点是具有高抗干扰性和低功耗,适合于要求高可靠性、高保密性的定型产品。

3. 基于 Flash 的 FPGA

这类 FPGA 器件中集成了 SRAM 和非易失性 E^2PROM 两类存储结构。其中 SRAM 用于在器件正常工作时对系统进行控制,而 E^2PROM 则用来装载 SRAM。由于这类 FPGA 将 E^2PROM 集成在基于 SRAM 工艺的现场可编程器件中,因而可以充分发挥 E^2PROM 的非易失特性和 SRAM 的重配置性。掉电后,配置信息保存在片内的 E^2PROM 中,因此不需要片外的配置芯片,有助于降低系统成本、提高设计的安全性。

由于 LUT 主要适合 SRAM 工艺生产,所以大部分 FPGA 都是基于 SRAM 工艺的。

8.3.3　FPGA 和 CPLD 的比较

FPGA 和 CPLD 都是复杂可编程器件,有很多共同特点,又因为结构上的差异,具有各自的特点。

CPLD 和 PFGA 的宏单元结构基本类似。在 CPLD 中,宏单元的组合逻辑部分相当庞大,可实现 10 个以上的输入变量,即通常所说的扇入系数大;而在 FPGA 中,宏单元的组合逻辑部分相对较小,有的只有 4 个~9 个输入变量,即扇入系数小。对相同逻辑门数的 CPLD 和 FPGA 而言,CPLD 所含的宏单元个数必定少于 FPGA,而一个宏单元所含的寄存器个数是基本相同的。因此,CPLD 中寄存器资源较 FPGA 贫乏,所以 CPLD 适合实现组合控制逻辑,而 FPGA 更适用于时序控制逻辑、数据运算存储等。

CPLD 大多采用 E^2PROM 和 FlashROM 工艺,编程后掉电信息不丢失,使用简单,但逻辑功能较弱,可以用于简单系统级逻辑;FPGA 大多采用 RAM 工艺,每次上电都要加载数据,一般可使用 PC 机电缆或专用配置芯片加载数据。其逻辑功能强,可用于实现复杂系统级逻辑,如数字信号处理中的滤波器组、FFT 算法、各种接口(USB、PCI 等)电路,甚至 CPU 的功能都可以用 FPGA 来实现。

CPLD 保密性好,FPGA 保密性差;CPLD 比 FPGA 使用起来方便;CPLD 的速度比 FPGA 快,并且具有较大的时间可预测性;但是 CPLD 的功耗要比 FPGA 大,且集成度越高越明显;编程上 FPGA 比 CPLD 具有更大的灵活性。CPLD 通过修改具有固定内连电路的逻辑功能来编程,FPGA 主要通过改变内部连线的布线来编程;FPGA 的集成度比 CPLD 高,具有更复杂的布线结构和逻辑实现。

8.4　在系统可编程(ISP)

PLD 器件自 20 世纪 70 年代发明以来,从熔丝型发展到光可擦除型;到 80 年代发展成为电可擦除型;到 90 年代,美国 Lattice 半导体公司开发出采用在系统可编程 ISP 技术的高密度 PLD,它是在 CPLD 的基础上加入了编程控制电路,电路结构更复杂,功能更强大。

ISP 是指用户具有在自己设计的目标系统中或线路板上为重构逻辑而对逻辑器件进行编程或反复改写的能力。常规 PLD 在使用中通常是先编程后装配。而采用 ISP 技术的 PLD,则是先装配后编程,且成为产品之后还可反复编程。ISP 技术为用户提供了传统技术无法达到的灵活性,可以大大缩短电子系统设计周期,简化生产流程,降低生产成本,并可在现场对系统进行逻辑重构和升级。ISP 技术使硬件随时能够改变组态,实现了硬件设计的软件化,是可编程逻辑技术的实质性飞跃,因此是 PLD 设计技术的一次革命。

ISP 器件分为 ispLSI(isp Large Scale Intergration)、ispGAL 和 ispGDS 三大类型。Lattice 公司的

ispLSI器件既有 PLD 的性能和特点,又有 FPGA 的高密度和灵活性。它强有力的结构能够实现各种逻辑功能,其中包括寄存器、计数器、多路选择、译码器和复杂状态机等,能够满足对高性能系统逻辑的需求,广泛地适用于各个领域。ispLSI 系列器件集成度 1000 门~25000 门,引脚到引脚延时最小可达 3.5ns,系统工作速度最高可达 180MHz。器件具有在系统可编程能力和边界扫描测试能力,适合在计算机、仪器仪表、通信、雷达、DSP 系统和遥测系统中使用。

Lattice 公司生产 ispLSI 系列器件是基于与或阵列结构的复杂 PLD 产品。芯片由若干个巨块组成,巨块之间通过全局布线区 GRP 连起来,每个巨块包括若干个通用逻辑块 GLB、输出布线区 ORP、若干个 I/O 引脚和专用输入引脚。目前 ispLSI 器件分为 6 个系列,即 ispLSI1000/E 系列、ispLSI2000/E/V/VE 系列、ispLSI3000 系列、ispLSI5000V 系列、ispLSI6000 系列和 ispLSI8000 系列。

ispLSI 器件的编程方便简单,使用 ISP 编程电缆和编程软件就可以完成编程工作。在连接时,编程电缆一端连接在电脑的并行口上,一端连接在被编程器件所在电路板的 ISP 接口上。为配合其 PLD 的使用和开发,Lattice 公司推出的数字系统设计软件为 ispLEVER,设计输入可以采用原理图、硬件描述语言和混和输入三种方式。它能对所设计的数字电子系统进行功能仿真和时序仿真的设计检验,能对设计结果进行逻辑优化,将逻辑映射到器件中去,自动完成布局并生成编程所需要标准的熔丝图 JED 编程文件,最后可以随时通过连接电缆,将编程文件下载到器件中去。

下面以 ispLSI 1032 为例介绍 ispLSI 的结构原理。

8.4.1 ispLSI1032 的结构

ispLSI1032 是 E^2CMOS 器件,其芯片有 84 个引脚,其中 64 个是 I/O 引脚,集成密度为 6000 个等效门,每片含 68 个触发器和 64 个锁存器,管脚与管脚延迟为 12ns,系统最高工作频率为 90MHz。图 8-24所示为 ispLSI1032 的功能框图和引脚图。

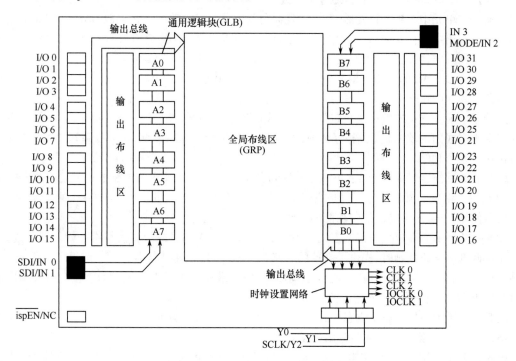

图 8-24 ispLSI 1032 总体结构图

1. 全局布线区 GRP

GRP 位于芯片的中央。它以固定的方式将所有片内逻辑联系在一起,供设计者使用,和通用总线的功能是一致的。其特点是输入/输出之间的延迟是恒定的和可预知的。例如:110MHz 档级的芯片在带有 4 个 GLB 负载时其延迟时间为 0.8ns,与输入、输出的位置无关。这个特点使片内互连性非常完善,使用者可以很方便地实现各种复杂的设计。

2. 通用逻辑块 GLB

GLB 是 ispLSI 器件的最基本逻辑单元,是图 8-24 中紧挨着 GRP 四边的小方块,标示为 A0,A1,…,A7;B0,B1,…,B7 等,每边 8 块,共 32 块。图 8-25 所示为 GLB 的结构图,它由与阵列、乘积项共享阵列、四输出逻辑宏单元和控制逻辑组成。

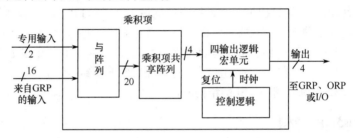

图 8-25　GLB 的结构图

ispLSI1032 的与阵列有 18 个输入端,其中 16 个来自全局布线区 GRP,2 个专用输入端,每个 GLB 有 20 个与门,形成 20 个乘积项,再通过 4 个或门输出。

四输出宏单元中有 4 个触发器,每个触发器与其他可组态电路的连接类似 GAL 的 OLMC,它可被组态为组合输出或寄存器输出(通过触发器后面的多路选择器 MUX 编程组态)。组合电路可有与或或者异或两种方式,触发器也可组态为 D、T、JK 等形式。可见一个 GLB 相当于半个 GAL16V8。

然而 GLB 比 GAL 的功能强得多,首先体现在乘积项共享阵列 PTSA 上。从图 8-26 中可以看到,乘积项共享阵列的输入来自 4 个或门,而其 4 个输出则用来控制宏单元中的 4 个触发器。至于哪个或门送给哪个触发器是靠编程来决定的。一个或门输出可以同时送给 4 个触发器,一个触发器也可同时接受 4 个或门的输出信息(相互为或的关系)。有时为了提高速度,还可以跨过 PTSA 直接将或门输出送至某个触发器。

GLB 有 5 种组合模式。图 8-26 所示为标准组态模式。在未编程的情况下 4 个或门输入按 4、4、5、7 配置,每个触发器激励信号可以是或门中的一个或多个,故最多可以将所有 20 个乘积项集中于 1 个触发器使用,以满足多输入逻辑功能的需要。

图 8-27 所示为高速直通组态模式。4 个或门跨过 PTSA 和异或门直接与 4 个触发器相连,因而避免了这两部分电路的延时,提供了高速的通路,可用来支持快速计数器设计。但每个或门只能有 4 个乘积项,且与触发器一一对应,不能任意调用。这时,乘积项中的 12,17,18,19 应不加入相应的或门,12 和 19 可作为控制逻辑的输入信号用。

图 8-28 所示为异或逻辑组态模式。采用了 4 个异或门,各异或门的一个输入分别为乘积项 0,4,8,13,另一个输入则从 4 个或门输出中任意组合。

图 8-29 所示为单乘积项结构,将乘积项 0、4、10、13 分别跨越或门、PTSA、异或门直接输出。其逻辑功能虽然简单,但比高速直通组态又少了一级(或门)延迟,因而速度最快。

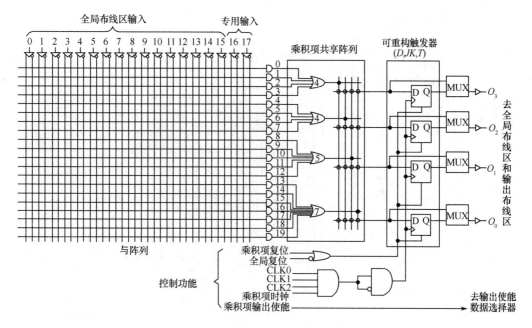

图 8 - 26　　GLB 的标准组态

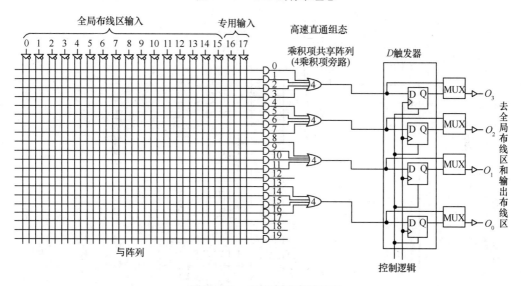

图 8 - 27　　GLB 高速直通组态

图 8 - 30 所示为多模式结构。前面 4 种组态模式可以在同一个 GLB 中使用,因而构成多模式组态。图中所示仅是该组态的一例,其中输出 O_3 采用的是 3 乘积项驱动的**异或**模式,O_2 采用的是 4 乘积项直通模式,O_1 采用的是单乘积模式,O_0 采用的是 11 乘积项驱动的标准模式。

3. 输出布线区 ORP

1) 内部结构

ORP 是介于 GLB 和输入输出单元 IOC 之间的可编程互连阵列。阵列的输入是 8 个 GLB 的 32 个输出端,而阵列的 16 个输出则分别与该侧的 16 个 IOC 相连,如图 8 - 31 所示。

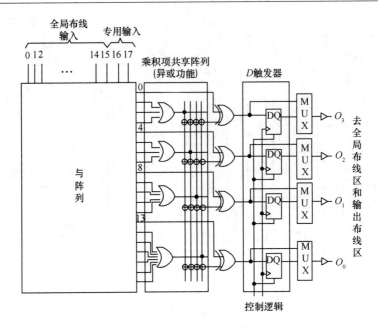

图 8 - 28　GLB 的**异或**逻辑组态

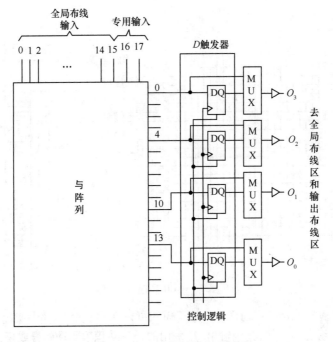

图 8 - 29　GLB 的单乘积项组态

2) ORP 的功能

通过对 ORP 的编程,可以将任意一个 GLB 的输出灵活地送到 16 个 I/O 端的某一个。由于 IOC 和 GLB 之间没有一对一关系,因而可以将 GLB 的编程和对外部引脚的排列分开进行。这一特点使得在不改变外部引脚排列的情况下可以修改芯片内部的逻辑设计。

在 ORP 旁边还有 16 条通向中央布线区 GRP 的输入总线。I/O 单元可以使用,GLB 的输出也可以通过 ORP 使用它,从而方便地实现了 I/O 端复用的功能和 GLB 之间的互连。

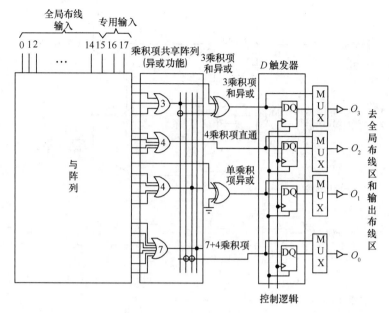

图 8-30　GLB 的多模式组态

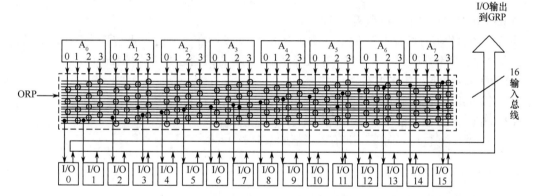

图 8-31　ORP 逻辑图

有时为了高速工作,GLB 输出跨过 ORP 直接与 I/O 单元相连。

4. 输入输出块 IOC

1）内部结构

输入输出单元是 ispLSI1016 总框图中最外层的小方块,共有 32 个。一个 IOC 的内部结构如图 8-32所示。

I/O 单元的用途是:将输入信号、输出信号、输入输出双向信号与具体的 I/O 管脚相连接,从而构成输入、输出、三态输出的双向 I/O 口。

图中用 MUX1 来控制输出三态门的使能端,从而实现三态端口。该 MUX 是 4 选 1 开关,有两个可编程地址。当地址码 00 时,将高电平接至三态门使能端,IOC 处于专用输出组态;当地址码 11 时,三态门使能接地,IOC 处于专用输入组态。当地址码 01 或 10 时,由 GLB 产生输出使能信号(OEMUX 送来),IOC 处于 I/O 组态或具有三态缓冲电路的输出组态。

多路选择器 MUX2 和 MUX3 用来选择信号的来源和输出极性。

MUX4 用来选择输入组态时用何种方式输入:寄存器输入或缓冲器输入。

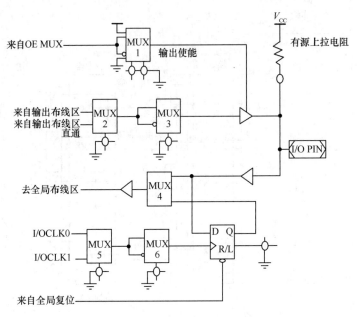

图 8 – 32　IOC 结构图

MUX5 和 MUX6 用来选择和调整极性。

IOC 中的触发器有两种工作方式:一是锁存方式,触发器在时钟信号低电平时锁存;二是寄存器方式,在时钟信号上升沿时将输入信号存入寄存器。两种方式通过 R/L 端编程来确定。

2) I/O 单元的各种工作组态

(1) 输入组态:包括输入缓冲、锁存输入、寄存器输入。

(2) 输出组态:包括输出缓冲、反向输出缓冲、三态输出缓冲。

(3) 双向组态:包括双向 I/O、带有寄存器的双向 I/O。

5. 巨块

巨块是 GLB 及其对应的 ORP、IOC 等的总称。

不同类别、不同型号的 ispLSI 器件,其主要区别在于构成芯片的巨块数各不相同。例如 ispL-SI1016 有 2 个巨块,1032 有 4 个巨块,1048 有 6 个巨块。

巨块的组成结构如图 8 – 33 所示。一个巨块包含 8 个 GLB,16 个 I/O 口,2 个专用输入端。专用输入端不是经过锁存器而是直接输入的,在软件自动分配下为本巨块内的 GLB 使用。

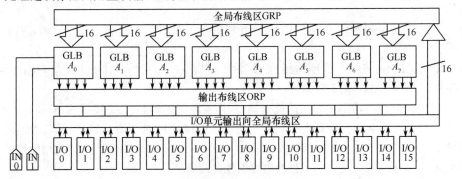

图 8 – 33　巨块组成图

6. 时钟分配网络 CDN

时钟分配网络随器件不同而异，ispLSI1032 的时钟分配网络如图 8 – 34 所示，它产生 5 个全局时钟信号，即 CLK0，CLK1，CLK2，IOCLK0，IOCLK1。其中 CLK0，CLK1，CLK2 3 个同步时钟信号可供所有的通用逻辑块 GLB 使用。IOCLK0，IOCLK1 可用于所有的 I/O 单元，供 I/O 寄存器使用。其输入信号由 4 个专用时钟输入引脚 Y_0，Y_1，Y_2，Y_3 提供。其中 Y_1 兼有时钟功能。这些输入可被直接连到任意的 GLB 或者 I/O 单元。但应注意的是，时钟网络的输入也可以是通用逻辑块 GLB 的 4 个输出，以便生成内部时钟电路，这个内部时钟电路是由用户自己定义的。例如将外加主时钟由 Y_0 送入，作为全局时钟 CLK0，GLB 输出 O_0，O_1，O_2，O_3 顺次产生分频信号，连接这些信号到 CLK1，CLK2，IOCLK0，IOCLK1 时钟线上，生成内部时钟电路，这时其他 GLB 或 I/O 单元便可以在比外部输入主时钟较低频率的节拍上工作。

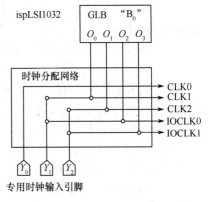

图 8 – 34 时钟设置网络

8.4.2 编程原理

1. ISP 器件的编程原理

在系统编程与普通编程的基本操作一样，都是逐行编程。如图 8 – 35 所示的阵列结构共有 n 行，其地址用一个 n 位的地址移位寄存器来选择。对起始行（地址为全 0）编程时，先将欲写入该行的数据串行移入水平移位寄存器，并将地址移位寄存器中与 0 行对应的位置置 1，其余位置置 0，让该行被选中。在编程脉冲作用下，将水平移位寄存器中的数据写入该行，然后将地址移位寄存器移动一位，使阵列的下一行被选中，并将水平移位寄存器中换入下一行编程数据。

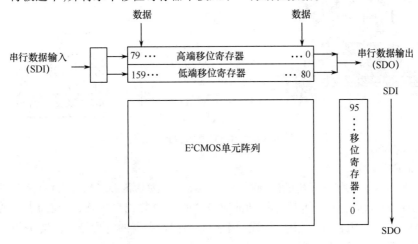

图 8 – 35 ispLSI 器件的编程示意图

由于器件是插在目标系统中或线路板上的，各端口与实际的电路相连，编程时系统处于工作状态，因而在系统编程的最关键问题就是编程时如何与外系统脱离。

ispLSI 器件有 5 个编程接口，用来实现对器件的写入操作，它们是：

（1）$\overline{\text{ispEN}}$：编程使能端。当 ispEN 为高电平时，器件处于正常模式。当 ispEN 为低电平时，器件处于编程模式,器件所有 I/O 端的三态门皆处于高阻状态,从而切断了芯片与外电路的联系,避免了编程芯片与外电路的相互影响。

(2) SDI:串行数据输入端。在编程模式下,SDI 完成两种功能:一是作为串行移位寄存器的输入;二是作为编程状态机的一个控制信号。SDI 由方式控制信号 MODE 控制。

(3) MODE:方式控制信号端。MODE 为低时,SDI 作为串行移位寄存器的输入;MODE 为高时,SDI 作为控制信号。

(4) SDO:串行数据输出端。将水平移位寄存器的输出反馈给计算机,对编程数据进行校验。

(5) SCLK:串行(移位寄存器)时钟,提供串行移位寄存器和片内时序机的时钟信号。

应注意,只有ispEN为低电平时,器件处于编程状态,由 SDI、MODE、SDO 和 SCLK 信号控制对器件编程,接受编程电缆送来的编程信息;当ispEN为高电平即正常模式时,编程控制脚 SDI、MODE、SDO、SCLK 可作为器件的直通输入端。

对某一行的编程操作分 3 步,即

(1) 按地址和命令将 JEDEC 文件中的二进制码数据自 SDI 端串行输入数据寄存器;

(2) 将编程数据写进 E^2CMOS 逻辑单元;

(3) 将写入数据自 SDO 移出进行校验。

2. ISP 器件的编程方式

1) 利用 PC 机的 I/O 端口编程

对 ISP 器件的编程可利用 PC 进行。如图 8-36 所示,利用 PC 机并行口可向用户目标板提供编程信号的环境,它利用一条编程电缆将确定的编程信号(SDI、MODE、SDO、SCLK、ispEN)提供给 ISP 器件。该电缆是一根 7 芯传输线,除了 5 根信号线外,还有一根地线和对目标板电源的检测线。

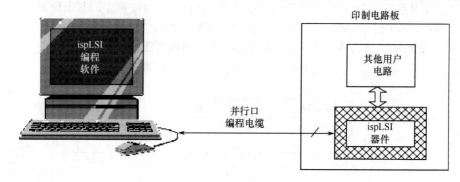

图 8-36　用 PC 并行口进行编程

2) 多芯片 ISP 编程

图 8-37 所示为一种对多芯片进行编程的串联方式,称为菊花链结构,其特点是各种不同芯片共用一套 ISP 编程接口。每片的 SDI 输入端和前面一片的 SDO 输出端相连,最前面一片的 SDI 端和最后一片的 SDO 端与 ISP 编程接口相连,构成一个类似移位寄存器的链形结构。链中的器件数可以很多,只要不超过接口的驱动能力即可。

当 MODE 为低电平时,各器件中的移位寄存器都嵌入菊花链中,相互串联在一起,可以将指令或数据从 SDI 输入,移位传送到此链中的某一位置,也可以将某一器件读出的数据经此链移位送到最后一个器件的 SDO 端,供校验使用。

用户对某个器件编程时,应知道该器件在链中的位置。每种 ISP 器件都有一个 8 位识别码,只要将这些识别码装入移位寄存器,通过移位传递送入计算机即可。

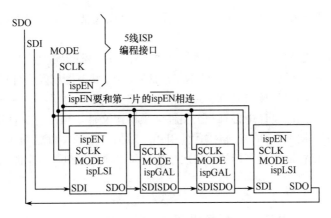

图 8-37　菊花链串行编程结构

8.5　PLD 的开发

8.5.1　开发软件和具体设计步骤

1. 开发软件

一种 PLD 器件能否得到广泛的应用,能否受到用户的欢迎,除了器件本身的性能价格比之外,在很大程度上取决于它的开发环境。ispLEVER 是由 Lattice 公司提供的一种通用电子设计软件。它支持 VHDL 语言、ABEL-HDL 语言、原理图 3 种电子设计方式,以及这些设计方式的混合使用,从而使电子设计变得灵活简便。它能对所设计的数字系统进行功能模拟和时序模拟,能对设计进行逻辑优化,并将逻辑映射到器件中去,自动完成预布线,生成编程所需的熔丝图文件,通过下载电缆下载到器件中。ispLEVER 支持 Lattice 公司的所有在系统编程器件。

ispLEVER 在 Windows 平台上运行,它支持层次设计,并具有十分友好的人机界面。ispLEVER 中的项目导航器引导设计一步步进行,最终生成器件编程所需的 JEDEC 文件,并下载到 ISP 器件中。项目导航器是一个很好的设计工具,便于用户跟踪软件的运行流程,许多新的电子设计软件都采用它。

用 ispLEVER 对可编程器件进行设计时整个流程可分为创建新设计项目、选择器件、输入源文件或原理图、编译与优化、逻辑模拟、连接和器件适配等若干过程。这些过程是在项目导航器引导下进行的。

ispLEVER 使用了项目(Project)的概念。一个项目代表一个设计。一个项目所用的全部文件(源文件、中间的数据文件和结果文件)应放进一个单独的目录中。项目导航器保存设计中每一部分的过程及状态。

1) 源文件窗口

源文件窗口位于项目导航器左半部分,上边标有"Source in Project"字样。源文件窗口显示与项目有关的所有设计文件名。每个文件名前都有图标,以图形方式直观表示文件的类型。图标中有"V"字样的是 VHDL 文件,图标中包含一个与门的是原理图文件。源文件窗口最上边一行(行中有 demo 字样)是项目记录本,图标像书的样子。使用滚动条能够观察项目中的所有条目。源文件窗口中按缩进方式排列文件名,清楚地表示出项目中各模块的层次。

项目记录本又称项目标题,它指出了项目的名称。在项目导航器源文件窗口中,项目的组织是通过将项目的全部文件收集到项目记录本中实现的。项目记录本列出了用户在设计、测试和器件选择过程中的全部原理图和行为描述源文件。项目记录本也可以包括设计中需要保存的其他文件,如设计说明等附加文件。

　　用户能够用不同方式描述设计,这些描述就是源文件。每个源文件是设计中的一个部件。例如,一个原理图文件就是一个设计部件。源文件不仅包括原理图、状态图以及硬件描述语言描述的电路,也可能包括模拟、与其他项目的接口以及设计文档等用户做的其他工作,这些都是设计的组成部件。项目导航器支持层次设计,故设计中必有一个文件为顶层源文件。顶层源文件定义了整个可编程器件的输入、输出及对下一层源文件中逻辑描述的引用。对另一个源文件的引用称为例化。较低层源文件也可以含有例化,以构成描述逻辑的多层次结构。如果项目只包含一个源文件,则自动成为顶层源文件。

　　2)进程窗口

　　项目导航器右边是进程窗口,上边标有"Processes for current source:"字样。它显示源文件窗口中所选中文件能进行的所有操作。这些操作包括生成网表、编译、逻辑化简、逻辑综合、布线和生成测试模块等,即从设计输入到下载的每一步骤。由于项目导航器是结构敏感的,因此 ispLEVER 具有一个非常强大的功能,它知道对不同的结构应采取不同的处理过程。在进程窗口中,所有步骤都是结构敏感的,这意味着,进程会因源文件窗口中选中不同的源文件而改变,已选中的源文件的进程因选择不同目标器件也会改变。

　　源文件级进程:包括源文件输入、编译、优化等。在源文件窗口单击一个源文件,进程窗口中将出现指示处理此源文件的源文件级进程。

　　项目级进程:包括连接、器件适配、编译时序报告、下载等。在源文件窗口中单击器件(device)图标,进程窗口将出现指示该器件处理的项目级进程。

2. 在系统可编程器件设计步骤

　　对一个可编程器件的设计大致经过以下步骤:创建新设计项目,选择器件,输入源文件,编译与优化,功能模拟或者时序模拟,连接与器件适配,下载。

　　(1)创建新设计项目。设计的第一步,它的任务是建立一个项目,包括项目文件和项目标题。

　　(2)选择器件。在器件选择窗口中选择要使用的器件。针对某个可编程器件进行设计时,建立项目后,应首先选择器件。

　　(3)输入和修改源文件。设计过程中最重要的一步。所有的设计思想通过源程序的形式输入计算机。一个项目可能由一个或多个源文件组成。

　　(4)编译与优化。VHDL 文件和原理图必须经过编译。编译用途和其他语言是一样的。若不能通过编译,则需返回修改源文件。为了减少盲目性,建议先对低层文件进行编译,后对高层文件进行编译。

　　(5)模拟。目的是对设计的正确性进行检验。从功能上对设计的正确性进行检查,它假定信号的传输时间为0,与适配器的时间无关。若模拟结果与设计要求不符,则需修改设计。

　　(6)连接与器件适配。连接是将编译后的各模块连接成一个文件。器件适配则把设计放进目标器件中。器件引脚号最好不要事先锁定,在器件适配时由 ispLEVER 自动分配为好,以提高适配成功率。

　　(7)下载。通过下载电缆,将生成的 JEDEC 文件下载到电路板上的 ISP 器件中。下载又称为编程。一个 ISP 器件只有经过下载这一步骤,才能将设计成果转化为该器件的功能,在电路板上发挥应有的作用。

　　编译、模拟和器件适配等工作都是在过程窗口中完成的。不同类型的源文件,可能有不同的处理流程。单击源文件窗口中某一个文件名,过程窗口中就会出现与其对应的处理流程,每项操作左边有两个箭头组成的环标志。双击某一项操作名启动执行此项操作。若进行此项操作之前必须先完成其他操作,项目导航器会自动去完成它。操作结果用绿色的勾、黄色的惊叹号或红色的叉来表示通过与否。绿色的勾表示成功,红色的叉表示失败。黄色的惊叹号表示基本成功,但有警告信息。若不成功或有警告,会弹出一个错误报告文件。

8.5.2　VHDL 文本方式设计

1. VHDL 的基本概念

VHDL 语言是硬件设计描述语言,诞生于 1982 年,是对硬件电路进行行为描述、寄存器传输描述或者结构化描述的一种新型语言。它可以对硬件电路进行高度抽象化的描述;可以进行不同层次、不同领域的模拟验证;可以进行不同层次、不同领域的综合优化。1987 年底,VHDL 被 IEEE 和美国国防部确认为标准硬件描述语言,命名 IEEE Std. 1076—1993。

VHDL 主要用于描述基本的门电路和数字系统的结构、行为、功能和接口。除了含有许多具有硬件特征的语句外,VHDL 的语言形式和描述风格与句法是十分类似于一般的计算机高级语言。VHDL 的程序结构特点是将一项工程设计,或称设计实体(可以是一个元件,一个电路模块或一个系统)分成外部(或称可视部分及端口)和内部(或称不可视部分),即涉及实体的内部功能和算法完成部分。在对一个设计实体定义了外部界面后,一旦其内部开发完成后,其他的设计就可以直接调用这个实体。这种将设计实体分成内外部分的概念是 VHDL 系统设计的基本点。

一个 VHDL 程序设计的基本结构,主要包括 4 个方面:

(1) 实体(Entity):描述所设计的系统的外部接口信号。

(2) 结构体(Architecture):描述系统内部的结构和行为。

(3) 配置(Configuration):从库中选取单元来组成新系统。

(4) 程序包(Package):存放各种设计模块能共享的数据类型。

实体和结构体是 VHDL 中一个设计单元两个必需的元素。

1) 实体

实体定义了一个设计模块的输入和输出端口,即模块对外的特性。也就是说,实体给出了设计模块与外部的接口,如果是顶层模块的话,就给出了芯片外部引脚定义。一个设计可以包括多个实体,处于最高层的实体模块称为顶层模块,而处于底层的各个实体,都将作为一个个组件例化到高一层的实体中去。具体的例化过程将在后面介绍。

实体语法如下:

```
entity 实体名称 is
    [generic (类属声明);]
    [port (端口声明);]
End(实体名称);
```

由实体语法结构可知,实体主要包括端口声明和类属声明两个方面。注意,在实体中不能使用类属声明和端口声明以外的任何声明。实体作为一个设计的对外特性的具体描述,提供了与其他设计(实体或组件)的接口。所有这些功能是通过定义实体的特征(类属和端口)来完成的。

(1) 端口声明。端口声明确定了输入和输出端口的数目和类型。

语法如下:

```
port (
    端口名称:端口方式 端口类型;
```

　　　端口名称:端口方式　端口类型);

其中,端口方式可以是下面 4 种方式:

① in 输入型,表示这一端口为只读型。

② out 输出型,表示只能在实体内部对其赋值。

③ inout 输入输出型,既可读也可赋值。可读的值是该端口的输入值,而不是内部赋给端口的值。

④ buffer 缓冲型,与 out 相似但可读。读的值即内部赋的值。它只能有一个驱动的源。端口类型是预先定义好的数据类型。

例 8 - 1　一个 2 输入与非门的实体。

```
entity NAND2 is
port (A,B:in BIT;    ——两个输入 A 和 B
      Z:  out BIT   ——一个输出 Z 是 A 和 B 与非的结果
      );
end NAND2;
```

(2) 类属声明。类属声明用来确定实体或组件中定义的局部常数,模块化设计时多用于不同层次模块之间信息的传递。如果对软件程序设计语言(如 C 语言)比较熟悉,可以把它理解为高层模块传给底层模块的形参。当一个实体本身已经是顶层模块时,可以把它作为配置实体的参数。如果实体不是顶层模块,且要把这个实体例化为一个组件时,可以用它来指明组件的一些特征。例化组件时,可以通过类属声明的方法设定组件的具体参数,例如数组的大小、加法器的宽度等数值。

可以对类属参数设置一个默认值,作为当组件例化或者配置实体时,未传入具体参数值的情况下实体所用的值。在实体内部,类属参数是一个常数值。

类属声明语法如下:

```
generic (
        常数名称:类型[:=值];
        常数名称:类型[:=值]
        );
```

常数名称是类属常量的命名;类型是事先定义好的数据类型;可选值是常数名称的默认值。

例 8 - 2　2 输入 8 位比较器的实体,实体名为 COMP。它有两个 8 位输入和一个布尔型输出。

```
entity COMP is
generic (N:INTEGER:= 8);    ——N 默认值为 8
port (X,Y:in BIT_VECTOR (0  to  N-1);
     EQUAL:out  BOOLEAN
     );
end COMP;
```

2) 结构体

实体只描述了模块对外的特性,而并没给出模块的具体实现。模块的具体实现或内部具体描述由结构体来完成。两者之间的关系很像软件设计语言中函数声明与函数体之间的关系。

每个实体都有与其相对应的结构体语句。它既可以是一个算法(一个进程中的一组顺序语句),也可以是一个结构网表(一组组件实例),实际上它们反映的是结构体的不同描述方式。

结构体的语法如下:

```
architecture 结构体名称 of 实体名称 is
    {块声明语句}
    begin
    {并行处理语句}
```

end[结构体名称];

其中:结构体名称是结构体的命名;实体名称是将要实现的实体的命名;块声明语句用来定义计算单元,该单元可以执行读信号、计算以及对信号赋值等任务。

块声明语句可以是 use 语句、子程序(subprogram)声明、子程序主体(body)、类型(type)声明、子类型(subtype)声明、常量(constant)声明、信号(signal)声明、并行语句。

例 8 – 3　一个 2 输入与门的结构体的描述。

```
architecture dataflow of and2 is
  begin
    y < = a and b;
  end dataflow;
```

例 8 – 4　一个带复位功能的模 8 计数器的完整描述。

实体声明(COUNTER)如下:

```
entity COUNTER is
port (CLK:in bit;
  RESET:in bit;
  COUNT:out integer range 0 to 7
  );
end COUNTER;
```

结构体语句(MY_ARCH)如下:

```
architecture  MY_ARCH  of  COUNTER is
  signal COUNT_tmp:integer range 0 to 7;
begin
process
  begin
    wait until (CLK event and CLK = '1'); ——等待时钟信号到来
    if  RESET = '1'or COUNT_tmp = 7 then   ——检查 RESET 信号,或计数器是否已达最大值
        COUNT_tmp < = 0;
    else
        COUNT_tmp < = COUNT_tmp + 1;——计数器加 1
    end if;
end process;
COUNT < = COUNT_tmp;
end MY_ARCH;
```

描述结构体功能有 3 种方法:

(1)数据流描述:通过逻辑表达式来描述设计单元。

(2)行为描述:纯行为的算法描述。

(3)结构描述:通过内部各元件的类型及相互连接描述设计单元的硬件结构,主要特征是分层次结构,高层可以调用低层的设计模块。

例 8 – 5　数据流描述的**异或**门。

```
architecture dataflow of xor2 is
begin
    y < = a xor b;
end dataflow;
```

例 8 - 6　行为描述的**异或门**。

```
architecture behavior of xor2_v1 is
begin
      y < = '0'when(a = '0'and  b = '0') else
           '1'when(a = '0'and  b = '1') else
           '1'when(a = '1'and  b = '0')else
           '0';
end behavior;
```

例 8 - 7　结构化描述的数字电路。

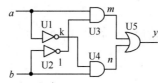

```
architecture structure of xor2_v2 is
  component and2
    port(x,y:in bit; f: out bit);
  end component;
  component or2
    port(x,y:in bit;f:out bit);
  end component;
  component not1
    port(x: in bit;f:out bit);
  end component;
  signal k,l,m,n:bit;
begin
  U1:not1 port map(a,k);
  U2:not1 port map(b,l);
  U3:and2 port map(a,l,m);
  U4:and2 port map(b,k,n);
  U5:or2 port map(m,n,y);
end structure;
```

3）配置

实体是设计模块的外部特征,结构体则反映了设计的内部实现。一个设计实体可以对应多个结构体,即可以有多种实现方式。那么,在具体硬件实现时,到底采用那种实现方式呢? 这就需要引入"配置"这一概念。配置,就是从与某个实体的多种结构体描述方式中选择特定的一个。

配置的语法如下:

```
CONFIGURATION 配置名 of 实体名 is
      {配置声明语句部分}
      {块配置部分}
end 配置名;
```

其中,配置名是配置的名称;配置声明语句为 use 语句;块配置部分如下:

```
for 结构体名,块标记
  use 语句
    for 组件名称
```

```
        use 实体名,类属映射,端口映射;
            块配置声明
        end for;
    end for;
```

4）程序包

程序包就是将声明收集起来的一个集合,程序包可供多个设计使用。例如可以将常量、数据类型、组件声明和子程序收集到 VHDL 程序包中,然后在多个设计或者实体中使用它,这样既可以减少代码的输入量,又可以使程序结构更加清晰。标准的程序包是非常通用的,在许多设计中都可以使用。例如"std_logic_1164"程序包定义了大多数设计中都需要的数据类型"std_logic"和"std_logic_vector"。

使用 use 语句引用程序包来允许实体使用程序包中的声明。use 语句经常是程序包或实体声明的 VHDL 语言文件中的第一条语句。

use 语句的语法如下:

```
LIBRARY IEEE;
USE IEEE.STD_LOGIC_1164.ALL;
```

Library 语句:声明了 IEEE 库,按照 IEEE 组织制定的工业标准进行编写的标准资源库。包括 bit、std_logic、std_logic_vector 等数据类型。

use 语句:用到了 IEEE 库中 std_logic_1164 程序包的全部资源。

5）VHDL 中的数据

VHDL 有着严格的数据定义。下面将从标志符、数据对象和数据类型等方面对 VHDL 的数据组成作介绍。

（1）标志符。

VHDL 中的标志符包括以下字符的字符序列:大写字母"A"到"Z";小写字母"a"到"z";数字"0"到"9"以及下划线"_"。VHDL 不区分大小写。标志符必须以字母开头,不能以下划线结尾,且不能出现连续的两个或多个下划线的情况。标志符不能使用 VHDL 中的保留字,比较常用的保留字有:use,library,all,entity,is,port,in,out,architecture,and,or,not,nand,nor,xnor,xor,when,then,else,if,elsif,case,begin,process 等。

（2）数据对象。

数据对象是数据类型的载体。数据对象共有 3 种形式的对象:常量（Constant）、变量（Variable）和信号（Signal）。

信号可看作电路中的具体连线,而常量和变量与在其他高级设计语言,如 C 语言或 PASCAL 语言中的定义类似。信号通常用来描述电路内部硬件连接或触发器,而常量和变量通常用来对电路的行为功能进行建模。

① 常量声明（constant）。常量声明可以设置特定类型的固定值。常量的值可读但不可写。常量声明的示例如下:

```
constant WIDTH :INTEGER: =8;
```

② 变量声明（varialble）。变量声明定义了给定类型的变量名称。变量声明的示例如下:

```
variable A,E:BIT;
```

可以在表达式中使用变量,也可以利用变量赋值语句给变量赋值。

③ 信号声明（signal）。信号可以将结构体中分离的并行语句连接起来,并且还能通过端口与该设计内的其他模块连接起来。

信号声明的示例如下:

`signal A,B:BIT;`

可以在结构体、实体、块中声明信号,在进程和子程序中使用信号。注意,在进程和子程序中不能将声明信号作为内部使用,只能由相应的变量来代替,可以在表达式中使用信号。信号的赋值通过信号赋值语句来完成。

(3)数据类型。

由于 VHDL 语言是硬件设计语言,因此它是一种类型概念很强的语言。任一常量、信号、变量、函数和参数在声明时必须声明类型,并且只能携带或返回该类型的值。VHDL 预定义了一些在编程语言中都使用的数据类型,如 integer,real,boolean,character,string,bit,bit_vector,std_logic,std_logic_vector 等。

6)VHDL 中的表达式

在 VHDL 语言中,表达式通过将一个操作符应用于一个或多个操作数来完成算术或逻辑计算。其中操作符指明了要完成的计算,操作数是计算用的数据。VHDL 中的运算操作符分为:逻辑操作符、关系操作符、加法操作符、乘除操作符等。表 8－3 列出了 VHDL 预定义的操作符。

表 8－3　VHDL 预定义操作符

运算操作符类型	操作符	含义	优先级
乘除运算符	not	取反	
	abs	取绝对值	
	＊＊	取幂	
	＊	乘	
	/	除	
	mod	取模	
	rem	取余	
加、减、合并运算符	＋	加	由高到低
	—	减	
	&	合并	
关系运算符	=	等于	
	/ =	不等于	
	<	小于	
	< =	小于等于	
	>	大于	
	> =	大于等于	
逻辑运算符	and	逻辑与	
	or	逻辑或	
	nand	逻辑与非	
	nor	逻辑或非	
	xor	逻辑异或	

7)VHDL 语句

(1)顺序描述语句。

顺序描述语句是 VHDL 语言在行为级描述时普遍用到的语句,主要用在进程与子程序中。VHDL 语言是按这些顺序描述语句在代码中出现的顺序进行执行的。

① 赋值语句。利用赋值语句给变量或信号赋值的语法如下：

对象：= 表达式；变量赋值

对象 < = 表达式；信号赋值

其中，对象是变量或信号，变量赋值与信号赋值，在形式上虽然非常相似，而且都应用于同样类型的对象，但本质上却有很大的区别，在硬件实现机理上也有较大的差异。

首先，信号和变量在接收所赋的值时，差异在于两种赋值操作起作用的方式以及这种方式如何影响 VHDL 从变量或信号中读取的值。

变量赋值使用"：="操作符，当变量接收到所赋的值时，从该时刻起赋值操作改变了变量值。其值保持到该变量被赋另一个不同的值为止。在进程或子程序中的变量是局部的。

信号赋值使用"< ="操作符，当信号接收到所赋的值时，赋值操作并没有生效，因为信号值由驱动该信号的进程（或其他并行语句）所决定。在进程或子程序中的信号是全局的。

如果一个进程中有几个值赋给同一个给定的信号，那么只有最后一次赋值有效。即使进程中的信号被多次赋值和读取，所读的值（在进程外读取或在进程内读取）仍是最后所赋的值。

另外，信号是一个能够体现功能模块间联系的操作数，而变量则是一个运算中的临时操作数。只有信号才能作为 VHDL 语言中不同实体之间的连接参数，变量不能连接实体。信号在实体的结构体中定义，可以作为过程和函数的传输参数。变量只能在进程、过程和函数中出现。从仿真的角度，信号可以作为事件的触发源，作为进程 process 的触发参量，并且信号的指定可以延迟，如 a < = '1' after 10ns，但是变量总是立即执行的，如 a：= '1'。仿真中信号由于存在时间的关系，比变量要求更多的仿真存储空间和仿真处理时间。从程序综合的角度，无论信号还是变量，都是描述的电路中的一个节点。

由于信号存在时间的前后关联属性，一般在时序电路、时序进程中描述；而变量不存在时间的前后关联属性，一般在组合电路、组合进程中描述。

例 8 - 8　信号和变量的比较。

定义信号 A 和 B

A < = B;

B < =A;

定义变量 A 和 B

A：= B;

B：=A;

前者为信号，在一个进程中可以实现两者的值互换功能；而后者变量则不能，最终 A 和 B 的值都等于 B 的初值。

② if 语句。if 语句执行一序列的语句。其次序依赖于一个或多个条件的值。语法如下：

if 条件 then

　[｛一组顺序语句｝

　elsif 条件 then]

　｛一组顺序语句｝

[else

｛一组顺序语句｝]

end if;

每个条件必须是一个布尔表达式，if 语句的每个分支可有一个或多个顺序语句。if 语句按顺序计算每一个条件。只有第一个条件为真时才会执行 if 语句的分支语句，并且跳过 if 语句的其余部分。如果没有值为真的条件，且存在 else 子句，那么这些 else 子句将被执行。如果没有值为真的条件，并且不存在 else 子句,程序将不执行任何语句。

例 8 - 9　if 语句的一个示例。

```
signal A,B,C,P1,P2,Z :BIT;
if ( P1 = '1')then
Z < =A;
elsif ( P2 = '1') then
Z < = B;
else
Z < =C;
end if;
```

③ case 语句。case 语句依据单个表达式的值执行几条序列语句中的一条。

语法如下:

```
case 表达式 is
when 分支条件 = >
  {一组顺序语句}
  {when 分支条件 = >
  {一组顺序语句}}
end case;
```

表达式求值结果必须是一个整型、一个枚举类型或者一个枚举类型的数组,每个分支条件采用下面的形式:分支条件{|分支条件},分支条件必须是一个静态表达式或是一个静态范围。分支选择的表达式的类型决定每个选项的类型。所有的分支选择表达式的结果综合起来,必须包括分支选择表达式类型范围内的每个可能取值,如果没有满足的条件,必须将最后的一个分支条件语句设为 others,它与所有表达式类型范围内的剩余(未选择)值相匹配。case 语句求得表达式的值,且将该值与每个选项值相对比,然后执行匹配选项值的 when 子句。

例 8 - 10　case 语句的一个示例。

```
entity example is
port (
signal VALUE: in INTEGER range 0  to 15;
signal Z1,Z2,Z3,Z4:out BIT );
end;

architecture behave of example is
begin
process (VALUE)
 begin.
Z1 < = '0';
Z2 < = '0';
Z3 < = '0';
Z4 < = '0';
case VALUE is
  when 0 = >            —匹配 0
    Z1 < = '1';
  when 1  |3 = >        —匹配 1,3
```

```
    Z2 < = '1';
  when 4   to 7 | 2 = >     —匹配 2,4,5,6,7
    Z3 < = '1';
  when others   = >         —匹配剩余值 8 到 15
    Z4 < = '1';
 end case;
 end process;
end behave;
```

④ wait 语句。进程在仿真运行中总是处于两种状态之一:执行或挂起。进程状态的变化受 wait 语句的控制,当进程执行到 wait 语句时,就将被挂起,并设置好再次执行的条件。其语法如下:

```
wait until signal = value;
wait until signal 'event and signal = value;
signal'event
```

其中,signal 只能是单比特的信号,一般用 std_logic 类型,而不能使用向量类型。如果一个进程没有 wait 语句,那么该进程在综合时用的是组合逻辑,进程执行的计算立即起作用,从而改变 in 输入信号。

如果一个进程用了一个或多个 wait 语句,那么该进程在综合时用的是时序逻辑。进程只在每次指定的时钟沿(正或负时钟沿)到达时执行一次计算。保存这些计算结果直到下一个时钟沿来临,才把结果存储到触发器中。

在时序逻辑设计时经常用到的是上升沿或下降沿触发,表 8 - 4 以信号 CLK 为例,显示了通用的触发写法。

表 8 - 4　时钟沿触发表示方法列表

上升沿	clk ' event Wait for clk ' event and clk = '1' 或者 if clk ' event and clk = '1 ' then
下降沿	clk ' event Wait for clk ' event and clk = '0 ' 或者 if clk ' event and clk = '0' then
电平触发	clk ' event Wait for clk = '1' 或者 if clk = '1'

(2)并行描述语句。

VHDL 结构体由一系列相互联系的并行描述语句组成,如块(Block)和进程(Process)等。一般来说,这些并行描述语句以行为方式或数据流方式描述了整体设计。与顺序描述语句不同,并行描述语句是同时执行的。

① 进程语句。进程语句即 Process 语句,是并行描述语句,但它本身却包含一系列顺序描述语句。尽管设计中的所有进程同时执行,可每个进程中的顺序描述语句却是按顺序执行的。进程与设计中的其他部分的通信是通过从进程外的信号或端口中读取或写入值来完成的。进程语句的语法如下:

```
[标记:]process [(敏感表)]
    {进程声明项}
```

```
begin
    {顺序语句}
    end process [标记];
```

其中,标记(可选)是该进程的名称;敏感表(Sensitivity_List)是进程要读取的所有敏感信号(包括端口)的列表,格式如下:信号名称{,信号名称}

所谓进程对信号敏感,就是指当这个信号发生变化时,能触发进程中语句的执行。一般综合后的电路需对所有进程要读取的信号敏感。为了保证 VHDL 仿真器和综合后的电路具有相同的结果,进程敏感表就需要包括所有对进程产生作用的信号。建立敏感表时应注意:同步进程(仅在时钟边沿求值的进程)必定对时钟信号敏感;异步进程(当异步条件为真时可在时钟边沿求值的进程)必定对时钟信号敏感,同时还对影响异步行为的输入信号敏感。注意,如果进程中包含 wait 语句,则不允许有敏感表存在。进程中语句的顺序定义了进程的行为。如果进程包含敏感表,进程执行完其最后一条语句时将被挂起,直到敏感表中的一个信号发生变化为止。

如果进程有一个或多个 wait 语句(因此没有敏感表),进程将在第一条其等待条件为 false 的 wait 语句处被挂起。

一个进程综合后的电路必须是组合电路(无时钟)或是时序电路(含时钟)。如果进程包含 wait 或 if 信号 event 语句,则其电路包含时序组件。进程语句为描述时序算法提供了一种自然的手段。

② 用进程实现组合逻辑实例。例 8 – 11 给出了一个进程,该进程实现了一个简单的模 10 加法器。进程读两个信号 CLEAR 和 IN_COUNT,驱动一个信号 OUT_COUNT。如果 CLEAR 是 1 或者 IN_COUNT 是 9,那么 OUT_COUNT 被置为 0,否则 OUT_COUNT 被置成比 IN_COUNT 大 1 的值。

例 8 – 11　模十加法器。

```
entity COUNTER is
port    (CLEAR : in BIT;
         IN_COUNT:in INTEGER range 0  to 9;OUT_COUNT:out INTEGER range 0 to 9 );
end COUNTER;
architecture EXAMPLE of COUNTER is
begin
  process ( IN_COUNT,CLEAR)
  begin
  if    (CLEAR =  '1'or IN_COUNT = 9) then
       OUT_COUNT < = 0;
  else
       OUT_COUNT < =  IN_COUNT +1;
  end if;
 end process;
end EXAMPLE;
```

③ 用进程实现时序逻辑实例。例 8 – 12 中的进程也实现了上述计数器的功能,并且它是作为一个生成时序电路的进程来实现的。在 0 到 1 的 CLOCK 信号的转化过程中,如果信号 CLEAR 是 1 或 IN_COUNT 是 9,那么 COUNT 将被置成 0,否则,进程将 COUNT 值加 1。变量 COUNT 的值存储在 4 个触发器中(因为从 0 到 9 的整数需 4bit 来表示),这 4 个触发器是 VHDL 生成的,COUNT 值在设置之前可被读取,并且 COUNT 的值从前一个时钟周期一直保持到当前的时钟变化。

例 8 – 12　模 10 计数器。

```
entity COUNTER is
port (CLEAR  : in BIT;
```

```
    CLOCK  : in BIT;
    COUNT  : buffer INTEGER range 0 to 9);
end COUNTER;
architecture EXAMPLE of COUNTER is begin
  begin
  process
   begin
    wait until CLOCK'event and CLOCK ='1';
    if (CLEAR = 'l' or COUNT > =9) then
      COUNT < = 0;
    else
      COUNT < = COUNT + 1;
      end if;
    end process;
end EXAMPLE;
```

2. VHDL 的组合逻辑设计

例 8 – 13　3 线—8 线译码电路。

```
library ieee;
use ieee. std_logic_1164. all;
entity decoder 138  is
  port (g1,g2al,g2bl: in std_logic;
       a: in std_logic_vector(2 downto 0); yl:out std_logic_vector( 0 to 7));
end 138;
architecture rtl of 138 is
signal yli:std_logic_vector(0 to 7);
begin
with a select yli < =
  "01111111"  when  "000",
  "10111111"  when  "001",
  "11011111"  when  "010",
  "11101111"  when  "011",
  "11110111"  when  "100",
  "11111011"  when  "101",
  "11111101"  when  "110",
  "11111110"  when  "111",
  "11111111"  when others;
yl < =yli  when (g1 and not g2al and not g2bl) = '1'
          else   "11111111";
end rtl;
```

例 8 – 14　BCD 码—7 段显示译码器:输入 4 位 BCD 码,产生 7 个输出,分别驱动相应显示器件。

```
library ieee;
use ieee. std_logic_1164. all;
entity bcdseg7 is
```

```
port(data: in std_logic_vector(3 downto 0); y: out std_logic_vector(6 downto 0));
end bcdseg7;
architecture d of bcdseg7 is begin
            y < = "1111110" when data = "0000" else
                "0110000" when data = "0001" else
                "1101101" when data = "0010" else
                "1111001" when data = "0011" else
                "0110011" when data = "0100" else
                "1011011" when data = "0101" else
                "0011111" when data = "0110" else
                "1110000" when data = "0111" else
                "1111111" when data = "1000" else
                "1110011" when data = "1001" else
                "0000000";END;
```

3. VHDL 的时序逻辑设计

例 8 – 15　带复位信号的计数器。

```
Library ieee;
use ieee. std_logic_1164. all;
use ieee. Std_logic_unsigned. all ;
entity div is
  port(reset:in std_logic;
  signal clk_input:in std_logic;
  signal clk_2:out std_logic;
  signal clk_4:out std_logic);
  end div;

architecture behavior  of  div is
signal count:std_logic_vector(1 downto 0);
begin
process (reset,clk_input)
begin
    if reset = '0'  then
    count(1 downto 0) < = " 00 ";
    else
    if clk_input'event and clk_input = '1'then
    count (1 downto 0)  < = count(1 downto 0)  +1;
    else
     null;
     end if;
    end if;
   end process;
clk_2 < = count(0);
clk_4 < = count(1);
```

```
end behavior;
```

本 章 小 结

可编程逻辑器件 PLD 的逻辑功能可由用户通过对器件编程自行设定,而且可以多次编程。

所有的 PLD 是用可编程阵列组成的,可编程阵列本质上是行、列导线组成的**与阵列**、**或**阵列导电网格。在网格的交叉点上,通过 E²CMOS 工艺来编程实现逻辑 1 或 0。根据 PLD 的集成度,分为 SPLD 和 CPLD。

FPGA 属于复杂可编程逻辑器件,它的 3 类基本资源都是可编程的,但编程数据存放在器件内的静态随机存储器 SRAM 中,所以每次开机需要重新装载编程数据。

目前使用较多的 CPLD 器件是在系统可编程逻辑器件 ISP,它采用 E²CMOS 工艺,用户可以在自己设计的线路板上对逻辑器件进行编程或反复改写。本章着重介绍了在系统可编程的高密度 PLD——ispLSI1032 的结构和编程原理。

ispLEVER 是 Lattice 公司开发的通用电子设计工具软件,具有设计输入、编译和逻辑模拟功能,它能支持 VHDL 设计、原理图设计以及二者组成的混合设计,适合于 ispLSI 器件的编程。

VHDL 是 IEEE 采用的一种标准语言,是一种复杂而具有综合性的硬件描述语言。

习　　题

8 - 1　什么是可编程逻辑器件? 有哪些种类? 试比较各种 PLD 的特点。

8 - 2　GAL 器件的 OLMC 有什么特点? GAL 的 5 种工作模式各用在什么场合?

8 - 3　FPGA 主要由哪几部分组成? 各部分的基本功能是什么?

8 - 4　试比较 CPLD 和 FPGA 的异同。

8 - 5　什么是 ISP 器件? ispLSI1032 的结构包含哪几部分? 各部分的主要功能是什么?

8 - 6　用 VHDL 设计一个 4 输入**与门**,其逻辑函数表达式为 $X = ABCD$。

8 - 7　用 VHDL 设计 BCD 码至二进制码的转换器。

8 - 8　用 VHDL 设计 8 线 - 3 线优先编码器。

8 - 9　用 VHDL 设计 8421BCD 码十进制加法计数器。

8 - 10　用 VHDL 设计一个 4 位双向移位寄存器。

第9章　脉冲波形的产生和整形

9.1　概　　述

9.1.1　脉冲信号

狭义地说,脉冲波形是指一种持续时间极短的电压或电流波形。从广义上讲,凡不具有连续正弦波形状的信号几乎都可以通称为脉冲波形。

最常见的脉冲电压波形是方波和矩形波,理想的方波和矩形波突变部分是瞬时的,不占用时间。但实际中,脉冲电压从零值跳变到最大值时,或者从最大值跳变到零值时,都需要经历一定的时间。

图9-1所示为矩形脉冲信号的实际波形。图中,V_m是脉冲信号的幅度;t_r是脉冲信号的上升时间,又称为前沿,它是指脉冲信号由$0.1V_m$上升至$0.9V_m$所经历的时间;t_f是脉冲信号的下降时间,又称为后沿,它是指脉冲信号由$0.9V_m$下降至$0.1V_m$所经历的时间;T为脉冲信号的周期;t_w为脉冲信号持续的时间,又称为脉宽,它是指脉冲信号从上升至$0.5V_m$处开始到下降至$0.5V_m$处之间的时间间隔;脉冲宽度与脉冲周期的比值t_w/T,称为占空比;$(T-t_w)$称为脉冲休止期。

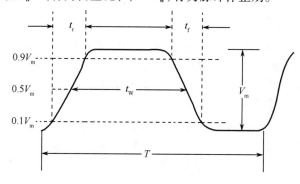

图9-1　实际的矩形脉冲波形

9.1.2　脉冲电路

脉冲电路是用来产生和处理脉冲信号的电路。脉冲电路可以用分立晶体管、场效应管作为开关与RC或RL电路构成,也可以由集成门电路或集成运算放大器与RC充、放电电路构成。

常用的脉冲电路有脉冲波形的产生、变换以及整形等电路,如:施密特触发器、单稳态触发器以及多谐振荡器等。

9.2　脉冲波形产生和整形电路

9.2.1　施密特触发器

施密特触发器是一种常用的脉冲波形变换电路,不同于前面介绍的各种触发器,它具有两个重要的特性。

（1）施密特触发器属于电平触发，可以用于输入信号缓慢变化的场合。当输入信号达到某一特定电压值时，输出电压会发生突变。

（2）在输入信号由低电平逐渐上升的过程中，电路状态转换时对应的阈值电平与输入信号在由高电平逐渐下降的过程中对应的阈值电平是不同的，即电路具有回差特性。

利用以上两个特点，不仅能将边沿变化缓慢的信号波形整形为边沿陡峭的矩形波，而且还可以将叠加在矩形脉冲高、低电平上的噪声有效地清除。

1. 由门电路组成的施密特触发器

由 CMOS 门电路组成的施密特触发器如图 9-2 所示。电路中两个 CMOS 反相器 G_1 和 G_2 串接，同时通过分压电阻 R_1、R_2 将输出端的电压反馈到输入端。

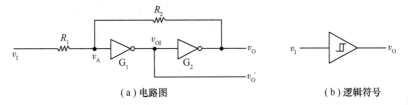

（a）电路图　　　　　　　　　　　（b）逻辑符号

图 9-2　由 CMOS 反相器构成的施密特触发器

假设电路中 CMOS 反相器的阈值电压 $V_{TH} \approx V_{DD}/2$，$R_1 < R_2$。则当 $v_I = 0$ 时，$v_A < V_{TH}$，门 G_1 截止，门 G_2 导通，所以 $v_O \approx 0$。

当 v_I 从 0 逐渐上升并使 $v_A = V_{TH}$ 时，随着 v_A 的增加将引发如下的正反馈过程：

$$v_A \uparrow \longrightarrow v_{OI} \downarrow \longrightarrow v_O \uparrow$$

于是电路的状态迅速转换为 $v_O \approx V_{DD}$。此时，v_I 的值即为施密特触发器在输入信号正向增加时的阈值电压，称为正向阈值电压，用 V_{T+} 表示，则

$$v_A = V_{TH} \approx \frac{R_2}{R_1 + R_2} V_{T+} \tag{9-1}$$

故

$$V_{T+} = \left(1 + \frac{R_1}{R_2}\right) V_{TH} \tag{9-2}$$

当 v_I 上升至最大值后开始下降，并使 $v_A = V_{TH}$ 时，v_A 的下降又会引发一个正反馈过程：

$$v_A \downarrow \longrightarrow v_{OI} \uparrow \longrightarrow v_O \downarrow$$

于是电路的状态迅速转换为 $v_O \approx 0$。此时，v_I 的输入电平为施密特触发器在输入减小时的阈值电压，称为负向阈值电压，用 V_{T-} 表示，则

$$v_A = V_{TH} \approx \frac{R_2}{R_1 + R_2} V_{T-} + \frac{R_1}{R_1 + R_2} V_{DD}$$

将 $V_{DD} = 2V_{TH}$ 代入上式，得

$$V_{T-} = \left(1 - \frac{R_1}{R_2}\right) V_{TH} \tag{9-3}$$

定义 V_{T+} 和 V_{T-} 的差为回差电压。由式（9-2）和式（9-3）可求得回差电压为

$$\Delta V_{\mathrm{T}} = V_{\mathrm{T}+} - V_{\mathrm{T}-} \approx 2\frac{R_1}{R_2}V_{\mathrm{TH}} \qquad (9-4)$$

式(9-4)表明,电路回差电压与R_1/R_2成正比,改变R_1和R_2的比值即可调节回差电压的大小。

电路的电压传输特性如图9-3所示。因为v_O和v_I的高、低电平是同相的,所以也将这种形式的电压传输特性称为同相输出的施密特触发器特性。

如果以图9-2(a)中的v_O'作为输出端,则得到的电压传输特性如图9-4(a)所示。由于v_O'与v_I的高、低电平是反相的,所以将这种形式的电压传输特性称为反相输出的施密特触发器特性,其逻辑符号如图9-4(b)所示。

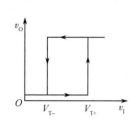

图9-3　同相输出的施密特
　　　触发器电压传输特性

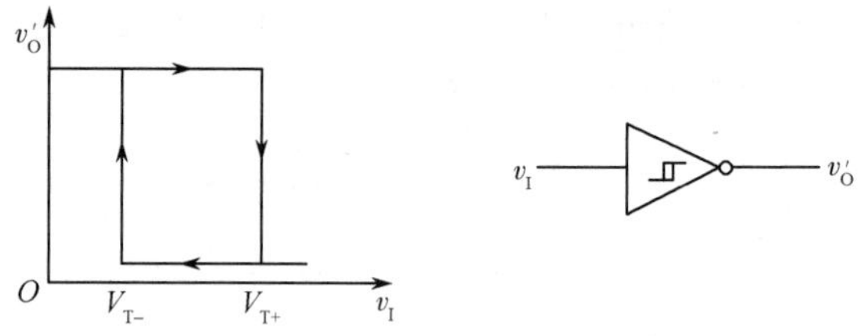

图9-4　反相输出的施密特触发器逻辑符号和电压传输特性

（a）电压传输特性　　　　　　（b）逻辑符号

通过以上分析可以得出施密特电路触发特性的两个特点。

(1) 在输入信号上升和下降过程中,引起输出状态转换的输入电平是不同的,即$V_{\mathrm{T}+}$不等于$V_{\mathrm{T}-}$。

(2) 由于输出状态转换时有正反馈过程发生,所以输出电压波形的边沿很陡,可以得到较为理想的矩形输出脉冲。

由于施密特触发器的应用非常广泛,因此无论是在TTL电路中还是在CMOS电路中,都有集成施密特触发器产品,如有带施密特触发器输入的反相器和**与非门**等。

2. 施密特触发器的应用

施密特触发器的用途非常广泛,可用于将正弦波或三角波变换为矩形波,也可用于将矩形波整形,并能有效地清除叠加在矩形脉冲高、低电平上的噪声等。在数字系统中,施密特触发器常用于波形变换、脉冲整形以及脉冲幅度鉴别等。

1) 波形变换

施密特触发器可以将输入三角波、正弦波以及锯齿波等变换成矩形脉冲。如图9-5所示,输入信号是正弦信号,只要输入信号的幅度大于$V_{\mathrm{T}+}$,即可在施密特触发器的输出端得到同频率的矩形脉冲信号。

2) 脉冲整形

在数字系统中,矩形脉冲经过传输后往往会发生波形畸变。例如,当传输线上电容较大时,波形的上升沿和下降沿有可能明显变坏,如图9-6(a)所示;或者当传输线较长,而且接收端阻抗与传输线的阻抗不匹配时,在波形的上升沿和下降沿将产生振荡现象,如图9-6(b)所示;或者当其他脉冲信号通过导线间的分布电容或公共电源线叠加到矩形脉冲信号上时,在信号上将出现附加的噪声,如图9-6(c)所示。无论哪一种情况,都可以通过施密特触发

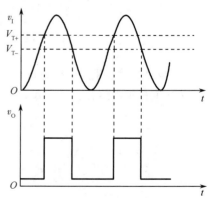

图9-5　用施密特触发器实现波形变换

器的整形来获得满意的矩形脉冲。

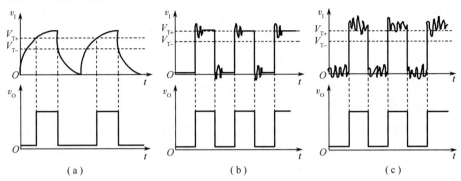

（a）　　　　　　　　　　（b）　　　　　　　　　　（c）

图 9-6　用施密特触发器实现脉冲整形

3）脉冲幅度鉴别

若将一系列幅度各异的脉冲信号加到施密特触发器输入端，则只有那些幅度大于 V_{T+} 的脉冲才能在输出端产生输出信号。因此，施密特触发器可以选出幅度大于 V_{T+} 的脉冲，具有幅度鉴别能力。如图 9-7 所示。

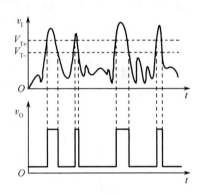

图 9-7　用施密特触发器
实现脉冲鉴幅

9.2.2　单稳态触发器

单稳态触发器是广泛应用于脉冲整形、延时和定时的常用电路，它有稳态和暂稳态两个工作状态。在外加触发信号的作用下，单稳态触发器能从稳态翻转到暂稳态，暂稳态维持一段时间后，电路又自动地翻转到稳态。暂稳态持续时间的长短取决于电路本身的参数，而与外加触发信号无关。

1. 门电路组成的微分型单稳态触发器

微分型单稳态触发器电路如图 9-8 所示。电路由两个 CMOS **或非**门组成，其中 R、C 构成微分电路，门 G_1 的输入 v_I 为触发器的输入，门 G_2 的输出 v_{O2} 作为触发器的输出。

1）$0 \sim t_1$ 稳定状态

在没有触发信号时，即 v_I 为低电平。由于门 G_2 的输入端经电阻 R 接至 V_{DD}，因此 v_{O2} 为低电平，使得 G_1 的输出 v_{O1} 为高电平。此时电容两端电压为 0，电路处在稳态。

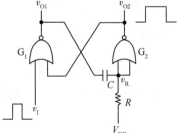

图 9-8　微分型单稳态触发器

当 $t = t_1$ 时，触发脉冲 v_I 加到输入端，G_1 的输出 v_{O1} 由高电平变为低电平。由于电容两端的电压 v_C 不能突变，使得 v_R 为低电平，于是 G_2 的输出 v_{O2} 变为高电平。v_{O2} 的高电平接至门 G_1 的输入端，从而在此瞬间引发如下正反馈过程：

这使得 v_{O1} 迅速跳变为低电平，G_1 导通，G_2 截止。此时，即使触发信号 v_I 消失（v_I 变为低电平），由于 v_{O2} 的作用，v_{O1} 仍维持低电平，电路进入暂稳态。

2) $t_1 \sim t_2$ 暂稳态

在暂稳态期间,电源经电阻 R 和门 G_1 的导通工作管对电容 C 充电。随着充电过程的进行,v_R 逐渐升高。当 v_R 升至阈值电压 V_{TH} 时,电路又发生另一个正反馈过程:

$$C充电 \longrightarrow v_R \uparrow \longrightarrow v_{O2} \downarrow \longrightarrow v_{O1} \uparrow$$

3) 电路由暂稳态回到稳态

如果这时触发脉冲已经消失(v_1 变为低电平),则门 G_1 迅速截止,门 G_2 很快导通,最后使电路由暂稳态回到稳态。同时,电容 C 通过电阻 R 放电,使电容上的电压为 0,电路恢复到稳定状态。

根据以上分析,可得电路中各点的电压波形,如图 9-9 所示。

为了定量地描述单稳态触发器的性能,通常用输出脉冲宽度 t_W、输出脉冲幅度 V_m、恢复时间 t_{re} 以及最高工作频率 f_{max} 等参数来描述。

由图 9-9 分析可知,输出脉冲宽度 t_W 等于暂稳态的持续时间,而暂稳态的持续时间等于从电容 C 开始充电到 v_R 上升至 V_{TH} 的时间。

电容 C 充电的等效电路如图 9-10 所示。图中 $R_{ON(N)}$ 是 G_1 门输出低电平时的输出电阻,在 $R_{ON(N)} \ll R$ 的情况下,可以将这个等效电路简化成简单的 RC 串联电路。

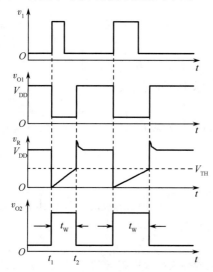

图 9-9   微分型单稳态触发器工作波形

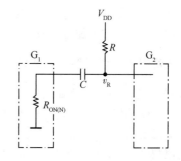

图 9-10   电容充电等效电路

为了便于计算,将触发脉冲作用的起始时刻 t_1 作为时间起点。于是,有

$$v_R(0^+) = 0; \qquad v_R(\infty) = V_{DD}$$

$$\tau = RC$$

根据对 RC 电路的瞬态过程分析可知,在电容充、放电过程中,电容上的电压从充、放电开始到变化至某个数值 V_{TH} 的时间 t 可按式(9-5)计算,即

$$t = RC\ln \frac{v_R(\infty) - v_R(0^+)}{v_R(\infty) - v_R(t)} \tag{9-5}$$

当 $t = t_W$ 时,$v_R(t_W) = V_{TH}$,代入式(9-5),得

$$t_W = RC\ln \frac{V_{DD}}{V_{DD} - V_{TH}} \tag{9-6}$$

由于 $V_{TH} = V_{DD}/2$，所以，有

$$t_w = RC\ln 2 \approx 0.69RC \qquad (9-7)$$

输出脉冲幅度为

$$V_m = V_{OH} - V_{OL} \approx V_{DD} \qquad (9-8)$$

暂稳态结束后，还需要等电容 C 放电完毕，电路才能恢复为起始的稳态。将这个时间称为恢复时间。通常认为经过 $3 \sim 5$ 倍放电回路的时间常数以后，RC 电路基本达到稳态。

电容 C 放电等效电路如图 $9-11$ 所示。图中 D_1 是 G_2 门输入保护电路中的二极管，它的导通电阻一般比 R 和 G_1 门的高电平输出电阻 $R_{ON(P)}$ 小得多。所以恢复时间为

$$t_{re} = (3 \sim 5)\tau = (3 \sim 5)R_{ON(P)}C \qquad (9-9)$$

设触发信号 v_1 的时间间隔为 T，为了使单稳态电路能正常工作，应满足 $T > t_w + t_{re}$ 的条件，即最小时间间隔 $T_{min} = t_w + t_{re}$。因此，单稳态触发器的最高工作频率为

$$f_{max} = \frac{1}{T_{min}} < \frac{1}{t_w + t_{re}} \qquad (9-10)$$

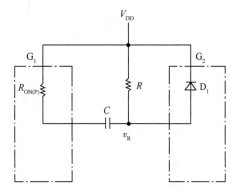

图 $9-11$　电容放电等效电路

2. 集成单稳态触发器

由于单稳态触发器的应用非常普遍，在 TTL 电路和 CMOS 电路的产品中，都有单片集成的单稳态触发器器件。图 $9-12$ 所示为 TTL 集成单稳态触发器 74121 简化的原理性逻辑图，它是在微分型单稳态触发器的基础上附加以输入控制电路和输出缓冲电路形成的。

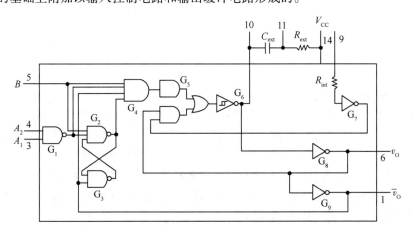

图 $9-12$　集成单稳态触发器 74121 简化的原理图

图中，门 G_5、G_6、G_7 和外接电阻 R_{ext}、外接电容 C_{ext} 组成微分型单稳态触发器，其工作原理与图 $9-8$ 所讨论的微分型单稳态触发器基本相同。电路有一个稳态 $v_O = 0$，$\bar{v}_O = 1$，当 B 为高电平，A_1、A_2 中有一个下跳沿触发时，或 A_1、A_2 中有一个为低电平，B 有上跳沿触发时，电路进入暂稳态 $v_O = 1$，$\bar{v}_O = 0$。

TTL 集成单稳态触发器 74121 的框图和使用时的连接方法如图 $9-13$ 所示。决定暂稳态时间的电容 C_{ext} 需要外接，电阻既可以用外接的 R_{ext}，也可以用集成电路内置的电阻 R_{int}。R_{int} 的阻值约为 $2k\Omega$。

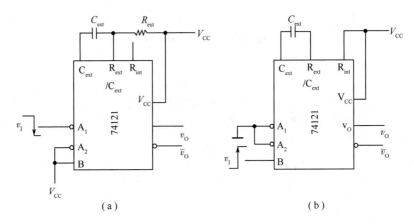

图 9 − 13　集成单稳态触发器 74121 的框图和使用方法

74121 的功能表如表 9 − 1 所列。

表 9 − 1　集成单稳态触发器 74121 功能表

输入			输出	
A_1	A_2	B	v_0	$\overline{v_0}$
0	×	1	0	1
×	0	1	0	1
×	×	0	0	1
1	1	×	0	1
1	↓	1	⊓	⊔
↓	1	1	⊓	⊔
↓	↓	1	⊓	⊔
0	×	↑	⊓	⊔
×	0	↑	⊓	⊔

　　集成单稳态触发器分为非可重触发和可重触发两种类型。非可重触发单稳态触发器是指在暂稳态时间内,若有新的触发脉冲输入,电路不会产生任何响应。只有在电路返回稳态后,电路才受输入脉冲信号作用。可重触发单稳态触发器是指在暂稳态时间内,若有新的触发脉冲输入,电路可被新的输入脉冲重新触发。采用可重触发单稳态触发器,只要在受触发后输出的暂稳态持续期结束前,再输入触发脉冲,就可方便地产生持续时间很长的输出脉冲。由图 9 − 14 可见,在相同的输入信号作用下,两种类型的单稳态电路输出波形是不同的。

　　74121 属于非可重触发单稳态触发器,属于可重触发单稳态触发器有 74122 和 74123 等。

9.2.3　多谐振荡器

　　多谐振荡器是一种自激振荡器,在接通电源后,不需要外加触发信号,就可以自动地产生矩形脉冲。由于矩形脉冲中含有丰富的高次谐波,故习惯称这种自激振荡器为多谐振荡器。

1. 环形振荡器

　　最简单的环形振荡器是利用门电路的传输延迟时间,将奇数个反相器首尾相连而构成。图 9 − 15

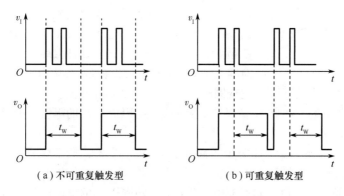

（a）不可重复触发型　　　　　（b）可重复触发型

图 9 – 14　两种类型的单稳态电路的输出波形

所示电路是由 3 个反相器组成的环形振荡器。

由图 9 – 15 可知,该电路是没有稳定状态的。因为在静态时(假定没有振荡时),任何一个反相器的输入和输出都不可能稳定在高电平或低电平,所以只能处在电压传输特性的转折区。在这种状态下,任何一个反相器输入端的微小扰动都将被逐级放大,从而使电路产生振荡。

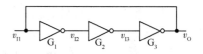

图 9 – 15　最简单的环形振荡器

设 3 个反相器的特性完全一致,传输延迟时间均为 t_{pd}。假定 v_{I1} 由于某种原因由高电平跳变为低电平,经过 G_1 的传输延迟时间 t_{pd} 后,v_{I2} 由低电平跳变为高电平,再经过 G_2 的传输延迟时间 t_{pd} 后,v_{I3} 由高电平跳变为低电平,然后又经过 G_3 的传输延迟时间 t_{pd} 后反馈到 G_1 的输入端,使 v_{I1} 又自动跳变为高电平。由此可见,在经过 $3t_{pd}$ 之后,v_{I1} 又将跳变为低电平。如此周而复始,就产生了自激振荡。

电压波形如图 9 – 16 所示。由图可见,振荡周期为 $T = 6t_{pd}$。

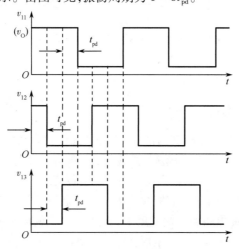

图 9 – 16　电压波形图

采用这种方法构成的振荡器虽然简单,但不实用。因为门电路的传输延迟时间很短,TTL 电路只有几十纳秒,CMOS 电路也不过 100ns ~ 200ns。所以,使用环形振荡器很难得到频率低的矩形脉冲,而且振荡频率不可调。为了使振荡频率降低而且可调,需在环形振荡器的基础上进行改进。

2. RC 环形多谐振荡器

带有 RC 定时电路的环形振荡器电路如图 9 – 17 所示,电路中增加 RC 电路作为延迟环节。由图

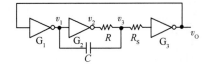

图 9 - 17　RC 环形多谐振荡器

可见,电路由一个暂稳态自动翻转到另一个暂稳态是通过电容 C 的充放电来实现的。因此,可以通过调节 R 和 C 的值来调节振荡频率。由于 RC 电路的延迟时间远远大于门电路的传输延迟时间 t_{pd},因此分析时可以忽略 t_{pd},认为每个门电路输入、输出的跳变同时发生。另外,为防止在 v_3 发生负跳变时,流过反相器 G_3 输入端钳位二极管的电流过大,在 G_3 输入端串接了保护电阻 R_S。R_S 的阻值很小,约为 100Ω。

1) $t_1 \sim t_2$ 暂稳态

当 $t < t_1$ 时,电容 C 上的初始电压为 0,电路处于正常工作状态。假定 G_3 的输出 v_O 为高电平,即 G_1 的输入为高电平,v_1 和 v_3 为低电平,v_2 为高电平。因此,G_1 导通,G_2 和 G_3 截止。由于 v_2 为高电平,v_1 为低电平,因此 v_2 通过电阻 R 向电容 C 进行充电。随着充电的进行,v_3 的电位逐渐升高。

当 $t = t_1$ 时,v_3 升至 G_3 的阈值电压 V_{TH},G_3 导通,输出 v_O 由高电平跳变至低电平。v_O 反馈回 G_1,使得 G_1 截止,其输出 v_1 由低电平跳变至高电平。经电容耦合,使 v_3 也随着跳变为高电平。电路处在第一个暂稳态。

当 $t \geq t_1$ 时,由于 v_1 为高电平,而 v_2 为低电平,电容 C 经过电阻 R 开始放电。随着放电的进行,v_3 的电位开始下降。

2) $t_2 \sim t_3$ 暂稳态

当 $t = t_2$ 时,v_3 下降至 G_3 的阈值电压 V_{TH},此时 G_3 截止,其输出 v_O 由低电平变为高电平。v_O 反馈回 G_1,使得 G_1 导通,输出 v_1 由高电平跳至低电平。经电容耦合,v_3 也随之跳为低电平。电路进入第二个暂稳态。

当 $t > t_2$ 时,v_2 又经过 R 向电容 C 充电,v_3 电位升高。

当 $t = t_3$ 时,v_3 升至 V_{TH},电路又回到第一个暂稳态。

如此往复,使得电路在两个暂稳态之间周而复始的转换,形成周期性振荡,在门 G_3 的输出 v_O 得到矩形脉冲波形。电路的工作电压波形如图 9 - 18 所示。

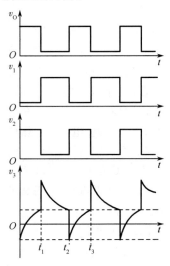

图 9 - 18　工作电压波形

3. 晶体稳频的多谐振荡器

在要求多谐振荡器的频率稳定度较高的情况下,可以采用晶体来稳频。晶体稳频的多谐振荡器电路如图 9 - 19 所示。图中门 G_1 和 G_2 构成多谐振荡器,门 G_3 为整形电路。该电路与一般两级反相器构成的多谐振荡器的主要区别是在一条耦合支路中串入了石英晶体。

石英晶体具有一个极其稳定的串联谐振频率 f_s。在这个频率的两侧,晶体的电抗值迅速增大。因此,将晶体串接到两级正反馈电路的反馈支路中,则只有在频率为 f_s 时,振荡器才能满足起振条件而起振。振荡的波形经过门 G_3 整形后输出矩形脉冲波。所以,多谐振荡器的振荡频率取决于晶体的振荡频率,这就是晶体的稳频作用。晶体稳频的多谐振荡器的频率稳定度可以达到 10^{-7} 左右。

4. 由施密特触发器构成的多谐振荡器

由施密特触发器构成的多谐振荡器电路如图 9 - 20 所示。

当接通电源时,由于电容上的初始电压 v_C 为 0,所以输出 v_O 为高电平。v_O 通过电阻 R 对电容 C 充电,使得 v_C 电位逐渐上升。当上升到 $v_C = V_{T+}$ 时,施密特触发器的输出由高电平变为低电平。v_C 又经过电阻 R 通过 v_O 放电,使得 v_C 电位逐渐下降。当下降至 $v_C = V_{T-}$ 时,施密特触发器的输出又由低电平

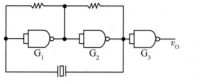

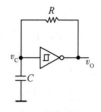

图 9 - 19　晶体稳频的多谐振荡器　　　图 9 - 20　施密特触发器构成的多谐振荡器

变为高电平。此时 v_O 又通过电阻 R 对电容 C 充电，使得 v_C 电位又逐渐上升。如此周而复始，形成多谐振荡。电路的电压波形如图 9 - 21 所示。

如果使用的是 CMOS 施密特触发器，而且 $V_{OH} = V_{DD}$，$V_{OL} = 0$，则

$$t_{W1} = RC\ln\frac{V_{DD} - V_{T-}}{V_{DD} - V_{T+}}$$

$$t_{W2} = RC\ln\frac{V_{T+}}{V_{T-}}$$

振荡周期为

$$T = t_{W1} + t_{W2} \qquad\qquad (9-11)$$

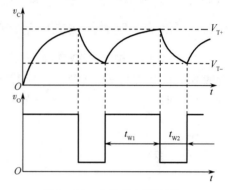

图 9 - 21　电路的电压波形

9.3　555 定时器及其应用

555 定时器是一种多用途单片集成电路，只需外接少数电阻和电容，即可构成施密特触发器、单稳态触发器和多谐振荡器。555 定时器使用灵活、方便，因而得到广泛应用。

9.3.1　555 定时器的电路结构

555 定时器电路如图 9 - 22 所示。图中 C_1 和 C_2 为两个电压比较器，其功能是如果"+"输入端电压 v_+ 大于"-"输入端电压 v_-，即 $v_+ > v_-$ 时，则比较器输出 v_C 为高电平（$v_C = 1$），反之输出 v_C 为低电平

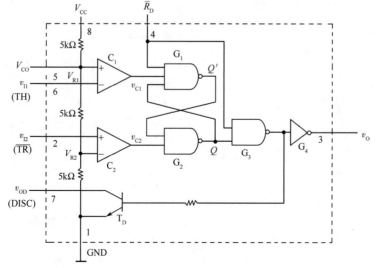

图 9 - 22　555 定时器的电路结构

($v_C = 0$)。比较器 C_1 的参考电压 $v_{1+}(V_{R1}) = 2V_{CC}/3$，比较器 C_2 的参考电压 $v_{2-}(V_{R2}) = V_{CC}/3$。如果 v_{1+} (V_{R1}) 的外接端接固定电压 V_{CO}，则 $v_{1+}(V_{R1}) = V_{CO}$，$v_{2-}(V_{R2}) = V_{CO}/2$。与非门 G_1 和 G_2 构成基本触发器。其中输入 $\overline{R}_D$ 为置 0 端，低电平有效。比较器 C_1 和比较器 C_2 的输出 v_{C1}、v_{C2} 为触发信号。三极管 T_D 是集电极开路输出三极管，为外接电容提供充、放电回路，称为泄放三极管。反相器 G_4 为输出缓冲反相器，起整形和提高带负载能力的作用。

输入端 v_{I1} 也称为阈值端(TH)，输入端 v_{I2} 也称为触发端($\overline{TR}$)，T_D 的集电极输出端 v_{OD} 称为放电端(DISC)。虚线框内的数字 1~8 为集成电路外部引脚的编号。

9.3.2　用555定时器构成施密特触发器

用555定时器构成的施密特触发器电路如图9-23所示。图中 $V_{CO}(5)$ 端接 $0.01\mu F$ 电容，该电容起滤波作用，以提高比较器参考电压的稳定性。$\overline{R}_D(4)$ 端接高电平 V_{CC}。将两个比较器输入端 $v_{I1}(6)$ 和 $v_{I2}(2)$ 连在一起，作为施密特触发器的输入端。其工作波形如图9-24所示。

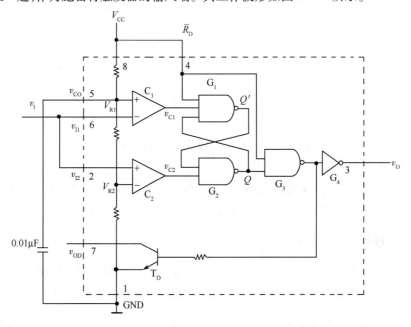

图 9-23　用555定时器构成施密特触发器

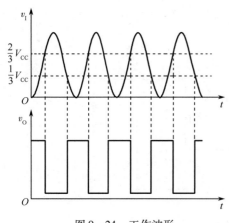

图 9-24　工作波形

当 $v_I < V_{CC}/3$ 时，对于比较器 C_1，由于 $v_{1+}(V_{R1}) > v_{1-}(v_{I1})$，因此输出 v_{C1} 为高电平；对于比较器 C_2，由于 $v_{2+}(v_{I2}) < v_{2-}(V_{R2})$，因此输出 v_{C2} 为低电平。这就使得基本触发器的与非门 G_1 输出为低电平，555 定时器的输出 v_O 为高电平。

当 $V_{CC}/3 < v_I < 2V_{CC}/3$ 时，对于比较器 C_1 和 C_2，都存在 $v_+ > v_-$ 的关系，所以 v_{C1} 为高电平，v_{C2} 输出为高电平，状态保持不变。

当 $v_I > 2V_{CC}/3$ 时，对于比较器 C_1，由于 $v_{1+}(V_{R1}) < v_{1-}(v_{I1})$，所以输出 v_{C1} 为低电平；对于比较器 C_2，由于 $v_{2+}(v_{I2}) > v_{2-}(V_{R2})$，所以输出 v_{C2} 为高电平。这就使得 555 定时器的输出 $v_O = V_{OL}$，状态发生一次翻转。

此后,v_I 由最大值逐步下降,当 v_I 下降至 $v_I < V_{CC}/3$ 时,比较器 C_2 的输出 v_{C2} 为低电平,使得 555 定时器的输出 $v_o = V_{OH}$,状态又发生一次翻转。

因此,其正向阈值电压为

$$V_{T+} = \frac{2}{3}V_{CC} \tag{9-12}$$

负向阈值电压为

$$V_{T-} = \frac{1}{3}V_{CC} \tag{9-13}$$

回差电压为

$$\Delta V_T = \frac{1}{3}V_{CC} \tag{9-14}$$

9.3.3　用 555 定时器构成单稳态触发器

用 555 定时器构成的单稳态触发器电路如图 9-25 所示。图中 $\overline{R}_D$ 接高电平 V_{CC}。将 $v_{I2}(2)$ 端作为输入触发端,v_I 的下降沿触发。将 T_D 三极管的集电极输出 $v_{OD}(7)$ 端通过电阻 R 接 V_{CC},构成反相器。T_D 反相器输出端 $v_{OD}(7)$ 接电容 C 到地。同时 $v_{OD}(7)$ 和 $v_{I1}(6)$ 端连接在一起,即构成了积分型单稳态触发器。其工作波形如图 9-26 所示。

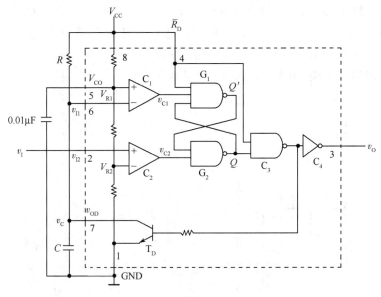

图 9-25　用 555 定时器构成单稳态触发器

在起始时刻,输入信号 $v_I = V_{CC}$,因此对于比较器 C_2,有 $v_+ > v_-$,v_{C2} 为高电平。电源 V_{CC} 通过电阻 R 对 C 充电,使 $v_{I1}(6)$ 电位上升。当 $v_{I1}(6)$ 充电至大于 $2V_{CC}/3$ 时,则对于比较器 C_1,就出现 $v_- > v_+$。所以比较器 C_1 输出低电平,使得与非门 G_1 输出高电平,则 555 定时器的输出 v_o 为低电平。同时,与非门 G_1 输出高电平使得 T_D 导通,电容 C 通过 T_D 放电,当放电至小于 $2V_{CC}/3$ 时,比较器 C_1 输出为高电平。最终电容 C 放电至 $v_C = 0$,电路进入稳定状态。

当输入信号 v_I 下降沿到达时,$v_I = 0$,这就使得比较器 C_2 出现 $v_- > v_+$,比较器 C_2 输出低电平,与非门 G_2 输出高电平,使得与非门 G_1 输出低电平,这就使 555 定时器的输出 v_o 为高电平。电路受触发而发生一次翻转。

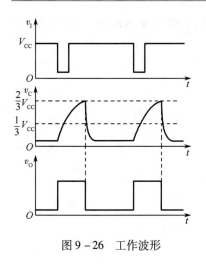

图9-26　工作波形

与此同时,由于与非门 G_1 输出低电平,使 T_D 截止,则 V_{CC} 通过 R 对电容 C 充电,电路进入暂稳态。由于电容 C 的充电,使 $v_C(v_{II})$ 电位逐步上升。当 $v_C(v_{II}) > 2V_{CC}/3$ 时,比较器 C_1 出现 $v_- > v_+$ 的输入情况,比较器 C_1 的输出 v_{C1} 为低电平,这就使与非门 G_1 输出为高电平,555定时器的输出 v_O 为低电平,又自动发生一次翻转,暂稳态结束。同时,由于与非门 G_1 输出高电平,使三极管 T_D 导通,电容 C 很快通过 T_D 放电至 $v_C = 0$,电路恢复到稳定状态。

由以上分析可见,暂稳态的持续时间主要取决于外接电阻 R 和电容 C。因此,可以求出输出脉冲的宽度 t_w 为

$$t_w = RC\ln \frac{V_{CC}}{V_{CC} - \frac{2}{3}V_{CC}} = \ln 3RC \qquad (9-15)$$

通常电阻 R 取值在几百欧至几兆欧范围内,电容 C 取值在几百皮法至几百微法,所以对应的 t_w 范围在几微秒到几分钟之间。

9.3.4　用555定时器构成多谐振荡器

用555定时器构成多谐振荡器的电路如图9-27所示。图中, $\overline{R_D}$ 端接高电平 V_{CC} , $V_{CO}(5)$ 连接 $0.01\mu F$ 电容,该电容起滤波作用。将 $v_{II}(6)$ 和 $v_{I2}(2)$ 连在一起,作为输入信号 v_I 的输入端,就构成如图9-23所示的施密特电路形式。将三极管 T_D 输出端(7)通过电阻 R_1 接到电源 V_{CC} , T_D 就构成集电极开路的反相器。其输出再通过 R_2C 积分电路反馈至输入 v_I 端,就构成了自激多谐振荡器。

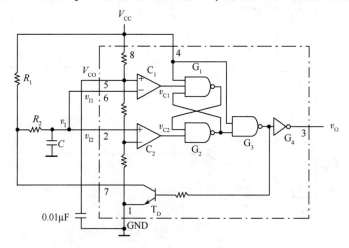

图9-27　用555定时器构成多谐振荡器

在电路接通电源时,由于电容 C 还未充电,所以 v_C 为低电平,即 $v_{II}(6)$ 和 $v_{I2}(2)$ 为低电平。此时,比较器 C_1 输出 v_{C1} 为高电平,比较器 C_2 的输出 v_{C2} 为低电平,与非门 G_1 输出为低电平,555定时器的电路输出 v_O 为高电平。由于与非门 G_1 输出为低电平,使三极管 T_D 截止, V_{CC} 通过电阻 $(R_1 + R_2)$ 对电容 C 充电,电路进入暂稳态。

在暂稳态期间,随着电容 C 的充电, v_C 电位不断升高,当 $v_C > 2V_{CC}/3$ 时,比较器 C_1 输出 v_{C1} 为低电平,使与非门 G_1 输出高电平,这使得555定时器的电路输出 v_O 翻转为低电平,电路发生一次自动翻转。

与此同时,由于**与非门** G_1 输出高电平,使三极管 T_D 导通,电容 C 通过 R_2、T_D 放电,电路进入另一暂稳态。在这一暂稳态期间,随着电容 C 的放电,使 v_C 电位逐步下降。当 v_C 下降至 $v_C < V_{CC}/3$ 时,比较器 C_2 的输出 v_{C2} 为低电平,使得**与非门** G_1 输出低电平。因此,555 定时器的电路输出 v_O 翻转为高电平,电路又一次自动发生翻转。

此后,由于**与非门** G_1 输出低电平,三极管 T_D 截止,电源 V_{CC} 又通过 $(R_1 + R_2)$ 对电容 C 充电,重复上述电容 C 的充电过程。如此反复,形成多谐振荡,其工作波形如图 9–28 所示。

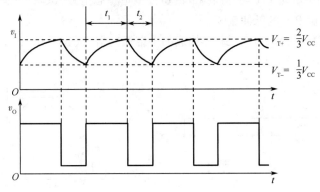

图 9–28　工作波形

由上述分析可知,在电容 C 充电时,暂稳态持续时间为

$$t_{W1} = \ln 2 (R_1 + R_2) C \tag{9-16}$$

在电容 C 放电时,暂稳态持续时间为

$$t_{W2} = \ln 2 R_2 C \tag{9-17}$$

因此,电路输出矩形脉冲的周期为

$$T = t_{W1} + t_{W2} = \ln (R_1 + 2R_2) C \tag{9-18}$$

输出矩形脉冲的占空比为

$$q = \frac{t_{W1}}{T} = \frac{R_1 + R_2}{R_1 + 2R_2} \tag{9-19}$$

本 章 小 结

本章介绍了用于产生矩形脉冲的各种电路。这些电路大致可以分为两类:一类是脉冲整形电路,它们虽然不能自动产生脉冲信号,但能将其他形状的周期性信号变换为所要求的矩形脉冲信号,以达到整形目的。施密特触发器和单稳态触发器是最常用的两种整形电路。

施密特触发器的工作特点在于它的回差特性。而且由于输出电压跳变过程中存在正反馈,所以它能将非矩形脉冲或形状不理想的矩形脉冲变换成边沿陡峭的矩形脉冲,因而具有整形作用。正向阈值电压 V_{T+} 和负向阈值电压 V_{T-} 是描述施密特触发器特性的两个最重要的参数。

单稳态触发器的工作特点是能够将输入的触发脉冲变换为固定宽度的输出脉冲。输出脉冲的宽度只取决于电路自身的参数,而与触发脉冲的宽度和幅度无关。输出脉冲宽度是描述单稳态触发器特性的最重要参数。

另一类是自激的脉冲振荡器,它们不需要外加输入信号,只要接通供电电源,就可以自动产生矩形脉冲信号。

　　555定时器是一种多用途集成电路,只要附加少数电阻和电容就可以构成施密特触发器、单稳态触发器以及多谐振荡器。

习　题

　　9-1　题9-1图所示为 TTL 与非门构成的微分型单稳态电路,试画出在输入信号 v_1 作用下,a、b、d、e、v_0 各点波形,求输出 v_0 的脉冲宽度。

　　9-2　题9-2图所示为 CMOS 反相器构成的多谐振荡器,试分析其工作原理,画出 a、b 点及 v_0 的工作波形,写出振荡周期的公式。

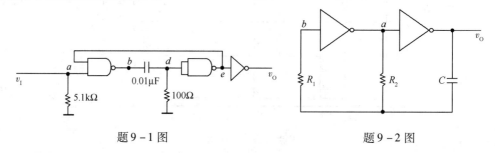

题9-1图　　　　　　　　　　　　　题9-2图

　　9-3　利用图9-13所示的集成单稳态触发器,要得到输出脉冲宽度等于3ms的脉冲,外接电容 C 应为多少?（假定内部电阻 R_{int}(2kΩ)为微分电阻)

　　9-4　题9-4图所示为用两个集成单稳态触发器74121组成的脉冲变换电路,外接电阻和外接电容的参数如图所示。试计算在输入触发信号 v_1 作用下 v_{01}、v_{02} 输出脉冲的宽度,并画出与 v_1 波形相对应的 v_{01}、v_{02} 的电压波形。v_1 的波形如图中所示。

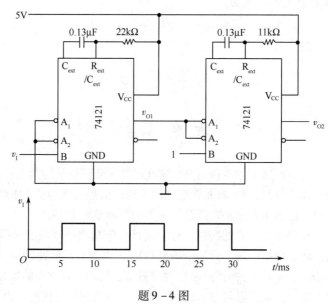

题9-4图

　　9-5　在使用图9-25所示的单稳态电路时,对输入脉冲的宽度有无限制? 当输入脉冲的低电平持续时间过长时,电路应作何修改?

　　9-6　试用555定时器设计一个单稳态触发器,要求输出脉冲宽度在1s～10s的范围内可手动调节。给定555定时器的电源为15V。触发信号来自 TTL 电路,高低电平分别为3.4V 和0.1V。

9 – 7　在图 9 – 27 用 555 定时器组成的多谐振荡器电路中,如果 $R_1 = R_2 = 5.1\text{k}\Omega$, $C = 0.01\mu\text{F}$, $V_{CC} = 12\text{V}$,试计算电路的振荡频率。

9 – 8　用 555 定时器构成的施密特触发器电路如图 9 – 23 所示,试问:

(1) 当 $V_{CC} = 12\text{V}$,且没有外接控制电压时, V_{T+}、 V_{T-} 及 ΔV_T 各为多少伏?

(2) 当 $V_{CC} = 9\text{V}$,控制电压 $V_{CO} = 5\text{V}$ 时, V_{T+}、 V_{T-} 及 ΔV_T 各为多少伏?

9 – 9　试用 555 定时器设计一个多谐振荡器,要求输出脉冲的振荡频率为 20kHz,占空比为 75% 。

第10章　数模和模数转换器

10.1　概　述

随着数字电子技术特别是计算机技术的发展,数字系统在自动控制、自动检测、数字通信、数字电视与广播等领域的应用越来越广泛。由于计算机只能处理数字信号,而实际信号大多是连续变化的模拟信号,例如电压、电流、声音、图像、温度、压力等。因此,必须先把这些模拟量转换成数字系统能够识别的数字量,才能进入数字系统进行处理。这种将模拟量转换成数字量的过程就称为模数转换。完成模数转换的电路称为模数转换器,常称作 A/D 转换器(Analog Digital Converter, ADC)。同时,处理后的数字量又需要转换成相应的模拟量,才能实现对受控对象的有效控制,这种转换称为数模转换,完成数模转换的电路称为数模转换器,常称作 D/A 转换器(Digital Anolog Converter, DAC)。模数与数模转换电路是联系数字世界和模拟世界的桥梁,是计算机与外部设备的重要接口,也是数字测量和数字控制系统的重要部件。

为了保证数据处理结果的准确性,D/A 转换电路和 A/D 转换电路必须有足够的转换精度。同时,为了适应快速过程的控制和检测的需要,D/A 转换电路和 A/D 转换电路还必须有足够快的转换速度。因此,转换精度和转换速度是衡量 D/A 转换电路和 A/D 转换电路性能优劣的主要标志。

10.2　A/D 转换器

10.2.1　A/D 转换器的工作原理

A/D 转换器的作用是将输入的模拟电压转换成与之成正比的二进制数字信号。实质上,A/D 转换器是模拟系统到数字系统的接口电路。其原理框图如图 10-1 所示。

A/D 转换器接收模拟输入 v_i,并输出一个 n 位的数字量 $D(D_{n-1}\cdots D_1 D_0)$,数字量和模拟量之间满足

$$D = Kv_i \qquad (10-1)$$

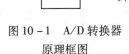

图 10-1　A/D 转换器原理框图

一个完整的模数转换过程必须包括采样→保持→量化→编码等四部分。其基本过程如图 10-2 所示。前两个过程在采样—保持电路中完成,后两个过程则在模数转换电路中完成。

图 10-2　模数转换的一般过程

1. 采样

采样就是对模拟信号周期性地抽取样值,使得模拟信号变成时间上离散化的脉冲串。图 10-3 是由受控的理想模拟开关 S 实现的采样电路。其中输入 v_i 是连续的模拟信号,通过采样电路后转换

成时间上离散的脉冲信号 v'_i。以图 10 - 4(a) 所示的输入波形 v_i 为例,经过图 10 - 4(b) 所示的开关函数 $S(t)$ 后(采样周期为 T_s),输出波形 v'_i 如图 10 - 4(c) 所示。

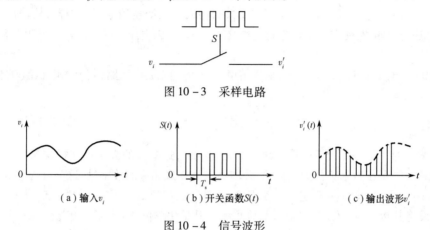

图 10 - 3　采样电路

（a）输入 v_i　　　（b）开关函数 $S(t)$　　　（c）输出波形 v'_i

图 10 - 4　信号波形

为了保证能从采样信号中将原信号恢复,采样频率 $f_s = 1/T_s$ 至少应是原始输入信号 v_i 的最高次谐波分量的频率 $f_{i(\max)}$ 的两倍。也就是必须满足如下条件:

$$f_s \geq 2f_{i(\max)} \tag{10 - 2}$$

这一关系称为采样定理。也就是说采样频率只有满足式(10 - 2),才能正确地恢复出原模拟信号。采样频率越高,采样后的信号越能真实地复现原始信号。但是采样频率提高以后要求转换电路必须具备更快的工作速度。因此,不能无限制地提高采样频率,一般工程上 $f_s = (2.5 \sim 3)f_{i(\max)}$ 即可满足大多数的要求。

2. 保持

A/D 转换器将模拟量转换为数字量期间,要求输入的模拟信号有一段稳定的保持时间,以便对模拟信号进行离散处理,即对输入的模拟信号进行采样。这就需要采样保持电路来完成上述功能。一个实际的采样保持电路如图 10 - 5 所示。

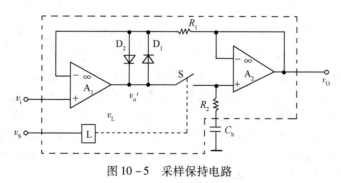

图 10 - 5　采样保持电路

图中 A_1、A_2 是两个集成运算放大器,S 是电子模拟开关,L 是控制 S 工作状态的逻辑单元电路。二极管 D_1、D_2 组成保护电路。其工作原理是:当 v'_0 比 v_0 所保持的电压高出一个二极管的正向压降时(约 1V),D_1 管导通,由于二极管具有钳位作用,因此 v'_0 被钳位在 $v_i + U_{D1}$ 电压上。同理,当 v'_0 比 v_0 低一个二极管的压降时,D_2 管导通,v'_0 被钳位在 $v_i - U_{D2}$ 电压上。这里 U_{D1}、U_{D2} 分别表示 D_1、D_2 的正向导通压降。保护电路的作用就是防止在 S 再次接通以前,v_i 发生变化而引起 v'_0 的更大变化,导致 v'_0 与 v_i 不再保持线性关系,并使开关电路有可能因承受过高的 v'_0 电压而损坏。注意,只有当 S 断开时,保护电路才起作用;当 S 闭合时,$v_0 \approx v_0'$。因此,D_1、D_2 都不导通,保护电路不起作用。采样保持电路的整个采样保持过程如下:

当 $v_L = 1$ 时,电子模拟开关 S 随之闭合。A_1、A_2 构成单位增益的电压跟随器,故输出 $v_0 = v_0' = v_i$。与此同时,v_0' 通过电阻 R_2 对外电容 C_h 进行充电,使 $v_{ch} = v_0$。因电压跟随器的输出电阻非常小,故 C_h 的充电很快结束。

当 $v_L = 0$ 时,电子模拟开关 S 断开,采样结束。由于 v_{ch} 无放电通路,其上的电压值基本保持不变,即将取样的结果保持了下来。

3. 量化

模拟信号经过采样—保持后的信号幅值仍是连续的,这些值的大小仍属模拟量范畴。只有将这些幅值转化成某个最小数量单位的整数倍,才能将其转换成相应的数字量,这个过程称为量化。量化过程可分为两个步骤:第一步确定最小数量单位即量化单位 Δ。例如,设模拟信号 v_i 幅值范围为 0V ~ 1V,假设将其转化为 2 位二进制代码,则可确定其量化单位 $\Delta = 1/4$V,由此得到 4 个与 Δ 成正整数倍的量化电平,即 0V、1/4V、2/4V 和 3/4V。第二步是将输入电压与量化电平进行比较,然后近似地用其中一个量化电平来表示。一般有两种近似方式,即截断量化方式和四舍五入量化方式。

(1) 截断量化方式:介于两个量化电平之间的采样值以下限值来代替。仍然以上面的例子说明。如果 $0V \leqslant v_i < 1/4$V,则量化为 $0\Delta = 0$V;如果 $1/4V \leqslant v_i < 2/4$V,则量化为 $1\Delta = 1/4$V,以此类推。经量化后的信号幅值均为 Δ 的整数倍。

(2) 四舍五入量化方式:量化间隔仍取 $\Delta = 1/4$V,取两个离散电平中的相近值来代替输入电压。如果 $0V \leqslant v_i < 1/8$V,则量化为 $0\Delta = 0$V;如果 $1/8V \leqslant v_i < 2/8$V,则量化为 $1\Delta = 1/4$V,以此类推。

由于采样得到的样值脉冲的幅度是模拟信号在某些时刻的瞬时值,它们不可能都正好是量化单位 Δ 的整数倍,在量化时,由于舍去了小数部分,因此会产生一定的误差,这个误差称为量化误差。因此,在上述例子中,截断量化方式中的最大量化误差为 Δ,即 1/4V。采用四舍五入量化方式时,量化误差为 $\Delta/2 = 1/8$V。显然低于截断量化方式的最大量化误差,比前者的方法减小了 1/2。因此,在实际的 A/D 转换器中,普遍采用四舍五入量化方式。量化误差随着 A/D 转换器的位数增加而减小。

4. 编码

量化后的幅值用一个数值代码与之对应,称为编码,这个数制代码就是 A/D 转换器输出的数字量。例如,要求将幅值范围为 0 ~ 1V 的模拟信号 v_i 转化为 2 位二进制代码,如果采用截断量化方式,则 0 ~ 1/4V 之间的模拟电压都用 00 表示,1/4 ~ 2/4V 之间的模拟电压都用 01 表示,2/4 ~ 3/4V 之间的模拟电压都用 10 表示,3/4V ~ 1V 之间的模拟电压都用 11 表示。显然,若用 n 位二进制数进行编码,则所带来的最大量化误差为 $1/2^n$V;如果采用四舍五入量化方式,则 0 ~ 1/7V 对应的模拟电压都用 00 表示,1/7 ~ 3/7V 对应的模拟电压都用 01 表示,3/7 ~ 5/7V 之间的模拟电压都用 10 表示,5/7 ~ 1V 之间的模拟电压都用 11 表示。若用 n 位二进制数进行编码,则所带来的最大量化误差为 $1/2^{n+1}$V。图 10 - 6 给出了用 3 位二进制数进行编码的示意图。

10.2.2 A/D 转换器的主要类型和电路特点

A/D 转换器的种类很多,按其转换过程,大致可以分为直接型 A/D 转换器和间接型 A/D 转换器两种。直接型 A/D 转换器能把输入的模拟电压直接转换为输出的数字代码,不需要通过中间变量。常用的电路有反馈比较型和并行比较型两种。间接型 A/D 转换器是把待转换的输入模拟电压先转换为一个中间变量(时间或频率),然后再对中间变量进行量化编码得出转换结果。本节主要介绍反

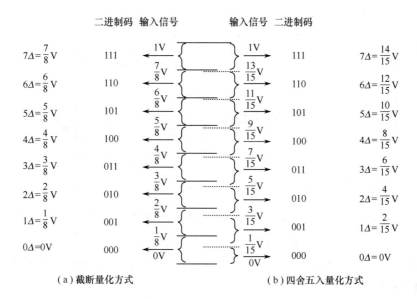

图 10 - 6　量化编码示意图

馈比较型中的逐次逼近型、并行比较型A/D转换器和双积分型 A/D 转换器。

1. 逐次逼近型 A/D 转换器

逐次逼近型 A/D 转换器属于直接型 A/D 转换器,它能把输入的模拟电压通过比较直接转换为输出的数字代码,而不需要经过中间变量。

逐次逼近型 A/D 转换器的工作原理与我们生活中用天平秤量物体的过程十分相似,在介绍它的工作原理之前,先用一个天平称量物体的例子来说明逐次逼近的概念。假设用 4 个分别为 8g、5g、3g 和 2g 的砝码去称量质量为 15g 的物体,称量的过程如表10 - 1 所示。

逐次逼近型 A/D 转换器的工作原理与上述用天平称量物体的过程十分相似,只不过逐次逼近型 A/D 转换器所加减的是标准电压,而天平称量物体所加减的是砝码,其原理都是通过逐次逼近的方法,使标准电压值(砝码质量)与被转换的电压(待测物体质量)相平衡。这些标准电压通常称为电压砝码。

表 10 - 1　逐次逼近称量物体的过程

砝码质量	比较	加减砝码
8g	砝码总质量 < 物体质量	保留
5g	砝码总质量 < 物体质量	保留
3g	砝码总质量 > 物体质量	除去
2g	砝码总质量 = 物体质量	保留

现用图 10 - 7 所示的逐次逼近型 A/D 转换器的逼近过程来形象说明逐次比较的过程。图中的模拟电压为673mV,A/D 转换器的输出,即电压砝码可以按二进制的规律或 BCD 8421 码的规律变化,图中给定的是按 BCD 8421 码的规律变化的过程。转换开始前先将寄存器清零,所以加给 A/D 转换器的数字量全为 0。转换控制信号为高电平时开始转换。第一步,加 800mV 的电压砝码,与输入电压比较的结果是电压砝码 800mV > 673mV,因此将 800mV 的电压砝码除去;第二步,加 400mV 的电压砝码,与输入电压比较的结果是电压砝码 400mV < 673mV,因此将 400mV 的电压砝码保留;第三步,加

200mV 的电压砝码,与输入电压比较的结果是电压砝码的值$(400+200)\text{mV}<673\text{mV}$,因此,将 200mV 的电压砝码保留……如此一直进行下去,可获得一组二进制码为 0110 0111 0011(用 1 表示需要保留的砝码,用 0 表示需要去掉的砝码)。把得到的二进制代码存入寄存器中,即与输入电压所对应的二进制数是 0110 0111 0011。

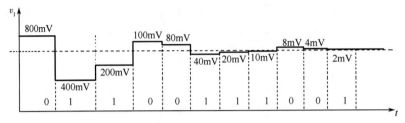

图 10-7 逐次逼近型 A/D 转换器的逼近过程示意图

逐次逼近型 A/D 转换器电路结构简单,构思巧妙,在集成 A/D 芯片中用得最多。但是,逐次逼近型 A/D 转换器的速度受比较器的速度、逻辑开销等因素的限制,属于中速 A/D 转换器,是集成 A/D 转换器中应用较广的一种。

2. 并行比较型 A/D 转换器

并行比较型 A/D 转换器的原理框图如图 10-8 所示,由电阻分压器、电压比较器、寄存器和优先编码器等部分组成。

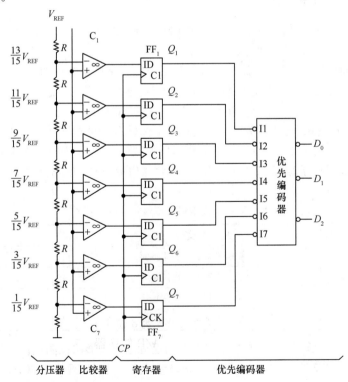

图 10-8 3 位并行比较型 A/D 转换器原理图

图 10-8 中的 8 个电阻 R 将参考电压 V_{REF} 分成 8 个等级,其中 7 个等级的电压 $V_{\text{REF}}/15$、$3V_{\text{REF}}/15$、$5V_{\text{REF}}/15$、$7V_{\text{REF}}/15$、$9V_{\text{REF}}/15$、$11V_{\text{REF}}/15$ 和 $13V_{\text{REF}}/15$ 分别与 7 个比较器 CP 的反相端(-)相连,作为

参考电压。输入电压为 v_i(来自取样保持电路的输出)加在比较器的同相端(+),它的大小决定各比较器的输出状态(比较器的基本工作原理是:当正相端电压 V_+ 大于负相端电压 V_- 时,输出为 1,否则为 0)。比较器的输出状态由 D 触发器构成的寄存器存储,CP 作用后,寄存器的输出状态 $Q_7 \sim Q_1$ 与对应的比较器的输出状态相同。经优先编码器输出数字量 $D_2D_1D_0$。其中优先编码器 Q_7 的优先级别最高,Q_1 最低。具体分析如下:当 $0 \leqslant v_1 < V_{REF}/15$ 时,电压比较器 $C_1 \sim C_7$ 的输出状态都为低电平 0,当 CP 脉冲到来后,寄存器 $FF_1 \sim FF_7$ 的输出为全 0,此时优先编码对 $Q_7 = 0$ 进行编码,输出 $D_2D_1D_0 = 000$;当 $V_{REF}/15 \leqslant v_I < 3V_{REF}/15$ 时,比较器 $C_1 \sim C_6$ 的输出为低电平 0,只有 C_7 的输出为高电平 1。当 CP 脉冲到来后,寄存器 $FF_1 \sim FF_6$ 的输出为全 0,FF_7 的输出为 1,此时优先编码器对 $Q_6 = 0$ 进行编码,输出 $D_2D_1D_0 = 001$。其余以此类推。

设输入模拟电压 v_1 的变化范围是 $0 \sim 1V_{REF}$,输出的 3 位数字量为 $D_2D_1D_0$,则 3 位并行比较型 A/D 转换器的输入、输出关系如表 10 - 2 所列。

表 10 - 2 并行比较型 A/D 转换器的输入输出关系

模拟量输出	比较器输出状态							数字量输出		
	C_7	C_6	C_5	C_4	C_3	C_2	C_1	D_2	D_1	D_0
$0 \leqslant v_I < \dfrac{V_{REF}}{15}$	0	0	0	0	0	0	0	0	0	0
$\dfrac{V_{REF}}{15} \leqslant v_I < \dfrac{3V_{REF}}{15}$	0	0	0	0	0	0	1	0	0	1
$\dfrac{3V_{REF}}{15} \leqslant v_I < \dfrac{5V_{REF}}{15}$	0	0	0	0	0	1	1	0	1	0
$\dfrac{5V_{REF}}{15} \leqslant v_I < \dfrac{7V_{REF}}{15}$	0	0	0	0	1	1	1	0	1	1
$\dfrac{7V_{REF}}{15} \leqslant v_I < \dfrac{9V_{REF}}{15}$	0	0	0	1	1	1	1	1	0	0
$\dfrac{9V_{REF}}{15} \leqslant v_I < \dfrac{11V_{REF}}{15}$	0	0	1	1	1	1	1	1	0	1
$\dfrac{11V_{REF}}{15} \leqslant v_I < \dfrac{13V_{REF}}{15}$	0	1	1	1	1	1	1	1	1	0
$\dfrac{13V_{REF}}{15} \leqslant v_I < V_{REF}$	1	1	1	1	1	1	1	1	1	1

并行比较型 A/D 转换器是一种极高速的 A/D 转换器,转换时间可小到几十纳秒,使用时一般不需要保持电路。并行比较型 A/D 转换器由于转换速度高,常用于视频信号和雷达信号的处理系统。并行比较型 A/D 转换器的主要缺点是功耗大、成本高。输出 n 位二进制代码时,需 $(2^n - 1)$ 个电压比较器和 D 触发器以及复杂的编码网络。

为了降低成本,目前高速 A/D 转换器通常采用由两个较低分辨率的并行比较型 A/D 转换器来构成较高分辨率的半闪烁型 A/D 转换器。图 10 - 9 所示为 8 位半闪烁型 A/D 转换器的原理框图。该 8 位半闪烁型 A/D 转换器采用了两个 4 位并行比较型 A/D 转换器。其转换过程分为三步:第一步,用并行方式进行高 4 位的转换,得到 8 位数据中的高 4 位输出,同时再把高 4 位数字进行 D/A 转换,恢复成模拟电压。第二步,把输入的模拟电压与 D/A 转换器输出的模拟电压相减,其差值放大 16 倍后再用并行方式进行低 4 位的转换。第三步,将上述两级 A/D 转换器的数字输出并联后作为总的输出。半闪烁型 A/D 转换器电路只用了 $2 \times 15 = 30$ 个比较器,与 8 位并行比较型 A/D 转换器需要 $2^8 - 1 = 255$ 个比较器相比,比较器的数量大大降低了。

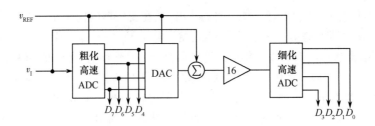

图 10-9　8 位半闪烁 ADC 的原理框图

3. 双积分型 A/D 转换器

与前面介绍的 A/D 转换器不同,双积分型 A/D 转换器属于间接型 A/D 转换器,它把模拟量转化成数字量需要两步:第一步,把输入的模拟电压先转换成一个中间变量,例如时间 T;第二步,对中间变量进行量化编码,得到转换结果。目前使用的间接 A/D 转换电路多属于电压—时间变换型(简称 VT 型)。为了将电压转化为成正比的时间量,采用如图 10-10 所示的双积分电路。下面简单说明积分电路的工作原理。

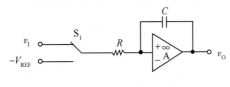

图 10-10　双积分电路

(1) 将开关 S_1 连到 v_I 上,此时由 RC 构成的积分器对 v_I 进行积分,时间为固定值 T_1。根据积分计算公式,当积分结束时,积分器的输出电压 v_O 表示成

$$v_O = \frac{1}{C}\int_0^{T_1}\left(-\frac{v_I}{R}\right)dt = -\frac{T_1 v_I}{RC} \tag{10-3}$$

积分电路的输出 v_O 与 v_I 成正比。这一过程称为转换电路对输入模拟电压的采样。

(2) 将开关接到 $-V_{REF}$ 上,积分器向相反的方向积分,输出电压由式(10-3)所计算的值上升直到为零,即输出电压满足式(10-4)。

$$v_O = -\frac{T_1 v_I}{RC} + \frac{1}{C}\int_0^{T_2}\left(\frac{V_{REF}}{R}\right)dt = 0 \tag{10-4}$$

由此计算得到所经过的积分时间 T_2 为

$$T_2 = \frac{T_1 v_I}{V_{REF}} \tag{10-5}$$

双积分电路的工作波形如图 10-11 所示。

图 10-12 所示为 n 位双积分式 A/D 转换器的逻辑电路图。它主要由基准电压 V_{REF}、积分器、检零比较器、计数器、定时触发器、时钟控制门等部分组成。

(1) 积分器:由运算放大器和 RC 电路组成,它是A/D 转换器的核心部分。

(2) 检零比较器:它在积分器之后,用以检查积分器输出电压 v_O 的过零时刻。即当 $v_O \geq 0$ 时,输出 $v_c = 0$;反之输出 $v_c = 1$。

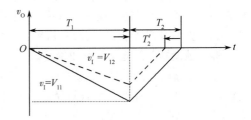

图 10-11　双积分电路的工作波形

(3) 时钟控制门:它有 3 个输入端,分别接检零比较器的输出 v_c,转换控制信号 v_s 和标准时钟脉冲源 CP。当 $v_c = 1, v_s = 1$ 时,G_1 门打开,计数器对时钟脉冲 CP 计数;当 $v_c = 0$ 时,G_1 门关闭,计数器计数随之停止。

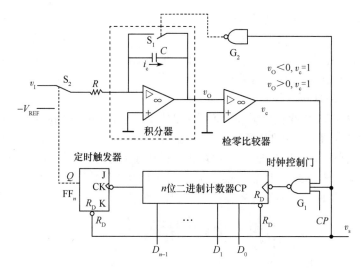

图 10 – 12　n 位双积分式 A/D 转换器的逻辑电路图

（4）计数器和定时触发器：计数器由 n 个触发器 $FF_0 \sim FF_{n-1}$ 组成。当记到 2^n 个时钟脉冲时，触发器回到全 0 状态，FF_{n-1} 送出进位信号使定时触发器 FF_n 置 1，即 $Q^n = 1$，开关 S_2 接 V_{REF}，计数器由 0 开始计数，将输入的模拟电压 v_1 转换成数字量。

下面讨论具体的工作原理：

转换开始前，先将计数器清零，接通 S_1 使电容 C 完全放电。转换开始时，断开 S_1：

（1）设开关 S_2 置于输入信号 v_1 一侧。由 RC 构成的积分电路对输入信号 v_1 进行固定时间 T_1 的积分，同时逻辑控制电路将计数门打开，计数器开始计数。积分结束时，积分电路的输出电压满足式（10 – 3）。在固定的积分时间 T_1 内，计数器达到满量程 N 由全 1 复位到全 0。在计数器复位到全 0 的同时，输出一个进位脉冲向逻辑控制电路发出信号，令开关 S_1 转换至参考电压 $-V_{REF}$ 一侧，采样过程结束。

（2）采样过程结束时，因参考电压 $-V_{REF}$ 的极性与 v_1 相反，积分电路向相反方向积分。同时，计数器由 0 开始计数，经过 T_2 时间（可由式（10 – 4）计算），积分电路的输出电压回升为零，过零比较器输出低电平，关闭计数门，计数器停止计数，并通过逻辑控制电路使开关 S_2 置于输入信号 v_1 一侧，重复第一步过程。设在 T_2 期间，标准频率为 f_{CP} 的时钟通过计数门，计数结果为 D，由于 $T_1 = N_1 T_{CP}$，$T_2 = DT_{CP}$，则计数的脉冲数为

$$D = \frac{T_1}{T_{CP} V_{REF}} \qquad U_i = \frac{N_1 v_1}{V_{REF}} \qquad\qquad (10 - 6)$$

计数器中的数值就是 A/D 转换器转换后的数字量，至此完成了模数转换。

双积分型 A/D 转换器的优点是工作性能比较稳定，抗干扰能力强，稳定性好，可以实现高精度模数转换。双积分型 A/D 转换器主要缺点是工作速度较低，其转换速度一般在每秒几十次之内。双积分型 A/D 转换器大多应用于精度要求较高但是转换速度要求不高（如数字式万用表）的场合。

4. 集成 A/D 转换器

本节介绍两种常用的集成 A/D 转换器 CAD5121 和 BCD 码双积分型 A/D 转换器。

1）集成逐次逼近型 A/D 转换器 CAD5121

CAD5121 为逐次逼近型 10 位 A/D 转换器，采用双极型工艺，具有较高的转换速度。它由 10 位 D/A 转换器、10 位逐次逼近寄存器、时钟发生器、比较器、三态输出缓冲器、基准电压和逻辑控制等电路组成。它的特点是内部有时钟发生器和基准电压电路，不需要外接时钟脉冲和基准电压 V_{REF}，能直

接与计算机连接,使用非常方便。其基本工作原理是:在内部时钟脉冲作用下,逐次逼近寄存器从高位到低位逐次改变权码值,D/A 转换器依次转换,并提供输出电流。同时,根据对应于每个逐次加上的权码,D/A 转换器产生的输出电流是大于还是小于输入电流来确定比较结果,并经比较器的输出端反馈到逐次逼近寄存器中,控制权码的去留。

2) 集成双积分型 A/D 转换器

图 10-13 所示为 BCD 码双积分型 A/D 转换器的框图,它是一种 3/2 位 BCD 码 A/D 转换器。其中,数字 3 表示有 3 个完整的十进制数码 0~9,分母中的 2 表示最高位只有 0 和 1 共两个数码,分子 1 表示最高位显示的数码最大值是 1,整个显示的数值范围为 0000~1999。该双积分型 A/D 转换器一般外接配套的 LED 显示器件或 LCD 显示器件,可以将模拟电压用数字量直接显示出来。其优点是抗干扰性能强,广泛用于各种数字测量仪表、汽车仪表等方面。

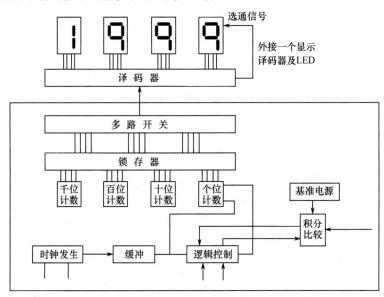

图 10-13　BCD 码双积分型 A/D 转换器的原理框图

10.2.3　A/D 转换器的主要技术指标

1. 分辨率

通常以输出二进制或十进制数字的位数表示分辨率的高低。位数越多,量化单位越小,对输入信号的分辨能力就越高。

2. 转换误差

转换误差是指在零点和满度都校准以后,在整个转换范围内,分别测量各个数字量所对应的模拟输入电压实测范围与理论范围之间的偏差。取其中最大偏差作为转换误差的指标,表示的是 A/D 转换器实际输出的数字量与理想输出的数字量之间的差别,并用最低有效位的倍数来表示,通常以相对误差的形式出现。在 A/D 转换器中,通常用分辨率和转换误差来描述转换精度。

3. 转换速度

常用转换时间或转换速率来描述转换速度。A/D 转换器完成一次从模拟量到数字量转换所需要的时间称为转换时间。并行型 A/D 转换器速度最高,约为数十纳秒;逐次逼近型 A/D 转换器速度次之,约为数十微秒;双积分型 A/D 转换器速度最慢,约为数十毫秒。

10.3 D/A 转换器

10.3.1 D/A 转换器的工作原理

D/A 转换器的作用就是把数字量转换成模拟量。n 位 D/A 转换器框图如图 10 - 14 所示。D/A 转换电路主要由数字寄存器、模拟电子开关、解码网络、求和电路及基准电压组成。数字量是用代码按数位组合起来表示的,对于有权码来说,每一位都有对应的位权值。因此,为了实现数字量到模拟量的转换,用存于寄存器中的数字量的各位数码分别控制对应位的模拟电子开关,将位权值送入求和电路,由求和电路将各位权值相加得到与数字量相对应的模拟量,实现数字到模拟的转换。

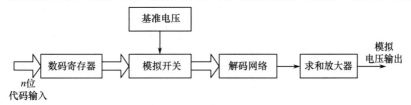

图 10 - 14 n 位 D/A 转换器框图

以 3 位 D/A 转换器为例,输出电压信号 v_O 与输入数字信号 $D = D_2 D_1 D_0$ 之间满足

$$v_O = K \sum_{i=0}^{2} D_i 2^i \tag{10-7}$$

式中:K 为比例系数。当其为 1 时,输入量和输出量之间的对应关系如表 10 - 3 所列。

表 10 - 3 3 位 D/A 转换器输入、输出的对应关系表

D_2	D_1	D_0	v_O/V	D_2	D_1	D_0	v_O/V
0	0	0	0	1	0	0	4
0	0	1	1	1	0	1	5
0	1	0	2	1	1	0	6
0	1	1	3	1	1	1	7

图 10 - 15 所示为 3 位 D/A 转换器输入数字量与经过数模转换后输出的电压模拟量之间的对应关系。从图中可以看到,D/A 转换器的输出电压波形是阶梯形的。两个相邻数码转换输出的电压差值就是 D/A 转换器所能分辨的最小电压值,称为最小分辨电压,可以用 V_{LSB} 表示。

10.3.2 D/A 转换器的主要类型和电路特点

D/A 转换器的种类很多,按解码网络结构可以分为 T 型、倒 T 型、权电阻和权电流型;按模拟电子开关可以分为 CMOS 型和双极型,其中双极型中又可以分为电流开关型和 ECL 电流开关型等。本节主要介绍常用的数模转换电

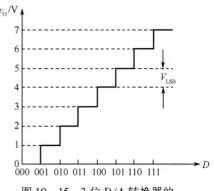

图 10 - 15 3 位 D/A 转换器的
转换特性示意图

路,包括权电阻网络、$R-2R$ 电阻网络、权电流型以及集成 D/A 转换电路等。

1. 权电阻网络 D/A 转换器

图 10 – 16 所示为 4 位权电阻网络 D/A 转换电路的原理图。它由权电阻网络(包括 2^0R、2^1R、2^2R、2^3R)、双向电子模拟开关(包括 S_0,S_1,S_2,S_3)和运算放大器三部分组成。双向电子模拟开关由晶体管或场效应管构成,每个开关由对应的二进制代码输入端 D_3、D_2、D_1、D_0 分别控制。例如,当 $D_1=0$ 时,电子开关 S_1 掷向右边,对应的权电阻 2^2R 通过 S_1 与地相连;当 $D_1=1$ 时,电子开关 S_1 掷向左边,对应的权电阻 2^2R 通过 S_1 与基准电压 V_{REF}(稳定度高的恒压源)相连。权电阻网络是 D/A 转换电路的核心部分,其权值与 4 位二进制数的位权值成反比减小,即最高位的电阻最小为 2^0R,最低位电阻反而最大,为 2^3R。因为每一个电阻的阻值正好与各位二进制的位权值对应,因此称为权电阻网络。运算放大器将各权电阻的电流相加并转换成相应的输出模拟电压 v_0。

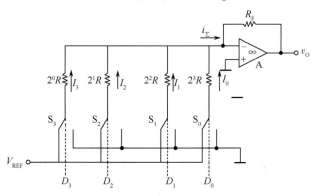

图 10 – 16　权电阻 D/A 转换电路

上面提到双向开关由对应的二进制代码输入端 D_i 控制。当 $D_i=0$ 时,开关处于断开状态,对应的权电阻 R_i 上流过的电流 $I_i=0$;相反,当 $D_i=1$ 时,开关处于闭合状态,对应的权电阻 R_i 上流过的电流 $I_i=V_{REF}D_i/R_i$。根据基尔霍夫电流定律并结合运放的虚地和虚断的特点,流经集成运算放大器端的总电流满足下式:

$$i_\Sigma = I_3 + I_2 + I_1 + I_0$$
$$= \frac{V_{REF}D_3}{R} + \frac{V_{REF}D_2}{2R} + \frac{V_{REF}D_1}{4R} + \frac{V_{REF}D_0}{8R}$$
$$= \frac{V_{REF}}{2^3R}(D_3 \times 2^3 + D_2 \times 2^2 + D_1 \times 2^1 + D_0 \times 2^0) \qquad (10-8)$$

显然,总电流 i_Σ 与输入数字量的大小成正比。

依据欧姆定理和运放的特点,D/A 转换器的输出电压 v_0 为

$$v_0 = -i_\Sigma R_F = \frac{-V_{REF}R_F}{2^3R}(D_3 \times 2^3 + D_2 \times 2^2 + D_1 \times 2^1 + D_0 \times 2^0) \qquad (10-9)$$

式中:R_F 为参考电压。

由式(10 – 9)可知,v_0 与输入的数字量成正比,从而实现了数字量到模拟量的转换。同理可以推出 n 位 D/A 转换器的输出电压 v_0 为

$$v_0 = -\frac{V_{REF}R_F}{2^{n-1}R}\sum_{i=0}^{n-1}D_i 2^i \qquad (10-10)$$

例 10 – 1　权电阻 D/A 转换器如图 10 – 16 所示,已知 $R_F=2R$,基准电压 $V_{REF}=-5V$,输入数字量

由 2 位二进制加法器提供,求该 D/A 转换器的输出电压 v_0。

解 根据式(10-9),得

$$v_0 = -\frac{V_{REF}R_F}{2R}(D_0 2^0 + D_1 2^1) = 5(D_0 + 2D_1)$$

2 位二进制加法器从 00~11 共有 4 种输出状态,即提供的输入数字量共有 4 组,将各组输入数字量分别代入输出方程中得表 10-4。

权电阻网络 D/A 转换器的电路结构虽然简单,但各权电阻的阻值都不相同,位数多时,各个阻值相差很远,不利于集成电路的制作。另一方面,权电阻网络 D/A 的精度取决于权电阻精度和基准电源精度。由于阻值范围太宽,很难保证每个电阻均有很高精度。

表 10-4 输入、输出对应关系表

CP	输入数字量		输出/V
	D_1	D_0	v_0
0	0	0	0
1	0	1	5
2	1	0	10
3	1	1	15

2. $R-2R$ 网络 D/A 转换器

图 10-17 所示为 4 位 $R-2R$ 电阻网络 D/A 转换电路。该电路主要由 4 个电子模拟开关 $S_0 \sim S_3$,$R-2R$ 电阻网络,基准电压 V_{REF} 和集成运放等部分组成。由图可见,电阻网络中只有 R 和 $2R$ 两种阻值的电阻,这就给集成化带来很大的方便。

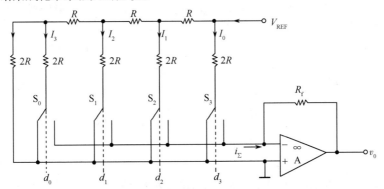

图 10-17 4 位 $R-2R$ 电阻网络 D/A 转换电路

4 个电子模拟开关 $S_0 \sim S_3$ 分别受输入的二进制代码 $d_0 \sim d_3$ 的控制。例如当 $d_1 = 0$ 时,开关 S_1 接地,支路电流 $I_2 = 0$;当 $d_1 = 1$ 时,开关接在基准电压 V_{REF} 上,支路电流 I_2 不为零,汇总成支路电流 i_Σ 流向理想运算放大器(满足虚断和虚短等条件)。

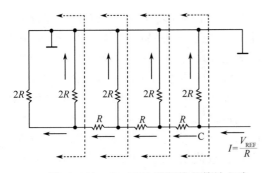

图 10-18 $R-2R$ 电阻网络的等效电路

为了计算的方便,图 10-18 给出了 $R-2R$ 电阻网络的等效电路。无论从哪个位置向左看,对地的等效电阻值都为 R。因此,流入电阻网络的总电流为

$$I = \frac{V_{REF}}{R} \qquad (10-11)$$

每经过一个节点,电流被分流一半。各支路上的电流分别为

$$I_0 = \frac{I}{2}, \qquad I_1 = \frac{I}{4}, \qquad I_2 = \frac{I}{8}, \qquad I_3 = \frac{I}{16}$$

在输入数字量的作用下,流入集成运放的总电流为

$$i_\Sigma = \frac{Id_3}{2} + \frac{Id_2}{4} + \frac{Id_1}{8} + \frac{Id_0}{16} \qquad (10-12)$$

求出集成运算放大器的输出电压为

$$\begin{aligned}
v_0 &= -i_\Sigma R_f \\
&= -R_f \left(\frac{V_{REF} d_3}{2R} + \frac{V_{REF} d_2}{4R} + \frac{V_{REF} d_1}{8R} + \frac{V_{REF} d_0}{16R} \right) \\
&= -V_{REF} R_f \left(\frac{d_3}{2R} + \frac{d_2}{4R} + \frac{d_1}{8R} + \frac{d_0}{16R} \right) \\
&= -V_{REF} R_f \frac{2^3 d_3 + 2^2 d_2 + 2^1 d_1 + 2^0 d_0}{2^4 R}
\end{aligned} \qquad (10-13)$$

由式(10-13)可知,输出模拟电压 v_0 与输入数字量成正比。而且该式与权电阻网络 D/A 转换电路的输出具有相同的形式。同理可推出 n 位输入的 $R-2R$ 网络型 D/A 转换器的输出模拟电压计算公式为

$$v_0 = -\frac{V_{REF} R_f}{2^n R} \sum_{i=0}^{n-1} 2^i d_i \qquad (10-14)$$

$R-2R$ 网络型 D/A 转换器中的模拟开关可以用双极型或 CMOS 工艺制造,但两者有一定的区别。前者电流只能单方向流动,要求参考电压 V_{REF} 为单极性;而后者为双向模拟开关,因此流经模拟开关的电流方向可以任意。

例 10-2　电路如图 10-17 所示,已知 $V_{REF} = 5V$,$d_3 d_2 d_1 d_0 = 0110$,$R_f = 20\text{k}\Omega$,其余电阻的值均为 $10\text{k}\Omega$,求输出电压。

解

$$\begin{aligned}
v_0 &= -5 \times 20 \left(\frac{1}{20} \times 0 + \frac{1}{40} \times 1 + \frac{1}{80} \times 1 + \frac{1}{160} \times 0 \right) \\
&= -10(0.25 + 0.125) \\
&= -3.75V
\end{aligned}$$

$R-2R$ 型电阻与权电阻网络 D/A 转换器相比,仅有 R 和 $2R$ 两种规格的电阻,从而克服了权电阻阻值多,且阻值差别大的缺点,利于批量生产;另一方面,各支路的电流直接流入运算放大器的输入端,提高了工作速度。因此,$R-2R$ 型电阻网络 D/A 转换电路是 D/A 转换器中工作速度较快、应用较多的一种。

3. 权电流型 D/A 转换器

在前面分析权电阻网络 D/A 转换电路和 $R-2R$ 型电阻网络 D/A 转换电路时,都把模拟开关当作理想开关处理,没有考虑到实际开关所存在的导通电阻和导通压降(例如二极管、三极管可以作为开关使用,近似分析中当作理想开关,但实际上导通压降还是存在的,如用硅材料制成的二极管导通压降为 0.7V 左右),它们的存在无疑将引起转换误差,从而影响转换精度。这一节将介绍权电流型 D/A 转换电路如何消除导通电阻和导通压降对转换精度的影响。图 10-19 所示为 4 位权电流型 D/A 转换电路的工作原理图。该 D/A 转换器主要由一组权电流恒流源、运算放大器、电子模拟开关 $S_0 \sim S_3$ 和基准电压 V_{REF} 组成。这组恒流源中,每个恒流源电流的大小依次为 $I/16$,$I/8$,$I/4$ 和 $I/2$,分别为前一个恒流源电流的 $1/2$,并与输入的二进制数码所对应的位权值成正比。由于采用了恒流源,每个支路电流的大小不再受模拟开关内阻和压降的影响,从而降低了对开关电路的要求。

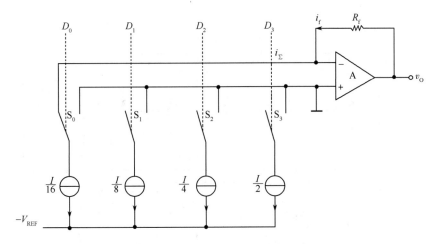

图 10 - 19　权电流型 D/A 转换电路

当 $D_i = 0$ 时,对应的模拟开关 $S_0 \sim S_3$ 全部接地;当 $D_i = 1$ 时,对应的模拟开关 $S_0 \sim S_3$ 分别将 4 个电流源接到运放的反相输入端。则输出电压 v_0 可以通过式(10 - 15)计算。

$$
\begin{aligned}
v_0 &= i_f R_f \\
&= \frac{D_3 I}{2} + \frac{D_2 I}{4} + \frac{D_1 I}{8} + \frac{D_0 I}{16} \\
&= \frac{R_f I}{2^4} \sum_{i=0}^{3} D_i 2^i
\end{aligned}
\tag{10 - 15}
$$

从式(10 - 15)中可以看出输出电压与输入的数字量成正比。类似地可以推出 n 位权电流型 D/A 转换电路的输出电压满足

$$
v_0 = \frac{R_f I}{2^n} \sum_{i=0}^{n-1} D_i 2^i
\tag{10 - 16}
$$

权电流型 D/A 转换电路直接将恒流源切换到电阻网络中,恒流源内阻极大,相当于开路,所以连同电子开关在内,对它的转换精度影响都比较小。又因电子开关大多采用非饱和型的 ECL 开关电路,因此,使用这种 D/A 转换电路可以实现高速转换,转换精度较高。

4. 集成 D/A 转换器 CDA7524

CDA7524 是 CMOS8 位并行 D/A 转换器,功耗只有 20mW,电源电压 V_{DD} 可在 +5V ~ +15V 之间选择,其原理电路如图 10 - 20 所示。CDA7524 包含了 $R - 2R$ 电阻网络、CMOS 模拟电子开关以及一个数据锁存器。V_{REF} 是基准电压,可正可负。当 V_{REF} 为正值时,输出电压为负值;反之输出电压为正值。$\overline{CS}$ 为片选信号,低电平有效。$\overline{WR}$ 为写信号,低电平有效;$D_0 \sim D_7$ 为 8 位数据输入端。OUT_1 和 OUT_2 为输出端,内部已包含了反馈电阻。一般的集成 D/A 转换器都不包含运算放大器,使用时需要外接。

CDA7524 除了用于数模转换的典型应用外,还可以构成数字衰减器、数控增益放大器、频率合成器等。

10. 3. 3　D/A 转换器的主要技术指标

通过上面 3 种 D/A 转换器的分析可以知道,实质上 D/A 转换器是将输入的每一位二进制代码按其权的大小转换成相应的模拟量。然后将各位模拟量相加,所得的总模拟量就与数字量成正比,实现

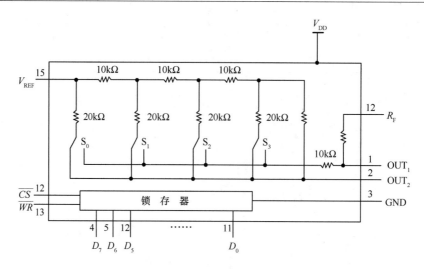

图 10 - 20   集成 D/A 转换器 CDA7524 的电路原理图

了从数字量到模拟量的转换。可以统一的用公式表示成

$$v_O = K \sum_{i=0}^{n-1} D_i 2^i \qquad (10-17)$$

式中：$\sum_{i=0}^{n-1} D_i 2^i$ 为二进制数按位权展开转换成的十进制数值，系数 K 由具体的电路参数决定。

1. 分辨率

D/A 转换器分辨率是指 D/A 转换器输出的最小分辨电压与满刻度输出电压的比值。其中，最小分辨电压是指对应于输入数字量最低位（LSB）为 1，其余各位为 0 时的输出电压，记为 V_{LSB}。满度输出电压就是对应于输入数字量的各位全是 1 时的输出电压，记为 V_{FSR}，对于一个 n 位的 D/A 转换器，分辨率可表示为

$$分辨率 = \frac{V_{LSB}}{V_{FSR}} = \frac{1}{2^n - 1} \qquad (10-18)$$

式（10 - 18）表明，一个 n 位的 D/A 转换器，其分辨率只与输入二进制数的位数 n 有关。因此，有些情况下直接把 n 称为 D/A 转换器的分辨率。当输出电压的最大值为定值时，D/A 转换器输入数字量的位数 n 越多，分辨率越高，相应的 V_{LSB} 越小。

例 10 - 3   计算 $n = 10$ 位的 D/A 转换器的分辨率。当满度输出电压 $V_{FSR} = 10V$ 时，最小分辨电压 V_{LSB} 为多少？

解   代入公式（10 - 18），得

$$分辨率 = \frac{1}{2^{10} - 1} = 0.000978$$

当满度输出电压 $V_{FSR} = 10V$ 时，有

$$V_{LSB} = 10 \times 0.000978(V) \approx 10mV$$

2. 转换误差

由于 D/A 转换器的各个组成部分在参数和性能上与理论值之间不可避免地存在着差异，因此，D/A 转换器的实际输出电压与理想输出电压值之间并不完全一致。转换误差是指 D/A 转换器实际输出的模拟电压与理论输出模拟电压间的最大偏差，一般用最低有效位的倍数决定。例如，某 D/A

转换器的转换误差为 LSB/4,就表示输出模拟电压与理论值之间的误差小于或等于最小分辨电压 V_{LSB} 的 1/4。

3. 转换时间

转换时间是指 D/A 转换器在输入数字信号开始转换,到输出的模拟电压达到稳定值所需的时间。通常 t_{set} 进行描述,它反映了 D/A 转换器的工作速度。转换时间越小,工作速度就越高。一般普通的 D/A 转换器 t_{set} 是几到几百微秒,高速 D/A 转换器的 t_{set} 小于几微秒,当 D/A 转换器外接运算放大器时,总的时间 t_{set} 可由 D/A 转换器的时间 $t_{\text{set(D/A)}}$ 和运算放大器的时间 $t_{\text{set(OA)}}$ 估计得出,即三者之间满足

$$t_{\text{set}} = \sqrt{t_{\text{set(D/A)}}^2 + t_{\text{set(OA)}}^2} \tag{10-19}$$

可见,为了获得较快的转换速度,应选用转换速率高的运算放大器。

4. 温度系数

温度系数是指在输入不变的情况下,输出模拟电压随温度变化产生的变化量。一般用满刻度输出条件下温度每升高 1℃,输出电压变化的百分数作为温度系数。

10.4　A/D 转换器和 D/A 转换器的主要应用

数模和模数转换器在测量系统、医疗信息处理、电视信号的数字化、图像信号的处理与识别等领域都有着广泛应用。

10.4.1　数字处理系统

图 10-21 所示为一个典型的数字处理系统方框图。图中的非电模拟量通过模拟传感器转换成模拟电量后,输入到 A/D 转换器中。A/D 转换器输出的数字量送入数字处理系统中(目前大多采用计算机或单片机),经其处理后输出的数字量,再由 D/A 转换器变成模拟量,最后由执行单元完成相应的功能。

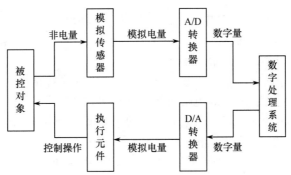

图 10-21　数字处理系统方框图

10.4.2　数据传输系统

图 10-22 所示为数据传输系统的方框图。多路模拟开关将输入模拟信号 v_1 分时地传送到 A/D 转换器中,转换的数字信号由发射机发射出去。接收机收到数字信号后,再经 D/A 转换器转换成模拟信

图 10 – 22　数据传输系统方框图

号,最后经多路模拟开关分成多路信号 v_O 输出。图中的定时产生器是用来保证收、发两地的工作同步。

本 章 小 结

A/D 转换器可以将输入的模拟电压转换成与之成正比的二进制数字信号,D/A 转换器可以将数字量转换成相应的模拟量。模数与数模转换电路是联系数字世界和模拟世界的桥梁,是计算机与外部设备的重要接口,也是数字测量和数字控制系统的重要部件。

一个完整的模数转换过程包括采样、保持、量化、编码四部分。A/D 转换器的种类很多,按其转换过程,大致可以分为直接型 A/D 转换器和间接型 A/D 转换器两种。本章主要介绍了逐次逼近型、并行比较型和双积分型 A/D 转换器以及两种常用的集成 A/D 转换器 CAD5121 和 BCD 码双积分型 A/D 转换器,并讨论了 A/D 转换器的主要技术指标(分辨率、转换误差、转换速度等)。

D/A 转换器主要由数码寄存器、模拟电子开关、解码网络、求和电路及基准电压组成。D/A 转换器按解码网络结构可以分为 T 型、倒 T 型、权电阻和权电流型;按模拟电子开关可以分为 CMOS 型和双极型。本章主要介绍了权电阻网络、$R-2R$ 电阻网络、权电流型以及集成 D/A 转换电路等,并讨论了 D/A 转换器的主要技术指标(分辨率、转换精度、转换时间、温度系数等)。

本章最后简单介绍了 A/D 和 D/A 转换器在数字处理系统、数据传输系统等中的应用。

习　题

10 – 1　D/A 转换电路 $n=8$,基准电压 $V_{REF}=5V$,其最大输出电压约为多少?

10 – 2　简述 A/D 转换的一般步骤。

10 – 3　列出 D/A 转换器的主要组成部分。

10 – 4　试比较逐次逼近型、并行比较型和双积分型 A/D 转换器的各自特点。

10 – 5　试比较权电阻网络、$R-2R$ 电阻网络、权电流型以及集成 D/A 转换电路的各自特点。

10 – 6　电路如图 10 – 16 所示,已知 $R_F=4R$,基准电压 $V_{REF}=5V$,输入数字量由两位二进制加法器提供,画出 D/A 转换器的输出电压 v_0 相应的输出波形。

10 – 7　电路如图 10 – 18 所示,已知 $V_{REF}=-5V$,$d_3d_2d_1d_0=0111$,$R_f=10k\Omega$,其余电阻的值均为 $10k\Omega$,求输出电压。

10 – 8　在并行比较型 ADC 中,$V_{REF}=7V$,试问电路的最小量化单元 Δ 等于多少? 当 $v_I=2.4V$ 时输出数字量 $D_2D_1D_0$ 为多少?

10 – 9　已知某 D/A 转换器满刻度输出电压为 10V,试问要求 1mV 的分辨率,其输入数字量的位数 n 至少为多少?

10 – 10　D/A 转换器的主要技术指标有哪些?

参 考 文 献

［1］ 王毓银,陈鸽,杨静,等. 数字电路逻辑设计. 2 版[M]. 北京:高等教育出版社,2005.

［2］ 阎石. 数字电子技术基础. 5 版[M]. 北京: 高等教育出版社,2006.

［3］ 周开利,李继凯,龙翔,等. 数字电子技术[M]. 武汉:华中科技大学出版社,2009.

［4］ 刘培植. 数字电路与逻辑设计[M]. 北京:北京邮电大学出版社,2009.

［5］ 徐惠民,安德宁,延明. 数字电路与逻辑设计[M]. 北京:人民邮电出版社,2009.

［6］ 康华光. 电子技术基础(数字部分). 4 版[M]. 北京:高等教育出版社,2000.

［7］ 刘宝琴. 数字电路与系统[M]. 北京:清华大学出版社,2003.

［8］ 唐治德. 数字电子技术基础[M]. 北京:科学出版社,2009.

［9］ 徐秀平. 数字电路与逻辑设计[M]. 北京:电子工业出版社,2010.

反侵权盗版声明

电子工业出版社依法对本作品享有专有出版权。任何未经权利人书面许可，复制、销售或通过信息网络传播本作品的行为；歪曲、篡改、剽窃本作品的行为，均违反《中华人民共和国著作权法》，其行为人应承担相应的民事责任和行政责任，构成犯罪的，将被依法追究刑事责任。

为了维护市场秩序，保护权利人的合法权益，我社将依法查处和打击侵权盗版的单位和个人。欢迎社会各界人士积极举报侵权盗版行为，本社将奖励举报有功人员，并保证举报人的信息不被泄露。

举报电话：（010）88254396；（010）88258888
传　　真：（010）88254397
E-mail：　dbqq@phei.com.cn
通信地址：北京市万寿路 173 信箱
　　　　　电子工业出版社总编办公室
邮　　编：100036